H. R. Etzold

So wird´s gemacht

Dr. Hans-Rüdiger Etzold

Diplom-Ingenieur für Fahrzeugtechnik

So wird's gemacht

pflegen – warten – reparieren

Band 13:
VW PASSAT und PASSAT-Variant:

1,3 l / 55 PS	Aug. 73 bis Feb. 78
1,5 l / 75 / 85 PS	Aug. 73 bis Juli 75
1,6 l / 75 / 85 PS	Aug. 75 bis Aug. 80

Delius Klasing Verlag

Bibliografische Information der Deutschen Nationalbibliothek
Die Deutsche Nationalbibliothek verzeichnet diese Publikation in der Deutschen Nationalbibliografie; detaillierte bibliografische Daten sind im Internet über http://dnb.dnb.de abrufbar.

14. Auflage
ISBN 978-3-7688-0299-4

Alle Angaben ohne Gewähr
Druck: Books on Demand, Norderstedt

Die in diesem Buch enthaltenen Angaben und Ratschläge werden nach bestem Wissen und Gewissen erteilt, jedoch unter Ausschluss jeglicher Haftung!

Delius Klasing Verlag, Siekerwall 21, D - 33602 Bielefeld
Tel.: 0521/559-0, Fax: 0521/559-115
E-Mail: info@delius-klasing.de
www.delius-klasing.de

Vorwort

Als ich Anfang der sechziger Jahre in einer kleinen Werkstatt meine Kfz-Lehre beendete, da hatten die Gesellen noch die wichtigsten Einstelldaten für die verschiedensten Fahrzeugmodelle im Kopf; schriftliche Unterlagen gab es keine. Der Motor wurde nach dem Gehör eingestellt, für die Zündeinstellung stand nur eine simple Prüflampe zur Verfügung, und der Drehmomentschlüssel trat nur dann in Aktion, wenn es galt, die Zylinderkopfschrauben anzuziehen.

Derartige Arbeitsmethoden sind heutzutage undenkbar. Auch der gut ausgebildete Fachmann kommt nicht mehr ohne moderne Prüf- und Einstellwerkzeuge aus und muß sich zudem ständig anhand von Werksunterlagen weiterbilden, soll die Arbeit richtig durchgeführt werden. Was für den Fachmann selbstverständlich ist, sollte für den Laien unerläßlich sein. Auch er kann nicht einfach drauflos reparieren. Mitunter genügen schon kleine Einstellfehler, um größere Schäden hervorzurufen. Deshalb empfiehlt sich vor jeder Reparatur am VW Passat ein Blick in das vorliegende Buch. Das bietet sich auch deshalb an, um vor Arbeitsbeginn den Umfang der Reparatur und den Schwierigkeitsgrad zu ermitteln. Zudem wird deutlich, ob für die Reparatur Spezialwerkzeug benötigt wird, um die Arbeit richtig ausführen zu können. In einem solchen Fall muß das Spezialwerkzeug eingesetzt werden.

Das vorliegende Buch bietet dem technisch versierten Heimwerker die notwendigen Grundlagen, Arbeiten an seinem VW Passat kostengünstig selbst und richtig durchzuführen. Darüber hinaus erlauben die zu jedem Kapitel gehörenden Störungstabellen ein schnelles Auffinden und Einkreisen einer möglichen Fehlerquelle.

Auch der fachkundige Laie sollte allerdings nicht vergessen, daß es zur Überwachung und Erhaltung der Betriebs- und Verkehrssicherheit seines Fahrzeugs sinnvoll ist, in regelmäßigen Abständen eine V.A.G-Fachwerkstatt aufzusuchen.

Natürlich kann das vorliegende Buch nicht auf jede aktuelle technische Frage eingehen. Auch können beim eigenen Fahrzeugmodell gegenüber der vorliegenden Beschreibung Unterschiede auftreten, da die Automobilfirmen ständig die Fahrzeuge verbessern und diese dadurch laufend technischen Änderungen unterliegen. Dennoch hoffe ich, daß die getroffene Auswahl an Reparatur-, Wartungs- und Pflegehinweisen in den meisten Fällen die eventuell auftretenden Probleme am VW Passat zufriedenstellend löst.

Hans-Rüdiger Etzold

Inhaltsverzeichnis

Der Motor

Der VW-Passat wird von einem wassergekühlten Vierzylinder-Reihenmotor angetrieben. Die Zylinder sind Bestandteil des Motorblocks. Sie lassen sich deshalb nicht auswechseln. Zwischen den vier Zylindern befinden sich Kanäle, durch die das von einer Wasserpumpe in Bewegung gehaltene Kühlwasser fließt.

Die Kurbelwelle ist beim 1,3-Liter-Motor gegossen und hat vier Gegengewichte. Beim 1,5-/1,6-Liter-Motor ist die Kurbelwelle geschmiedet und hat zum Massenausgleich acht Gegengewichte.

Der Ölkreislauf besteht aus der Ölpumpe, dem Ölfilter, dem Öldruckschalter, dem Kurzschlußventil und dem Ölüberdruckventil. Das Kurzschlußventil öffnet sich bei verstopftem Ölfilter, das Ölüberdruckventil öffnet sich bei zu hohem Druck.

Auf dem Motorblock ist der Zylinderkopf aufgeschraubt, dessen obenliegende Nockenwelle die Ventile über Tassenstößel direkt aufstößt. Die Nockenwelle, die je nach Motortyp unterschiedliche Steuerzeiten hat, wird durch einen Zahnriemen angetrieben.

An den Zylinderkopf sind der Abgas- und Ansaugkrümmer angeschlossen. Je nach Motorleistung kommt ein Fallstromvergaser oder ein Registervergaser zum Einsatz.

Motor aus- und einbauen

Der Motor wird beim Ausbau nach oben herausgenommen. In den Werkstätten wird dazu ein Kran benutzt. Dieser dürfte den wenigsten Heimwerkern zur Verfügung stehen. Der Motor läßt sich aber auch mit zwei bis drei Mann herausheben. Da auch auf der Wagen-Unterseite einige Verbindungen gelöst werden müssen, werden vier Unterstellböcke sowie ein Rangierheber benötigt. Vor jeder Montage im Motorraum sollten die Kotflügel mit Decken geschützt werden. Die vordere Haube muß beim Motorausbau nicht abgenommen werden.

Achtung: Zur besseren Information sind die Teile in der Reihenfolge der Demontage numeriert und auf einer Übersichts-Abbildung eingezeichnet. Im Text erscheinen diese Nummern jeweils hinter dem genannten Teil in runden Klammern. Außerdem werden Detailfotos mit Nummern abgebildet. Für diese Abbildungen gelten im Text die ekkigen Klammern. Zum Beispiel: Luftfilter (2) [16]. Die (2) weist auf die Lage in der Übersichts-Abbildung hin, die [16] auf die Abbildung im Detailfoto. Zum besseren Verständnis ist es sinnvoll, sich vor dem Motorausbau bei den einzelnen Baugruppen (Vergaser, Kühlung usw.) zu informieren.

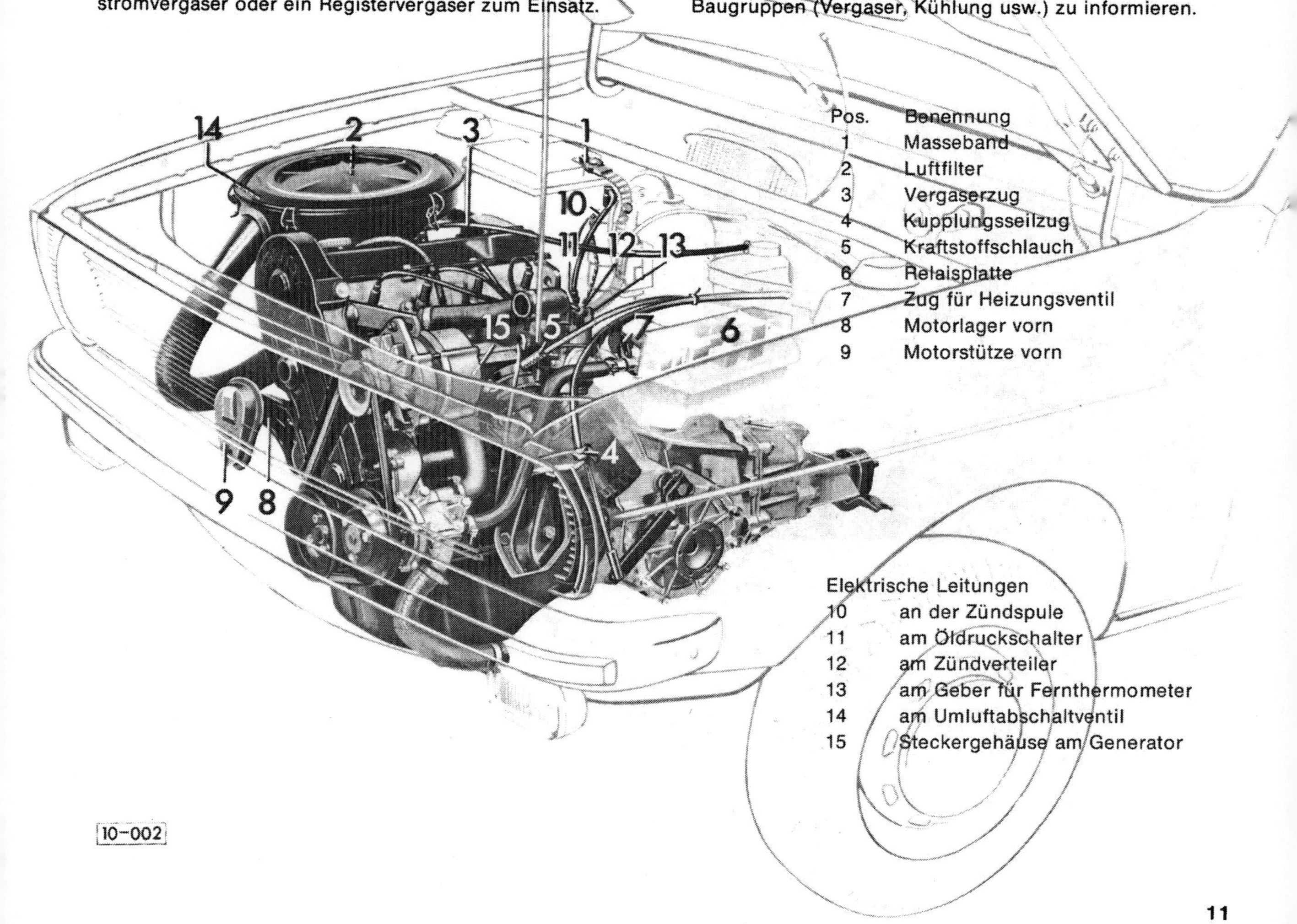

Pos.	Benennung
1	Masseband
2	Luftfilter
3	Vergaserzug
4	Kupplungsseilzug
5	Kraftstoffschlauch
6	Relaisplatte
7	Zug für Heizungsventil
8	Motorlager vorn
9	Motorstütze vorn

Elektrische Leitungen	
10	an der Zündspule
11	am Öldruckschalter
12	am Zündverteiler
13	am Geber für Fernthermometer
14	am Umluftabschaltventil
15	Steckergehäuse am Generator

10-002

Ausbau

- Massekabel (1) (Minuspol) von der Batterie abklemmen.
- Luftfilter (2) Deckel abnehmen und Mutter [16] abschrauben. Vorwärmschlauch und Schlauch für Ölentlüftung abziehen, Luftfilter-Unterteil abnehmen.

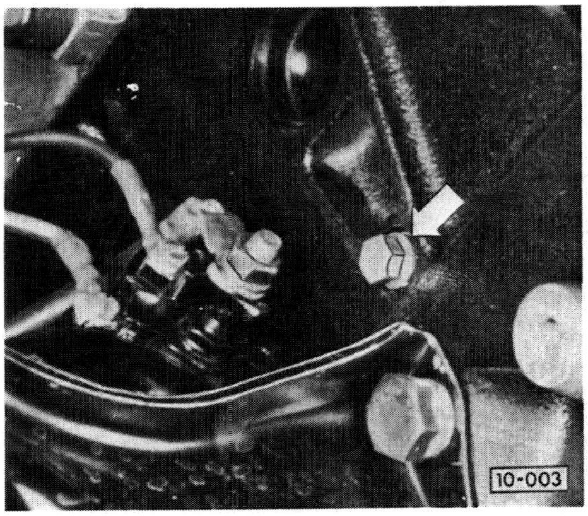

- Kühlmittel ablassen, an der Verschlußschraube (Pfeil) und am unteren Wasserschlauch.

Achtung: Kühlmittel auffangen, da VW-Kühlerfrost- und Korrosionsschutzmittel im Kühlwasser.

- Kabel (14) am Umluftabschaltventil [18] abziehen, Umluftabschaltventil [19] herausschrauben.
- Vergaserzug (3): Sicherung [20] entfernen, Gaszug aushängen. Klemmschraube [21] am Halter für Gaszug abschrauben und Zug aushängen. Kabel an der Startautomatik, wo vorhanden, abziehen.
- Stütze (9) [22] und Motorlager (8) [23] abschrauben.

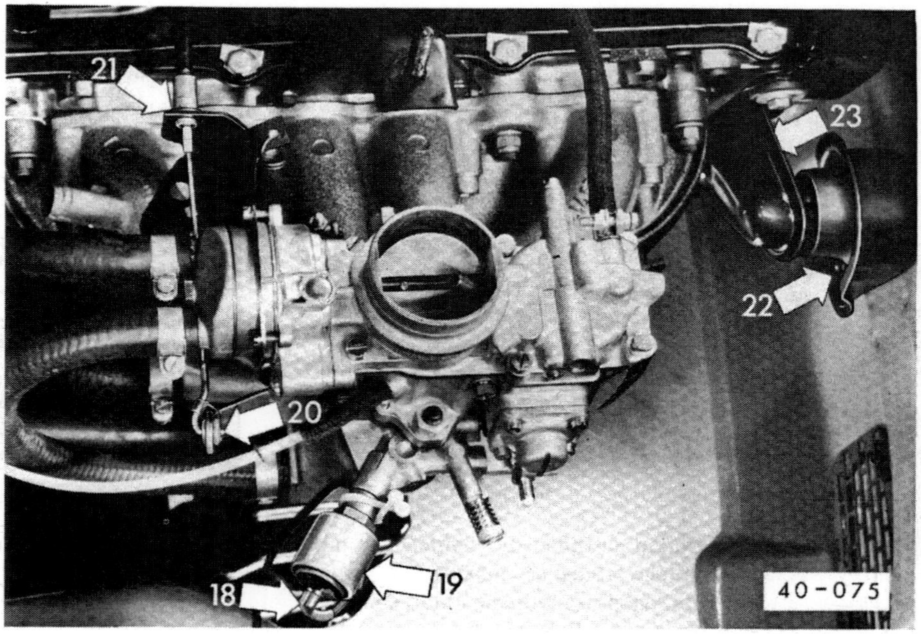

- Kühlwasserschlauch [8] oben abziehen, Schlauch am Heizungsventil [9] abziehen.
- Sechskantmutter [10] für Kupplungsseil (4) abschrauben und Seil aushängen.
- Zündleitung (12) vom Zündverteiler abziehen.
- Leitungen an Klemme 1 der Zündspule abschrauben (10) [13].
- Benzinleitung (5) abklemmen und an der Pumpe [15] abziehen.
- Elektrische Leitungen am Öldruckschalter (11) und am Geber für Fernthermometer (13) trennen.
- Stecker am Generator und am Lüftermotor abziehen.

- Sämtliche Wasserschläuche lösen (siehe Pfeile). Wo vorhanden, Unterdruckschläuche für Bremskraftverstärker lösen.
- Relaisplatte (6) mit Sicherungshalter abschrauben, Kabelbaumhalter aufbiegen.
- Kühler komplett mit Luftführungen und Elektrolüfter ausbauen (siehe Pfeile). Der Kühlergrill bleibt im Fahrzeug. Kühlerbefestigungsschrauben unten (1), Mutter (2) und Stütze (3) abschrauben (siehe auch unter Kapitel Lüftung). Beim Herausnehmen des Kühlers Relaisplatte mit Sicherungshalter zur Seite drücken.

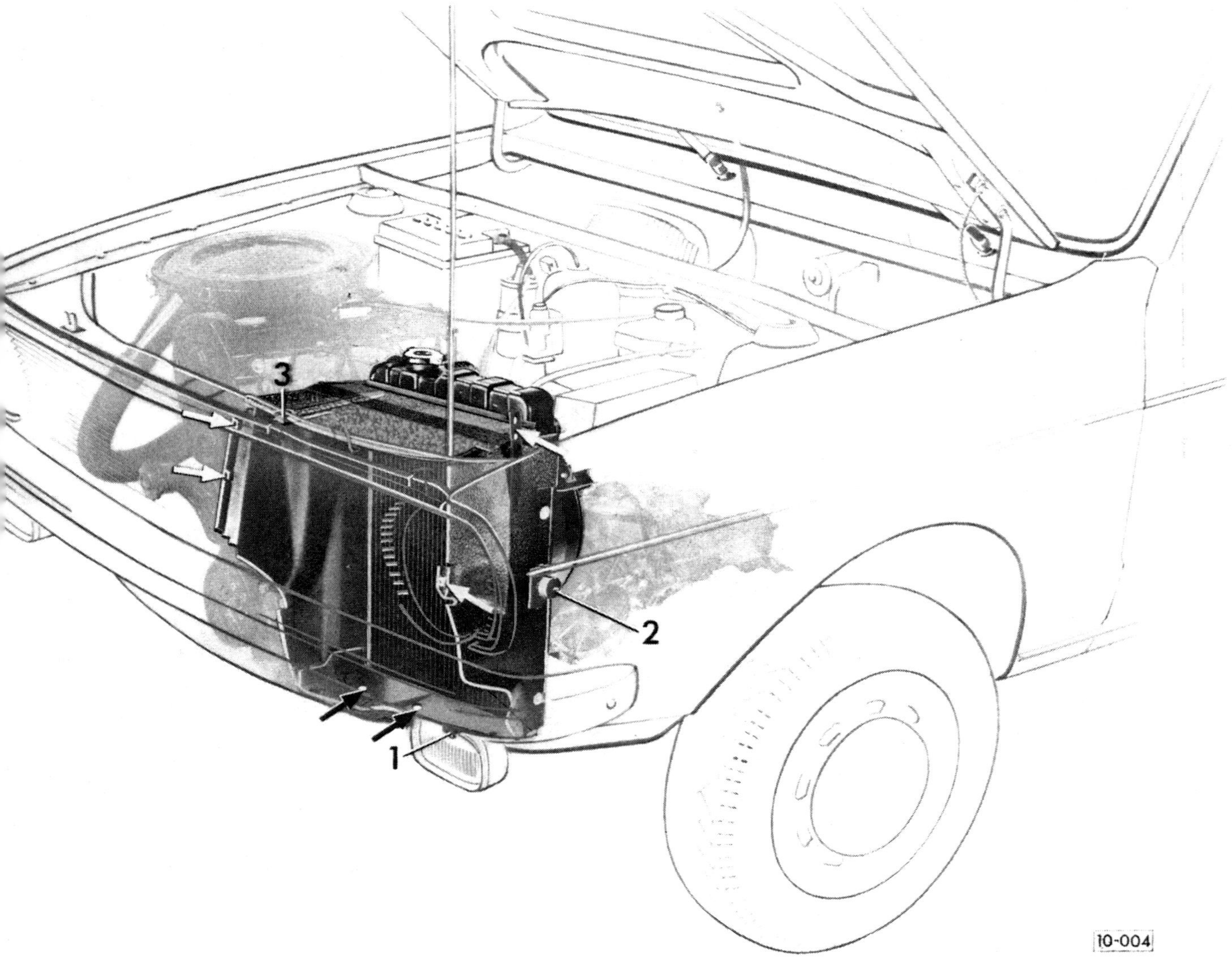

- Abgasrohr vom Abgaskrümmer abschrauben.
- Leitungen vom Anlasser abklemmen, Anlasser ausbauen.

- Muttern für Motorlager abschrauben (Pfeil).

Automatic-Fahrzeuge: Schrauben für Drehmomentwandler herausschrauben.

- Sechskantschrauben Motor/Getriebe abschrauben. **Achtung:** Die oberen zwei Schrauben dürfen noch nicht abgeschraubt werden.

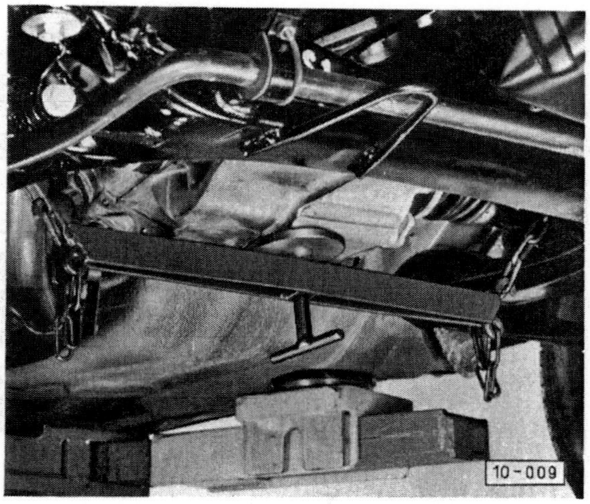

Um das Getriebe abzustützen, benutzen die Werkstätten einen Spezialhalter. Es genügt allerdings auch, wenn das Getriebe durch einen Wagenheber abgestützt wird, damit das Getriebe samt Motor leicht angehoben werden kann.

Achtung: Zwischen Wagenheber und Getriebe ist eine Holzunterlage zu legen.

- Sechskantschrauben Motor/Getriebe oben abschrauben.
- Mit Montierhebel Motor von Getriebe abdrücken. Dabei müssen mindestens zwei Personen den Motor führen und festhalten. Zwischenplatte vom Motor abnehmen.
- Bei gleichzeitigem Anheben und Verdrehen den Motor vorsichtig herausheben.

In den Werkstätten wird der Motor mit einem Kran herausgehoben. Es geht aber auch mit 2 bis 3 starken Männern.

- Der Motor muß beim Herausheben sorgfältig geführt werden, um Beschädigungen an Antriebswelle, Kupplung und Aufbau zu vermeiden.

Motor einbauen

- Vor dem Einbau Paßhülsen (siehe Pfeile) auf festen Sitz prüfen. Zwischenplatte mit etwas Fett ansetzen.

- Motor in den Vorderwagen ablassen und durch Verdrehen an das Getriebe ansetzen.
- Die oberen Sechskantschrauben mit 5,5 mkg (55 Nm) festziehen.
- Haltevorrichtung für Getriebe entfernen, beziehungsweise Wagenheber am Getriebe langsam absenken. Dabei Motorlager links und rechts einführen.
- Muttern für Motorlager links und rechts mit 4,0 mkg (40 Nm) festziehen.
- Sechskantschrauben unten mit 5,5 mkg (55 Nm) festziehen.
- Neue Dichtung für Auspuffrohr verwenden, Auspuff anschrauben.
- Anlasser einbauen.
- Motor-Getriebelagerung ausrichten, siehe unter „Abgasanlage".
- Motorstütze (9) und Motorlager (8) einbauen. Motorlager mit 2,5 mkg (25 Nm) festziehen.

Achtung: Die vordere Motorstütze (9) muß bei eingebautem Motor spannungsfrei das Motorlager (8) von oben umfassen. Stütze mit 2,0 mkg (20 Nm) festziehen.

- Wasserkühler mit Luftführung einbauen.
- Sämtliche Wasserschläuche, auch zur Startautomatik, aufstecken und Schellen festschrauben.
- Heizregulierung öffnen, Kühlmittel auffüllen.
- Wo vorhanden: Schläuche für Bremsservo anbringen.
- Elektrische Leitungen anschließen: Stecker am Lüftermotor, Thermoschalter am Wasserkühler, Steckergehäuse an der Lichtmaschine (15), Umluftabschaltventil (14), Geber für Fernthermometer (13), Zündverteiler (12) Öldruckschalter (11), Zündspule (10), Masseband an Batterie (1), Startautomatik (wo vorhanden).
- Zug für Heizungsventil (7) anschließen, Sicherungsbügel anbringen.
- Relaisplatte (6) mit Sicherungshalter anschrauben.
- Kraftstoffschlauch (5) an die Benzinpumpe anschließen und mit Klemme sichern.
- Kupplungszug (4) einhängen, Kupplungsspiel einstellen, siehe unter „Kupplung".
- Vergaserzug (3) einhängen und mit Sicherheitsbügel sichern. Vergaserzug einstellen, siehe unter „Vergaser".
- Luftfilterunterteil (2) aufsetzen. Dabei auf einwandfreien Sitz der Dichtung achten. Selbstsichernde Mutter erneuern. Schläuche für Vorwärmung und Ölentlüftung aufstecken. Luftfilterdeckel aufsetzen.
- Ölstand im Motor kontrollieren.
- Motor starten und auf Dichtigkeit prüfen.
- Zündzeitpunkt einstellen.
- Nach Erreichen der Betriebstemperatur Kühlmittelstand prüfen und gegebenenfalls ergänzen.

Fahrzeug aufbocken

Für viele Wartungs- und Reparaturarbeiten muß das Fahrzeug aufgebockt, beziehungsweise hochgehoben werden. In der Werkstatt wird der Wagen in der Regel mit der Hebebühne angehoben, man kann ihn jedoch auch mit dem Wagenheber anheben. Grundsätzlich darf das Fahrzeug nur an den hier abgebildeten Aufnahmepunkten angehoben werden.

Bei Arbeiten unter dem Fahrzeug muß dieses, falls es nicht auf einer Hebebühne steht, auf vier stabilen Unterstellböcken stehen. Auf keinen Fall sollten Arbeiten unter dem Fahrzeug ausgeführt werden, wenn dieses nicht ausreichend abgesichert ist.

Achtung: Mit dem Rangierheber darf der VW Passat nur seitlich angehoben werden. Weder an der Motorölwanne, am Getriebe noch an der Hinterachse anheben! Sonst können schwerwiegende Schäden eintreten. Um Beschädigungen des Längsträgers bzw. des Wagenbodens zu vermeiden, ist unbedingt eine geeignete Gummi- oder Holzzwischenlage zu verwenden.

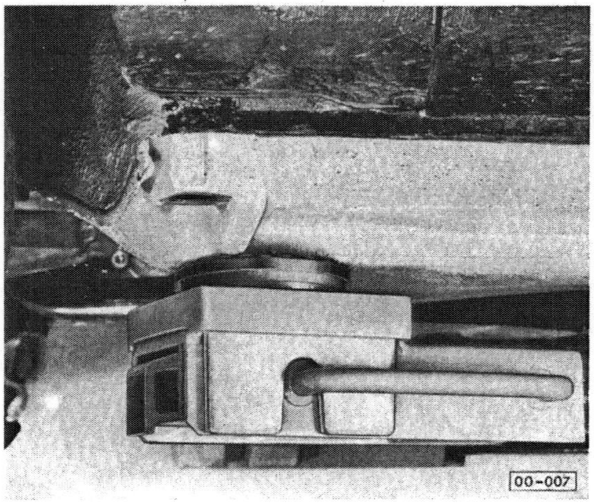

Vorn: An der Längs- und Querverbindung des Bodenbleches.

Hinten: An der senkrechten Versteifung des Unterholms (Schweißflansch) ca. 50 mm **vor** der Markierung (Pfeil). An den Stellen, an denen der Werkstattheber bzw. die Hebebühne angesetzt werden, können auch die Unterstellböcke untergestellt werden.

Keilriementrieb, Zahnriementrieb

Achtung: Vor Ausbau des Zahnriemens Laufrichtung markieren, damit er in gleicher Lage wieder eingebaut wird. Zahnriemen nicht knicken! Sonst Gefahr von schweren Motorschäden durch späteren Zahnriemenbruch.

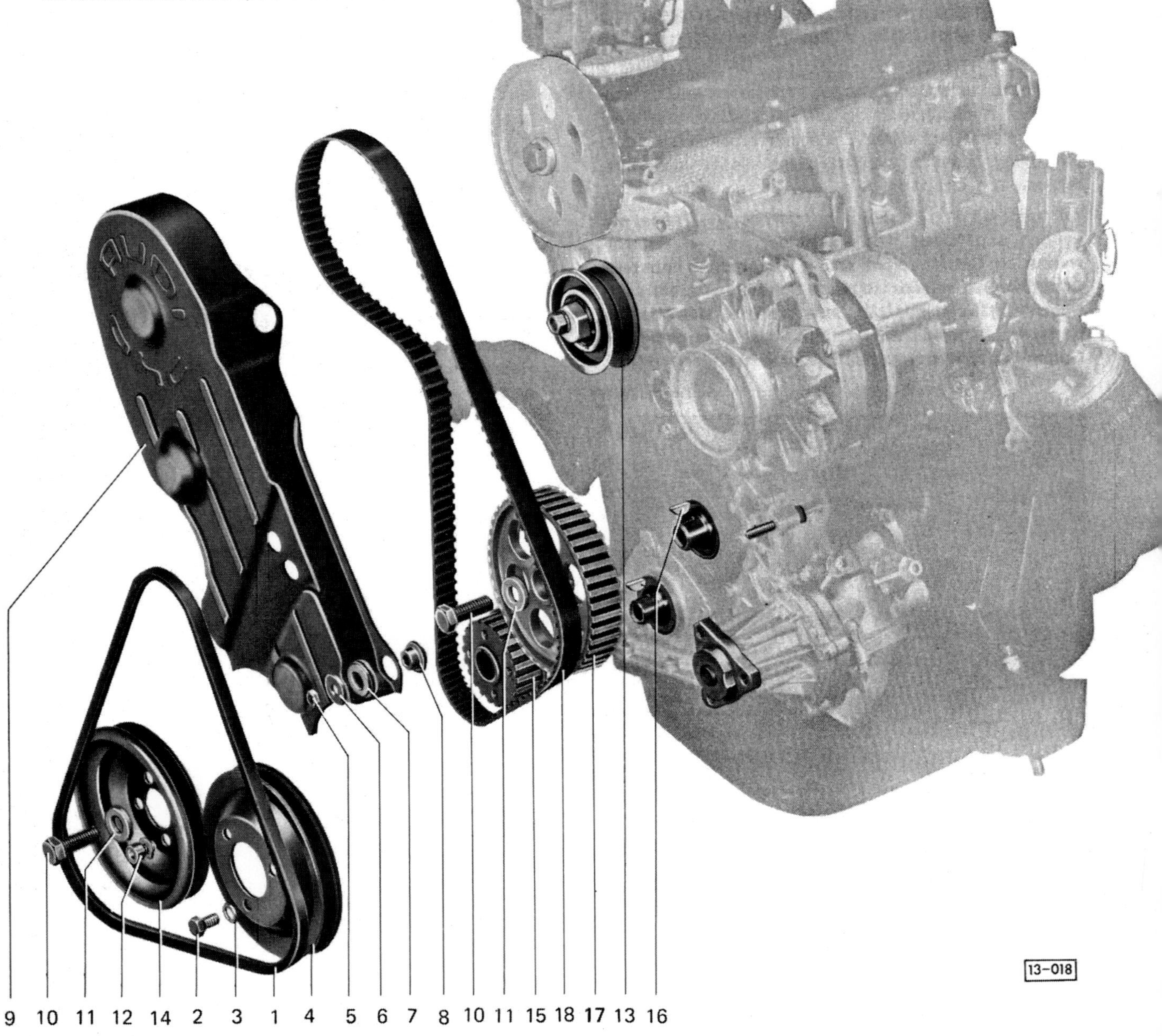

Pos.	Benennung	Stück
1	Keilriemen (9,5 x 950)	1
2	Sechskantschraube	3
3	Federscheibe	3
4	Keilriemenscheibe	1
5	Sechskantmutter	1
6	Unterlegscheibe	4
7	Gummilager	4
8	Lagerbuchse	4
9	Schutzhaube	1
10	Sechskantschraube	2
11	Unterlegscheibe	2
12	Innensechskantschraube	4
13	Spannrolle	1
14	Keilriemenscheibe	1
15	Zahnriemenscheibe	1
16	Scheibenfeder	1
17	Zahnriemenscheibe	1
18	Zahnriemen	1
20	Federring	1

Zahnriemen entspannen/spannen

- Oberen Zahnriemenschutz ausbauen.

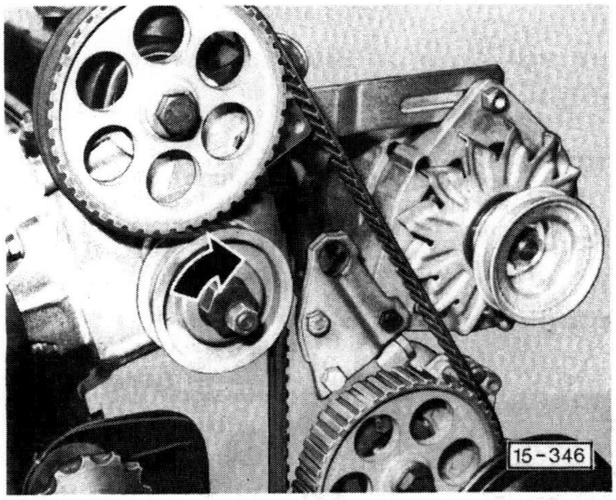

- Spannrolle mit Maulschlüssel halten, Klemmschraube für Spannrolle mit Maulschlüssel lösen.
- Spannrolle nach links drehen: entspannen; Spannrolle nach rechts drehen: spannen.

- Spannrolle nach rechts drehen und Zahnriemen spannen.
- Der Zahnriemen muß sich mittig zwischen Nockenwellenrad und Zwischenwellenrad mit Daumen und Zeigefinger gerade noch um 90° verdrehen lassen.
- Klemmschraube an der Spannrolle festziehen.
- Zahnriemenschutz einbauen.

Zahnriemen ersetzen

Ausbau

- Keilriemen ausbauen, siehe Seite 163.
- Unten am Motorblock beide Keilriemenscheiben ausbauen.
- Zahnriemenschutz oben ausbauen.
- Klemmschraube für Zahnriemen-Spanner lösen, Spannrolle nach links drehen, Zahnriemen abnehmen.

Einbau

- Nockenwelle drehen, bis die Markierung mit der Zylinderkopfhaube fluchtet.
- Linke Keilriemenscheibe mit einer Schraube anschrauben. **Achtung:** Die linke Keilriemenscheibe wird durch eine Bohrung exakt geführt.

- Markierung an Keilriemenscheibe und Markierung am Zwischenwellenrad auf Übereinstimmung bringen (OT-Zylinder 1). Motoreinstellung nicht mehr verstellen.
- Keilriemenscheibe ausbauen.
- Zahnriemen auflegen und spannen.
- Keilriemenscheiben einbauen.
- Keilriemen einbauen, siehe Seite 163.

Nockenwelle/Ventiltrieb

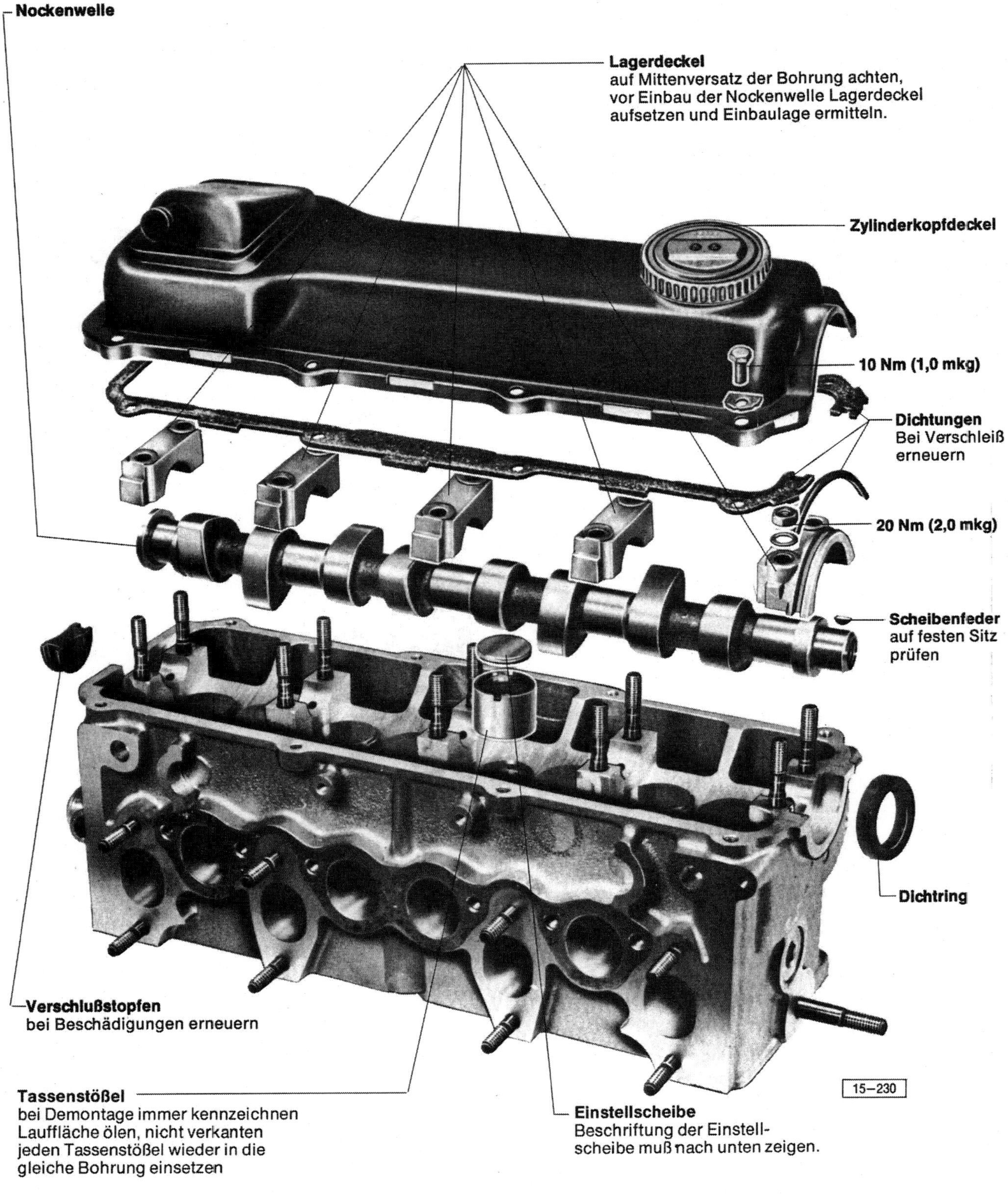

Nockenwelle aus- und einbauen

Ausbau

- Luftfilter ausbauen, siehe Seite 79.
- Zahnriemenschutz ausbauen.
- Zylinderkopfdeckel abschrauben.
- Schwungrad bzw. Mitnehmerscheibe auf OT stellen, siehe Seite
- Kurbelwelle und Mitnehmerwelle nicht mehr verdrehen.
- Zahnriemen entspannen und vom Nockenwellenrad abnehmen, siehe Seite 19.
- Falls das Nockenwellenrad ausgebaut werden soll, Nockenwellenrad durch einen Durchbruch mit einem Dorn arretieren.
- Nockenwellenrad gegebenenfalls abschrauben, Scheibenfeder für Nockenwellenrad abnehmen.
- Lagerdeckel mit 1, 2, 3 usw. markieren, siehe Abbildung.

15-017

- Lagerdeckel 1, 3 und 5 ausbauen, dann Lagerdeckel 2 und 4 abwechselnd über Kreuz lösen.
- Nockenwelle herausnehmen. Falls die Ventil-Einstellscheiben und Tassenstößel herausgenommen werden, sind diese zu markieren, damit sie am alten Platz wieder eingebaut werden können.

Einbau

Vor dem Einbau kann die Nockenwelle ggf. von der Werkstatt auf Schlag geprüft werden.

Achtung: Seit Juni 1979 werden Austausch-Zylinderköpfe mit Lagerschalen für Nockenwelle geliefert. Hierbei gibt es zwei verschiedene Ausführungen: Zylinderkopf mit nachgearbeiteter Nockenwellenlagerung unter Verwendung einer Normalmaß-Nockenwelle und Lagerschalen ET-Nr. 056 103 652 (Normalmaß-Nockenwelle 26,00 ⌀ mm).
Zylinderkopf mit nachgearbeiteter Nockenwellenlagerung sowie einer Nockenwelle mit Untermaß-Lagerzapfen und Lagerschalen ET-Nr. 056 103 651 (Untermaß-Nockenwelle 25,75 mm ⌀).

Die Untermaß-Nockenwelle wird nicht als Ersatzteil geliefert. Im Reparaturfall ist daher folgendes zu beachten: Muß eine Untermaß-Nockenwelle ersetzt werden, ist die ET-Nockenwelle mit den Lagerschalen ET-Nr. 056 103 652 zu verwenden.

Hinweis: Untermaß-Nockenwellen sind durch einen gelben Farbpunkt auf dem eingegossenen VW-Audi-Zeichen gekennzeichnet.

- Neuen Dichtring für Nockenwelle einbauen.
- Verschlußstopfen bei Beschädigungen erneuern.
- Lagerdeckel probeweise aufsetzen und auf Mittenversatz achten. Die Lagerdeckel müssen so aufgesetzt werden, daß die Bohrung von Lagerdeckel und Zylinderkopf übereinstimmt.
- Falls die Tassenstößel herausgenommen waren, Tassenstößel entsprechend der Markierung an gleicher Stelle wieder einsetzen. Tassenstößel leicht einölen und beim Einsetzen nicht verkanten.

Achtung: Die Tassenstößel dürfen nicht vertauscht werden.

- Falls die Ventileinstellscheiben herausgenommen waren, einölen und an gleicher Stelle einsetzen.
  Auf Markierung achten.

Achtung: Die Beschriftung auf den Einstellscheiben zeigt nach unten.

- Nockenwelle einölen und einsetzen. Lagerdeckel entsprechend der Markierung einsetzen. Auf Mittenversatz achten! Lagerdeckel 1, 3 und 5 abwechselnd über Kreuz mit Drehmomentschlüssel anziehen. Anzugsmoment 20 Nm (2,0 mkg).
- Lagerdeckel 2 und 4 einbauen und mit 20 Nm (2,0 mkg) festziehen.
- Scheibenfeder für Nockenwellenrad einsetzen, Nokkenwellenrad aufsetzen und mit 80 Nm (8,0 mkg) festziehen. Nockenwellenrad mit Dorn arretieren.

Achtung: Bei Einbau einer neuen Nockenwelle Ventilspiel — kalt — prüfen und gegebenenfalls einstellen. Zum Einstellen nur die Nockenwelle am Nockenwellenrad verdrehen.

- Zahnriemen auf Nockenwellenrad auflegen und spannen. Auf richtige Stellung von Zwischenwelle, Keilriemenscheibe und Nockenwellenrad achten, siehe Seite 19.
- Neue Deckeldichtungen für Zylinderkopfdeckel verwenden, Schrauben für Zylinderkopfdeckel vorsichtig mit 10 Nm (1,0 mkg) festziehen.
- Zahnriemenschutz einbauen.
- Luftfilter anbauen, siehe Seite 79.

Zylinderkopf aus- und einbauen/ Zylinderkopfdichtung erneuern

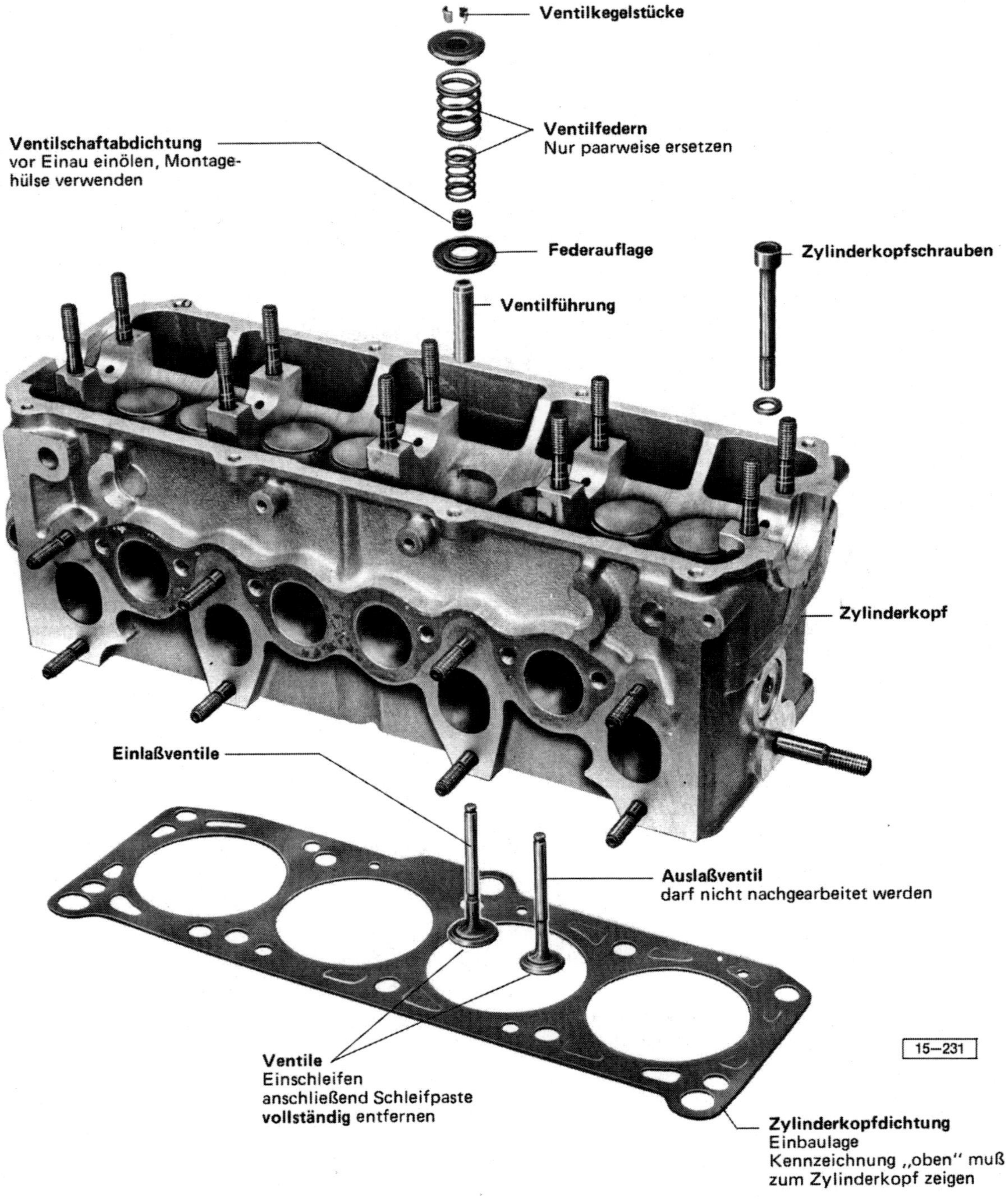

Ausbau

Der Zylinderkopf kann auch bei eingebautem Motor ausgebaut werden.

Eine defekte Zylinderkopfdichtung macht sich durch Leistungsverlust, Kühlflüssigkeitsverlust oder Kühlflüssigkeit im Motoröl bemerkbar. Außerdem erkennt man eine defekte Zylinderkopfdichtung an Bläschenbildung der Kühlflüssigkeit. Hierzu Verschlußdeckel für Kühler-Ausgleichsbehälter abnehmen und Motor starten. Wenn die Kühlflüssigkeit stark sprudelt, ist das ein Hinweis auf eine defekte Zylinderkopfdichtung. **Achtung:** Seit Juli 1977 wird der Zylinderkopf mit Innenvielzahnkopfschrauben befestigt. Bei Reparaturen am Zylinderkopf sollten grundsätzlich nur Innenvielzahnkopfschrauben verwendet werden.

- Batterie-Masseband abklemmen.
- Kühlmittel ablassen, siehe Seite 35.
- Luftfilter ausbauen, siehe Seite 78.
- Keilriemen ausbauen, siehe Seite 163.
- Sämtliche Wasserschläuche am Zylinderkopf und am Vergaser abziehen.
- Halter für Generator am Zylinderkopf abschrauben.
- Vergaserzug abklemmen, siehe unter „Vergaser".
- Kraftstoffleitung und Unterdruckschlauch zum Zündverteiler am Vergaser abziehen.
- Elektrische Leitungen am Vergaser abziehen.
- Abgasrohr am Abgaskrümmer abschrauben.
- Schutzhaube für Zahnriemen ausbauen, s. Seite 18.
- Spannrolle lösen und Zahnriemen für Nockenwelle nur oben vom Nockenwellenrad abnehmen, siehe Seite 19.
- Elektrische Leitungen von Öldruckschalter und Temperaturgeber abziehen.
- Zündkerzenstecker abziehen.
- Zylinderkopfhaube ausbauen, siehe Seite 20.
- Zylinderkopfschrauben herausdrehen.

Achtung: Die Schrauben müssen entgegen ihrer Numerierung (von 10 nach 1) gelöst werden.

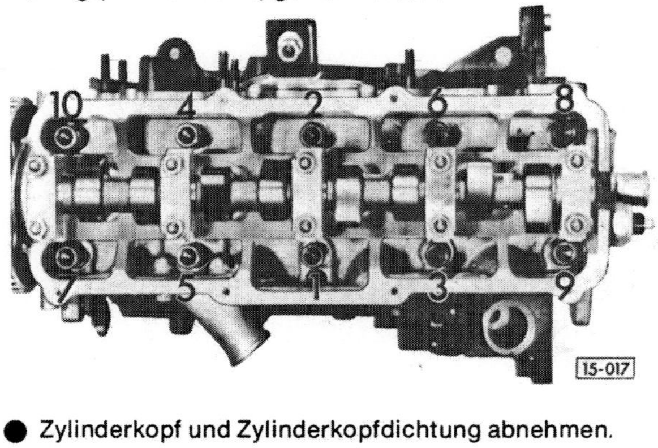

15-017

- Zylinderkopf und Zylinderkopfdichtung abnehmen.

Einbau

Vor dem Einbau, Zylinderkopf von Dichtungsresten freimachen und auf Beschädigungen beziehungsweise auf Verzug prüfen.

15-018

- Verzug mit Stahllineal und Fühlerblattlehre an verschiedenen Stellen des Zylinderkopfes prüfen. Die zulässigen Unebenheiten dürfen maximal 0,1 mm nicht überschreiten.
- Zylinderkopfdichtung grundsätzlich ersetzen.

15-025

- Die Aufschrift „oben" muß zum Zylinderkopf zeigen, Zylinderkopfdichtung ohne Dichtungsmittel auflegen.

A 9319

- Zum Zentrieren des Zylinderkopfes Führungsstifte anfertigen, indem man an zwei alten Zylinderkopfschrauben den Kopf absägt und jeweils eine Nut für den Schraubendreher anbringt.
- Führungsstifte in die Bohrungen 8 und 10 einschrauben.
- Kurbelwelle an der Riemenscheibe so verdrehen, daß alle Kolben ungefähr auf gleicher Höhe stehen.
- Zylinderkopf aufsetzen.
- Die übrigen 8 Zylinderkopfschrauben ansetzen und handfest anziehen.

- Führungsstifte mit Schraubendreher herausschrauben, die restlichen 2 Zylinderkopfschrauben einsetzen und handfest anziehen.

Achtung: Das Anziehen der Zylinderkopfschrauben ist mit größter Sorgfalt durchzuführen. Vor dem Anziehen der Schrauben sollte der Drehmomentschlüssel auf seine Genauigkeit geprüft werden.

Im Reparaturfall grundsätzlich Innenvielzahnkopfschrauben verwenden.

Innenvielzahnschrauben nur bei kaltem Motor anziehen.

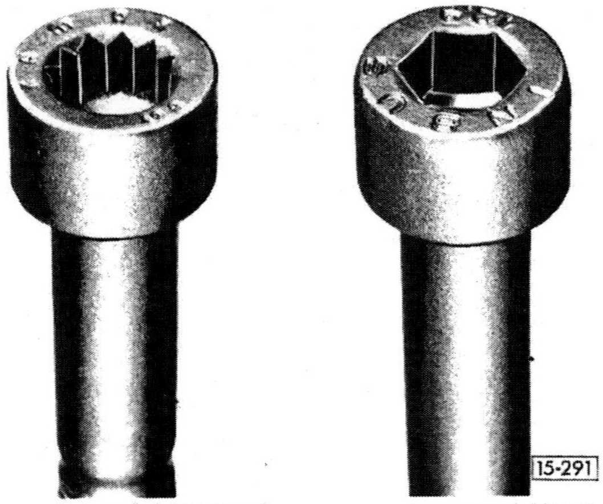

Innenvielzahnkopf (seit Juli 1977), SW 12 — Innensechskant (bis Juli 1977), SW 10

- Innenvielzahnkopfschrauben **dürfen nicht nachgezogen werden. Auch nach Reparaturen ist das Nachziehen unzulässig.**
- Beim Anziehen zuerst Zylinderkopfschrauben der Reihe nach – von 1–10 – mit Drehmomentschlüssel **mit 40 Nm** festziehen. In der **2. Stufe alle Schrauben von 1–10 mit 60 Nm** festziehen. In der **3. Stufe alle Schrauben von 1–10 mit starrem Schlüssel ½ Umdrehung (180°) ohne abzusetzen weiterdrehen** (2 × 90° weiterdrehen ist zulässig).
  Um die 180° beziehungsweise die 2 × 90° besser abschätzen zu können, starren Schlüssel auf Schraube aufsetzen und entsprechende Markierung mit Kreide auf Zylinderkopf anbringen.
  Innenvielzahnschrauben können nach Reparaturen weiterverwendet werden.
- Zahnriemen montieren, siehe Seite 19.
- Zylinderkopfhaube aufsetzen, siehe Seite 20.
- Schutzhaube für Zahnriemen einbauen, siehe Seite 18.
- Halter für Generator an Zylinderkopf anschrauben, Keilriemen montieren, siehe Seite 163.
- Abgasrohr am Abgaskrümmer anschrauben, neue Dichtung verwenden.
- Elektrische Leitungen an Vergaser anschließen, Kraftstoffleitungen aufschieben und mit Schellen sichern.
- Vergaserzug anklemmen, siehe unter „Vergaser“.
- Sämtliche Wasserschläuche anbringen und mit Schellen sichern.
- Kühlmittel auffüllen, siehe Seite 35.
- Elektrische Leitungen an Temperaturgeber und Öldruckschalter anschließen, Zündkerzenstecker aufschieben. Unterdruckschlauch vom Zündverteiler am Vergaser anschließen.
- Luftfilter anbauen, siehe Seite 78.
- Ölstand im Motor kontrollieren, Batterie-Masseband anklemmen.
- Motor starten.
- Kühlflüssigkeitsstand kontrollieren.
- Zündeinstellung überprüfen, siehe Seite 172.

Ventil aus- und einbauen

Ausbau

- Zylinderkopf ausbauen, siehe Seite 22.

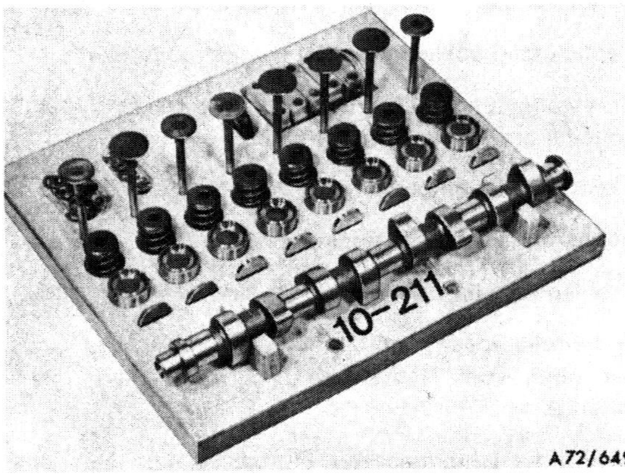

Achtung: Werden Teile der Ventilsteuerung wieder verwendet, müssen diese an gleicher Stelle wieder eingebaut werden. Damit keine Verwechselungen vorkommen, empfiehlt es sich, ein entsprechendes Ablagebrett anzufertigen.

- Nockenwelle ausbauen, siehe Seite 20.

● Ventilfedern ausbauen. Hierzu benutzen die Werkstätten ein Spezialwerkzeug (VW 541). Man kann die Ventilkegelstücke – und damit die Ventile einschließlich der Ventilfedern auch mit Hilfe einer normalen Ventilfederzange ausbauen. Die Ventilteller lassen sich auch mit Hilfe von zwei Schraubenziehern herunterdrücken. Dann muß in den Brennraum des Zylinderkopfes ein Lappen gelegt werden, damit das Ventil nicht nach unten durchfällt.

● Ventilfedern zusammendrücken und Ventilkegelstücke herausnehmen. Ventil herausnehmen.

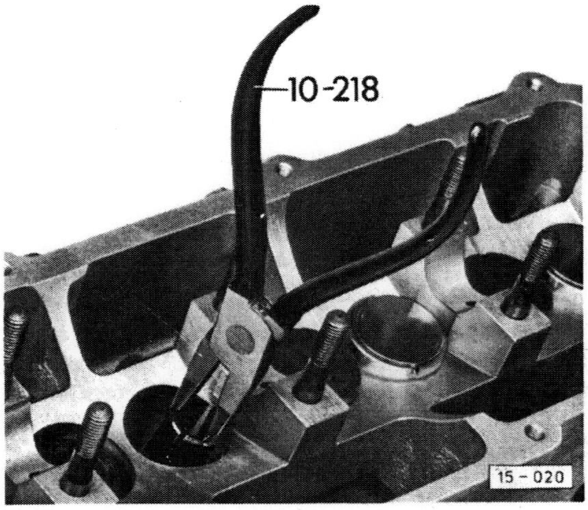

● Ventilschaftabdichtungen herausziehen. Zum Ausbau benutzen die Werkstätten ein Spezialwerkzeug (VW 10–218). Werden andere Hilfsmittel benutzt, sind in jedem Fall die Ventilschaftabdichtungen zu erneuern.

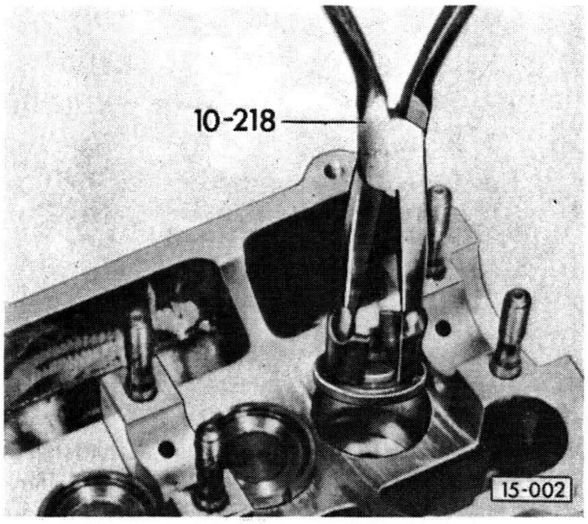

● Federauflage mit Werkzeug 10–218 ausbauen.

Einbau

Vor Einbau der Ventile, Ventilführungen prüfen und eventuell Ventilsitze nacharbeiten bzw. einschleifen, siehe Seite 26.

● Untere Federauflage einsetzen.

● Ventilschaft an den Anlageflächen der Ventilkegelstücke entgraten.

● Ventilschaft leicht einölen und Ventil einsetzen.

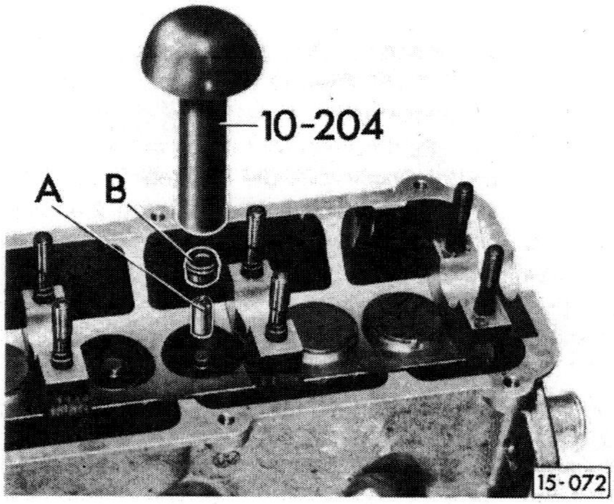

● Kunststoffhülse (A; VW-Werkzeug) auf den Ventilschaft stecken, Ventilschaftabdichtung (B) leicht einölen und mit dem Treibdorn (VW-Werkzeug 10–204) vorsichtig auf die Ventilführung schieben.

Achtung: Erfolgt die Montage ohne Verwendung der Kunststoffhülse, werden die Ventilschaftabdichtungen beschädigt! Der Motor braucht übermäßig viel Öl!

● Ventilfedern und Ventilteller oben einsetzen.

● Falls neue Ventilfedern eingesetzt werden, Ventilfedern nur paarweise auswechseln.

● Ventilfedern mit Ventilfederzange zusammendrücken und Ventilkegelstücke richtig einsetzen. Ventilfederzange entspannen und nächstes Ventil einsetzen.

● Tassenstößel entsprechend Kennzeichnung einölen und in die alte Bohrung einsetzen.

● Nockenwelle einbauen, siehe Seite 20.

● Zylinderkopfdichtung erneuern, Zylinderkopf einbauen, siehe Seite 23.

Ventile nacharbeiten

Alte Einlaßventile können auf einer Drehbank bis zu einem bestimmten Maß nachgearbeitet werden.

Achtung: Auslaßventile dürfen nicht nachgearbeitet werden. Nur das Einschleifen ist zulässig.

Bearbeitungsmaße für Einlaßventil

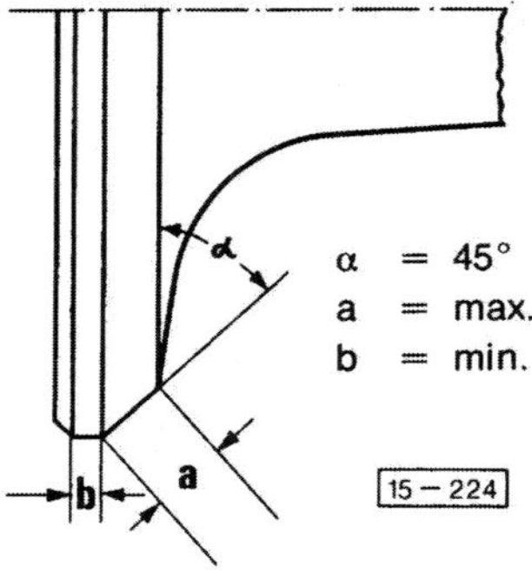

α = 45°
a = max. 3,5 mm
b = min. 0,5 mm

Ventilführungen prüfen

Bei Instandsetzungsarbeiten von Motoren mit undichten Ventilen genügt es nicht, die Ventile und Ventilsitze zu bearbeiten beziehungsweise zu ersetzen. Es ist außerdem dringend erforderlich, die Ventilführungen auf Verschleiß zu prüfen. Besonders wichtig ist die Prüfung an Motoren mit längerer Laufzeit. Ist der Verschleiß zu groß, sind entweder die Ventilführungen zu erneuern (Werkstattarbeit!) oder der Zylinderkopf ist auszutauschen.

- Rückstände an Ventilführungen mit Reinigungsahle entfernen.
- Neues Ventil einsetzen. Ventilschaftende muß mit Führung abschließen.

- Kippspiel ermitteln. Hierzu benutzen die VW/Audi-Werkstätten ein Spezialwerkzeug (VW 387).

	Einlaß-ventil-führung	Auslaß-ventil-führung
Kippspiel max.	1,0 mm	1,3 mm

- Bei zu großem Kippspiel Ventilführungen von Werkstatt erneuern lassen.

Ventilsitz im Zylinderkopf nacharbeiten

Ventilsitze mit Verschleiß- oder Verbrennungsspuren können nachgearbeitet werden solange die Korrekturwinkel und Sitzbreiten eingehalten werden. Andernfalls muß der Zylinderkopf ersetzt werden. Ventilsitzringe können mit den üblichen Werkstattmitteln erneuert werden (Werkstattarbeit!). Für das Nacharbeiten werden Reibahlen benötigt. Die Arbeiten sollte man von einer Werkstatt durchführen lassen.

Bearbeitungswinkel und Sitzbreiten für Ventilsitz

A–Auslaßventil		E–Einlaßventil
a – 30,80 mm Ø	Z – Zylinderkopf-Unterk.	d – 33,20 mm Ø
b – 9,60 mm	30° – Korrekturwinkel o.	e – 9,00 mm
c – 2,40 mm	45° – Ventilsitzwinkel	f – 2,00 mm

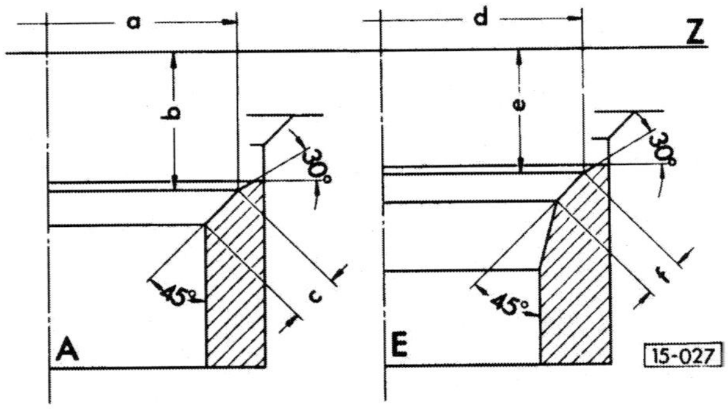

Ventilsitz einschleifen

Bei einwandfrei bearbeiteten Ventilsitzringen und neuen Ventilen ist das Einschleifen der Ventilsitze im Zylinderkopf nicht unbedingt erforderlich.

- Die Ventile werden mit Schleifpaste eingeschliffen. Für die notwendigen Drehbewegungen wird ein Gummisauger auf den Ventilteller gesetzt. Rillenbildung auf den Sitzflächen beim Einschleifen läßt sich durch häufiges Anheben und gleichmäßiges Weiterdrehen des Ventils während des Schleifvorgangs vermeiden.

Achtung: Die Schleifpaste ist nach dem Einschleifen sorgfältig zu entfernen.

- Geprüft werden kann der Schleifvorgang am Tragbild sowie mit Kraftstoff: Ventil lose einsetzen, Kraftstoff in Brennraum einfüllen. Kraftstoff darf nicht aus der Ventilführung auslaufen. Sonst Schleifvorgang wiederholen.

Ventilspiel einstellen

Das Ventilspiel muß bei handwarmem Motor (ca. + 35° C Kühlmitteltemperatur) geprüft beziehungsweise eingestellt werden.

Sollwerte warm	**Einlaßventil:**	**0,20 — 0,30 mm**
	Auslaßventil:	**0,40 — 0,50 mm**

Nach Reparaturen am Zylinderkopf ist das Ventilspiel bei kaltem Motor einzustellen.

Sollwerte kalt	**Einlaßventile:**	**0,15 — 0,25 mm**
	Auslaßventile:	**0,35 — 0,45 mm**

Das Ventilspiel ist im Rahmen der Wartung bei km-Stand 30000 und alle weiteren 30000 km zu prüfen und gegebenenfalls zu berichtigen. Grundsätzlich ist das Ventilspiel nach einer Zylinderkopfreparatur (nach 1000 km) zu prüfen beziehungsweise einzustellen.

Das Einstellen der Ventile hat nur dann den gewünschten Erfolg, wenn die Ventile einwandfrei abdichten, diese kein unzulässiges Spiel in den Ventilführungen haben und am Schaftende nicht eingeschlagen sind.

Zum Einstellen des Ventilspiels stehen Einstellscheiben von 3,00 mm bis 4,25 mm Dicke zur Verfügung. Die Stärke der Einstellscheiben ist auf der Unterseite eingeätzt. **Beim Einbau ist unbedingt darauf zu achten, daß diese Kennzeichnung nach unten, das heißt in den Tassenstößel zeigt.**

Einstellscheiben und ihre Ersatzteilnummern

Dicke	Teile-Nummer	Dicke	Teile-Nummer
3,00	056 109 555	3,65	056 109 568
3,05	056 109 556	3,70	056 109 569
3,10	056 109 557	3,75	065 109 570
3,15	056 109 558	3,80	056 109 571
3,20	056 109 559	3,85	056 109 572
3,25	056 109 560	3,90	056 109 573
3,30	056 109 561	3,95	056 109 574
3,35	056 109 562	4,00	056 109 575
3,40	056 109 563	4,05	056 109 576
3,45	056 109 564	4,10	056 109 577
3,50	056 109 565	4,15	056 109 578
3,55	056 109 566	4,20	056 109 579
3,60	056 109 567	4,25	056 109 580

Bereits gelaufene Einstellscheiben können, wenn keine mechanischen Beschädigungen vorliegen, wieder verwendet werden.

Einstellen

- Das Einstellen des Ventilspiels erfolgt in der Reihenfolge 1. — 3. — 4. — 2. Zylinder. Der 1. Zylinder liegt gegenüber dem Schwungrad.
- Zahnriemenschutz ausbauen.
- Zylinderkopfhaube ausbauen, siehe Seite 20.

- Kurbelwelle an der Riemenscheibe – und somit Nockenwelle – mit Steckschlüssel (bzw. bei eingelegtem 4. Gang durch Verschieben des Fahrzeugs) soweit drehen, bis das Nockenpaar des einzustellenden Zylinders gleichmäßig nach oben zeigt (dabei sind die Nocken schräg versetzt). Das Nockenpaar liegt dann nicht mehr auf den Einstellscheiben auf.

Achtung: Nicht an der Befestigungsschraube für das Nockenwellenrad drehen, da sonst der Zahnriemen überbeansprucht wird.

- Ventilspiel mit Fühlerblattlehre messen.

Achtung: Die Reihenfolge der Ventile aus Richtung Stirnseite (gegenüber dem Schwungrad) des Motors ist: 1. Zylinder: Auslaß-Einlaßventil; 2. Zylinder: Auslaß-Einlaßventil; 3. Zylinder: Einlaß-Auslaßventil; 4. Zylinder: Einlaß-Auslaßventil. Die Fühlerblattlehre muß sich saugend zwischen Nocken- und Einstellscheibe hin- und herschieben lassen.

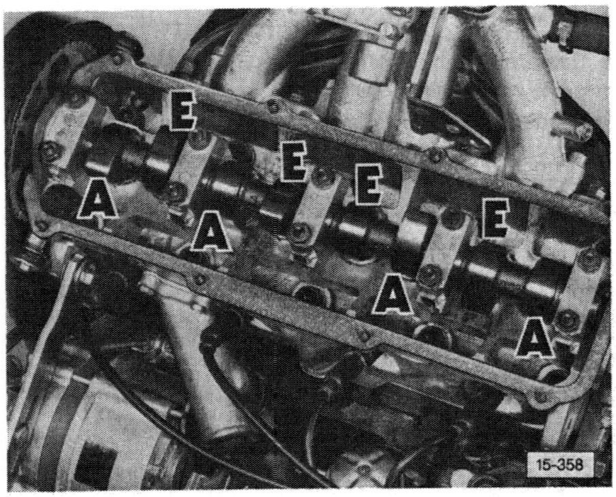

● Richtige Reihenfolge der Aus- und Einlaßventile beachten und vorhandenes Ventilspiel mittels Fühlerlehre messen und notieren.

● Vor Einsetzen des Niederhalters Tassenstößel so verdrehen, daß die Aussparungen auf der Ansaugrohrseite liegen.

● Ventilspiel korrigieren. Hierzu benutzen die Audi-Werkstätten das Spezialwerkzeug VW 546 und 10-208, das in ähnlicher Ausführung von verschiedenen Werkzeugfirmen angeboten wird. Ohne diese Werkzeuge ist ein Einstellen der Ventile nicht möglich. Mit dem Niederhalter wird der Tassenstößel nach unten gedrückt. Mit der Zange wird die Einstellscheibe herausgezogen.

● Erforderliche Einstellscheibe einlegen.

Achtung: Beschriftung muß nach unten zeigen.

● Niederhalter (VW 546) entfernen und Nockenwelle weiterdrehen.

Achtung: Beim Rückwärtsdrehen des Motors an der Kurbelwelle, z. B. während des Ventileinstellens, kann es vorkommen, daß sich die Befestigungsschraube des Zahnriemenrades an der Kurbelwelle löst. In diesem Fall und bei allen Reparaturen ist die Schraube mit D6 zu sichern und mit dem vorgeschriebenen Anzugsdrehmoment (80 Nm) anzuziehen.

● Ventile für Zylinder 3 usw. einstellen.

Hinweis: Mit zunehmender Laufleistung wird durch Setzen und Einschlagen der Ventile und Sitze das Ventilspiel kleiner, das heißt, die vorhandene Einstellscheibe ist dann zu dick und muß durch eine dünnere ersetzt werden.

Beispiel:

	Auslaß	Einlaß
Sollwerte (Einstellwerte)	0,40 — 0,50 mm	0,20 — 0,30 mm
gemessene Werte	0,35 mm	0,35 mm
Spiel um	0,05 mm zu klein	0,05 mm zu groß

Liegen die Werte innerhalb der Toleranz, ist ein Auswechseln der Einstellscheiben nicht erforderlich. Wird die Toleranz überschritten, ist beim Einstellen der Mittelwert — z. B. 0,25 mm — anzustreben.

Vorhandene Einstellscheibe	4,05 mm	3,65 mm
Erforderliche Einstellscheibe	3,95 mm	3,75 mm
(um Mittelwert zu erreichen)		

● Neue Deckeldichtungen verwenden, Deckel für Zylinderkopf aufschrauben, siehe Seite 22.

● Luftfilter anbauen, siehe Seite 78.

Störungstabelle Motor

Wenn der Motor nicht anspringt, Fehler systematisch einkreisen. Damit der Motor überhaupt anspringen kann, müssen immer zwei Grundvoraussetzungen erfüllt sein: Das Kraftstoff-Luftgemisch muß bis in die Zylinder gelangen, der Zündfunke muß an den Zündkerzen vorhanden sein. Als erstes ist deshalb immer zu prüfen, ob überhaupt Kraftstoff gefördert wird. Wie man dabei vorgeht, steht auf Seite 64 und in der Störungstabelle „Vergaser".

Um festzustellen, ob ein Zündfunke vorhanden ist, Hochspannungskabel aus der Mitte der Zündverteilerkappe herausziehen und im Abstand von etwa 10 mm gegen Masse (Motor) halten. Von Hilfsperson Motor starten lassen. Wenn ein Zündfunke überspringt, Zündkerzen herausschrauben, in Zündkerzenstecker stecken und einzeln gegen Masse halten. Von Hilfsperson Motor starten lassen. Wenn kein Zündfunke überspringt, Fehler nach Tabelle aufspüren.

Achtung: Beim Aufstecken der Zündkabel Zündfolge beachten: 1 – 3 – 4 – 2. Verteilerkappe abnehmen, auf dem Zündverteilergehäuse ist eine Kerbe eingeschlagen. Wenn die Verteilerkappe aufgesetzt wird, befindet sich über der Kerbe in der Verteilerkappe das Zündkabel für Zylinder 1. Es folgen – im Uhrzeigersinn – die Zündkabel für Zylinder 3 – 4 – 2.

Beim Messen der Spannung an Klemme 15 der Zündspule mit einem Voltmeter ist zur Vermeidung von Hochspannungsüberschlägen folgendermaßen vorzugehen:

- Voltmeter an Klemme 15 der Zündspule und an Masse anschließen.
- Zusätzliche Leitung von Klemme 1 der Zündspule an Masse legen.
- Anlasser betätigen und Eingangsspannung während des Startvorgangs mit Voltmeter messen.
- Die Spannung muß mindestens 9 Volt betragen.

Zur Überprüfung des Verteilerläufers mit Entstörteil für Radioempfang wird ein Ohmmeter benötigt.

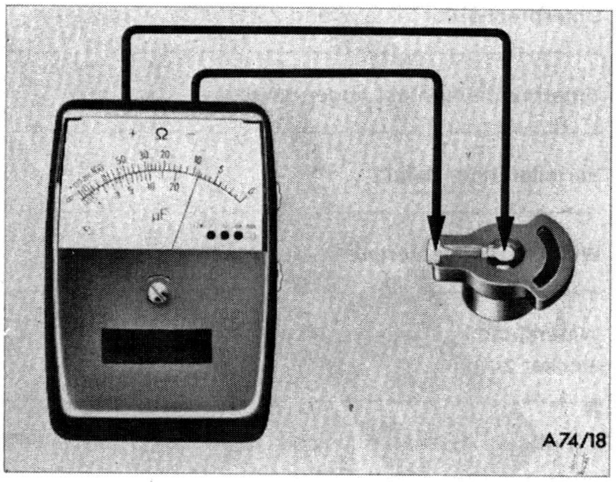

A74/18

- Ohmmeter nach Abbildung anschließen. Der Widerstand darf maximal 5 ± 1 KOhm betragen.

Auf die gleiche Art wird der Widerstand des Zündkabels und des Zündkerzensteckers geprüft. Der Widerstand je Zündleitung ohne Zündkerzenstecker darf maximal 1 ± 0,2 KOhm betragen. Zündleitungen mit Vorfunkenstrecke können nicht geprüft werden, da diese bei stehendem Motor keinen Durchgang haben. Die Werte für den Kerzenstecker betragen: 5 ± 1 KOhm entstört, 1 ± 0,2 KOhm nicht entstört.

Störung: Der Motor springt schlecht oder gar nicht an

Ursache	**Abhilfe**
Bedienungsfehler beim Starten	Bei Temperaturen **unter + 10°C** Gaspedal **zweimal** durchtreten und wieder loslassen. Zündung einschalten, starten, kein Gas geben. Sofort losfahren. Nur bei strengem Frost Motor ca. 30 Sekunden warmlaufen lassen. Bei Temperaturen **über + 10°C** Gaspedal **einmal** langsam durchtreten und wieder loslassen. Zündung einschalten, starten. Sofort losfahren. **Bei warmem Motor:** Während des Anlassens Gaspedal langsam durchtreten. Nach dem Anspringen Gaspedal loslassen. **Bei heißem Motor:** Vor dem Anlassen Gaspedal ganz niedertreten und Vollgas-Stellung beibehalten – nicht pumpen.
Kein Zündfunke vorhanden. Verteilerkappe feucht, verschmutzt	Verteilerkappe reinigen und trocknen, innen mit Zündspray einsprühen

Ursache	Abhilfe
Risse in der Verteilerkappe, Brandkanäle	Verteilerkappe ersetzen
Schleifkohle in der Zündverteilerkappe abgenutzt	Schleifkohle erneuern
Unterbrecherkontaktabstand zu groß bzw. zu klein	Unterbrecherkontaktabstand berichtigen
Unterbrecherkontakt abgebrannt	Unterbrecherkontakt erneuern
Verteilerläufer defekt	Verteilerläufer erneuern
Widerstand des Verteilerläufers zu hoch	Verteilerläufer auswechseln
Widerstand in Zündkerzenleitung/Zündkerzenstecker zu hoch	Zündleitung/Zündkerzenstecker erneuern
Zündkerzenstecker in falscher Reihenfolge aufgesteckt	Zündkerzenstecker nach Zündfolge 1–3–4–2 aufstecken
Zündkerzen wegen zu vieler Startversuche naß	Zündkerzen trocknen
Zündkerzen außen feucht und verschmutzt	Zündkerzen reinigen, trocknen, Silikonschutzkappe auf Zündkerze und Stecker schieben
Leistung der Zündspule zu gering	Elektrische Leitungen an der Zündspule auf festen Sitz und guten Kontakt prüfen
Zu geringe Spannung an Klemme 15 der Zündspule (mindestens 9 Volt)	Batterie laden, gute Masseverbindung zwischen Batterie und Aufbau bzw. Getriebe und Aufbau herstellen. Spannungsverlust zwischen Batterie, Lichtschalter, Zündanlaßschloß bzw. Klemme 15 beseitigen
Zündspule gerissen, Brandkanäle	Zündspule erneuern
Spannungsverlust durch Berührung elektrischer Anschlüsse bzw. Leitungen mit Schläuchen des Motors	Elektrische Leitungen richtig führen
Kondensator am Zündverteiler lose oder defekt	Kondensator festziehen bzw. erneuern
Zündzeitpunkt grob verstellt	Zündzeitpunkt korrigieren
Anlasser dreht zu langsam	Batterie laden, in der kalten Jahreszeit Winteröl einfüllen. Anlasser überprüfen
Ventilspiel falsch	Ventilspiel korrigieren
Kompression schlecht	Ventilspiel einstellen, Motor überholen

Motor-Schmierung

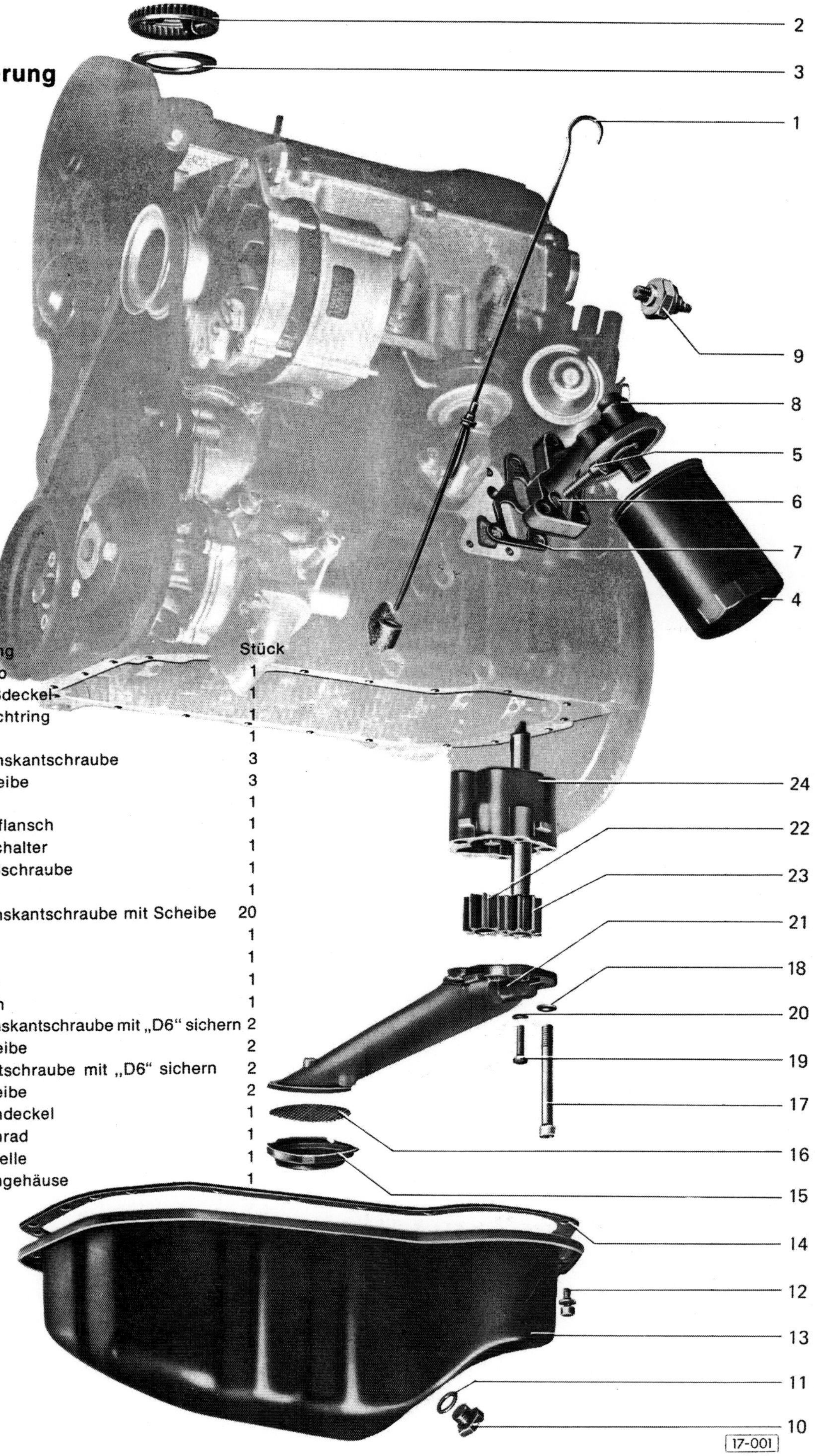

Pos.	Benennung	Stück
1	Ölmeßstab	1
2	Verschlußdeckel	1
3	Gummidichtring	1
4	Ölfilter	1
5	Innensechskantschraube	3
6	Federscheibe	3
7	Dichtung	1
8	Zwischenflansch	1
9	Öldruckschalter	1
10	Verschlußschraube	1
11	Dichtring	1
12	Innensechskantschraube mit Scheibe	20
13	Ölwanne	1
14	Dichtung	1
15	Saugkorb	1
16	Lochblech	1
17	Innensechskantschraube mit „D6" sichern	2
18	Federscheibe	2
19	Sechskantschraube mit „D6" sichern	2
20	Federscheibe	2
21	Ölpumpendeckel	1
22	Ölpumpenrad	1
23	Antriebswelle	1
24	Ölpumpengehäuse	1

Ölfilterwechsel

Alle 15 000 km soll der Ölfilter gewechselt werden. Die Werkstätten benutzen zum Lösen des Ölfilters ein Spannband. Steht dieses nicht zur Verfügung, kann der Ölfilter auch mit einem Lederriemen gelöst werden. Festgezogen wird der Ölfilter nur von Hand.

- Anlageflächen für Ölfilter säubern, Dichtungsring leicht einölen.
- Filter nur handfest anziehen.
- Beim Einbau Hinweise auf dem Ölfilter beachten, nach einer Probefahrt kontrollieren, ob am Ölfilter Öl ausläuft. Gegebenenfalls Ölfilter nachziehen.

Dichtungsflansch auswechseln

- Innensechskantschrauben lösen, Zwischenflansch (8) abnehmen.
- Dichtungsreste entfernen, Dichtung erneuern.
- Innensechskantschrauben (5) mit 2,0 mkg (20 Nm) festziehen.

Öldruck überprüfen

- Öldruckschalter ausbauen.
- Anstelle des Öldruckschalters geeignetes Prüfgerät einschrauben.

- Motor starten, Drehzahl auf 2000 U/min erhöhen. Bei einer Öltemperatur von 80° C soll der Öldruck bei dieser Motordrehzahl mindestens 2,0 atü (2,0 bar) betragen.

Achtung: Zur Prüfung wird ein Öl mit der Viskosität SAE 20 W/20 benötigt.

Ölwanne aus- und einbauen Dichtung für Ölwanne ersetzen

- Wagen aufbocken.
- Motoröl ablassen.
- Abfangvorrichtung einhängen. Falls diese nicht vorhanden ist, geeignetes Vierkantrohr in den Motorraum einsetzen (siehe Abbildung) und Motor mit Stahldraht befestigen. Hierfür befinden sich am Motorblock Halteflansche.

- Aggregateträger an den vier Befestigungsschrauben lösen, Aggregateträger mit Wagenheber absenken, siehe Seite 104.
- Bei Fahrzeugen mit Automatik-Getriebe Abdeckblech abschrauben.

- Ölwanne mit Innensechskantschlüssel SW 5- 180 mm (lang) abschrauben.
- Dichtung für Ölwanne ersetzen, nicht ankleben.
- Innensechskantschrauben (12) mit 0,8 mkg (8 Nm) festziehen.
- **Achtung:** Bei Fahrzeugen mit Außensechskantschrauben für die Ölwanne müssen diese mit 2,0 mkg (20 Nm) angezogen werden.

Ölpumpe aus- und einbauen

- Ölwanne ausbauen.
- Befestigungsschrauben (17) abschrauben, Ölpumpe herausnehmen.
- Ölpumpe zerlegen. Das Flankenspiel (siehe Abbildung) darf 0,05 – 0,20 mm betragen.

- Axialspiel mit Winkel und Fühlerblattlehre prüfen. Das Axialspiel darf maximal 0,15 mm betragen.

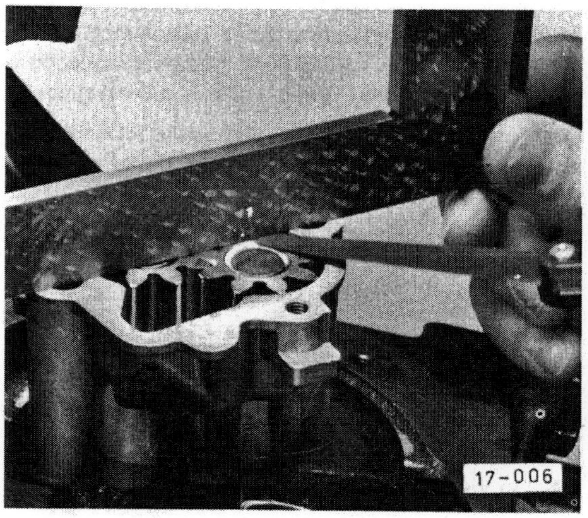

- Saugkorb von Ölpumpendeckel mit Schraubenzieher abhebeln. Dichtung ersetzen, Lochblech (16) säubern.
- Ölpumpe komplettieren und einsetzen.
- Befestigungsschrauben (19) mit 1,0 mkg (10 Nm), Schrauben (17) mit 2,0 mkg (20 Nm) festziehen.

Störungstabelle Ölkreislauf

Störung	Ursache	Abhilfe
Kontrollicht leuchtet nicht nach Einschalten der Zündung auf	● Strom zum Schalter unterbrochen	Anschlüsse prüfen
	● Kontakte korrodiert	Anschlüsse prüfen
	● Öldruckschalter defekt	Schalter auswechseln
Kontrollicht verlischt nicht nach Anspringen des Motors	● Öl sehr warm	Unbedenklich, wenn Kontrollicht beim Gasgeben verlischt, andernfalls:
	● Öldruckschalter schadhaft	Schalter auswechseln
	● Öldruck zu gering	Druck nach Vorschrift prüfen
Kontrollicht leuchtet während der Fahrt	● Öldruck zu gering	Druck nach Vorschrift prüfen
Zu niedriger Öldruck	● Zu wenig Öl im Motor	Ölstand prüfen
	● Ölpumpe defekt	Ölpumpe prüfen
	● Lagerschaden	Motor demontieren

Motor-Kühlung/ Wasserkühler

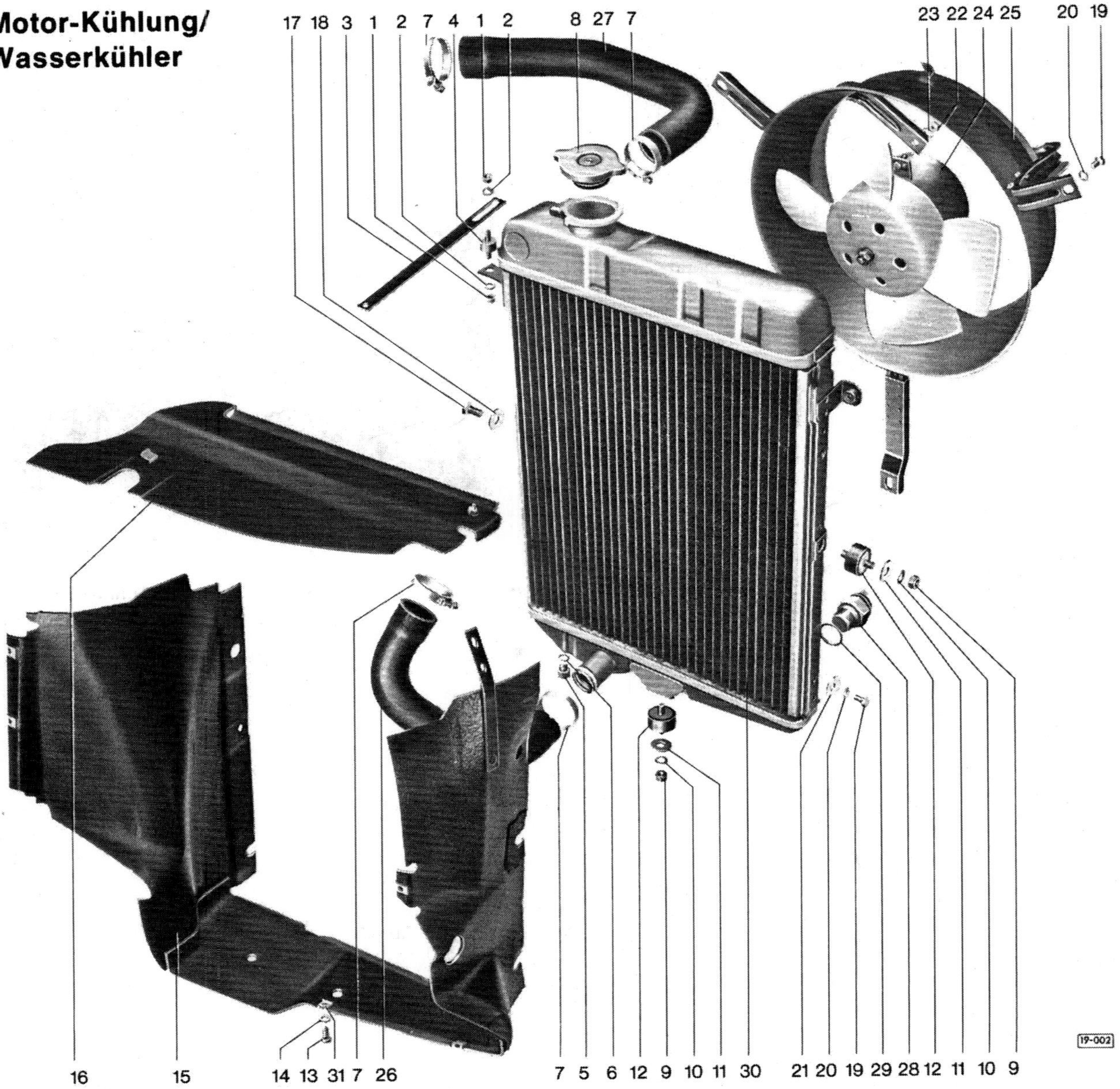

Pos.	Benennung	Stück
1	Sechskantmutter	2
2	Federscheibe	2
3	Stütze	1
4	Gummi-Metallager	1
5	Verschlußschraube	1
6	Dichtring	1
7	Schelle	4
8	Kühlerverschluß	1
9	Sechskantmutter	2
10	Federscheibe	2
11	Unterlegscheibe	2
12	Gummi-Metallager	2
13	Linsenblechschraube	5
14	Scheibe	5
15	Luftführung	1
16	Luftführung oben	1
17	Sechskantschraube	1
18	Scheibe	1
19	Sechskantschraube	1
20	Federscheibe	4
21	Scheibe	4
22	Sechskantmutter	3
23	Federscheibe	3
24	Elektro-Lüfter	1
25	Luftführungsring	1
27	Wasserschlauch unten	1
28	Geber für Elektro-Lüfter	1
29	Dichtring	1
30	Wasserkühler	1
31	Blechmutter	5
	nicht abgebildet	
32	Ausgleichbehälter	1
33	Wasserschlauch Ausgleichbehälter/ Wasserkühler	1

Kühler-Frostschutzmittel

Achtung: Die Kühlanlage wird vom Werk ganzjährig mit einer Mischung aus Wasser und Kühlerfrost- und Korrosions-Schutzmittel G 11 gefüllt. G 11 verhindert Frost- und Korrosionsschäden, Kalkansatz und hebt außerdem die Siedetemperatur des Wassers an.

Deshalb muß das Kühlsystem unbedingt ganzjährig mit Kühlerfrost- und Korrosions-Schutzmittel gefüllt sein. Besonders in Ländern mit tropischem Klima trägt das Kühlmittel durch den höheren Siedepunkt bei hoher Belastung des Motors zur Betriebssicherheit bei.

Empfohlene Mischungsverhältnisse mit VW-Kühlerfrost- und Korrosions-Schutzmittel:

Frostschutz bis	Wasserkühler mit Ausgleichbehälter		Wasserkühler ohne Ausgleichbehälter	
	G 11	Wasser	G 11	Wasser
−25 °C	2,6 ltr	3,9 ltr	2,4 ltr	3,6 ltr
−35 °C*	3,25 ltr	3,25 ltr	3,0 ltr	3,0 ltr

* Für Länder mit kaltem Klima als Mehrausstattung 642 lieferbar.

Frostschutz prüfen

Vor Beginn der kühleren Jahreszeit sollte die Konzentration des Frostschutzmittels geprüft werden.

- Motor warmfahren, bis Kühlmittel im Ausgleichbehälter bzw. der Kühler am Wasserkasten ca. handwarm ist.
- Verschlußdeckel des Ausgleichbehälters vorsichtig öffnen, siehe unter „Kühlmittelstand prüfen“.
- Mit Meßspindel Kühlflüssigkeit ansaugen und am Schwimmer Kühlmitteldichte ablesen. Der Frostschutz soll in unseren Breiten bis mindestens − 25 °C reichen.

V.A.G-Kühlkonzentrat ergänzen

Beispiel: Die Frostschutz-Messung mit der Spindel ergibt einen Frostschutz bis − 10 °C. In diesem Fall aus dem Kühlsystem 2 l Kühlflüssigkeit ablassen und dafür 2 l reines Frostschutzkonzentrat auffüllen.

Gemessener Wert in °C	Differenzmenge in Liter
0	3,5
− 5	3,0
−10	2,0
−15	1,5
−20	1,0
−25	0,5

- Verschlußdeckel für Ausgleichbehälter verschließen und nach Probefahrt Frostschutz erneut überprüfen.

Thermoschalter für Elektro-Lüfter prüfen

Der Thermoschalter (28) für den Elektro-Lüfter sitzt seitlich im Kühler. Vor dem Ausbau des Thermoschalters muß das Kühlmittel abgelassen werden. Beim Einbau des Thermoschalters ist unbedingt die Gummitülle − 849 971 868 − mit einzubauen.

- Die Einschalttemperatur des Thermoschalters liegt zwischen + 90 °C bis + 95 °C, seit August 1978 zwischen + 93 °C bis + 98 °C.
- Der Lüfter schaltet aus bei einer Temperatur von + 85 °C bis + 90 °C, seit August 1978 zwischen + 88 °C bis + 93 °C.

Kühlmittel wechseln

Das Kühlmittel muß nur nach Reparaturen am Kühlsystem, bei denen das Kühlmittel abgelassen wurde, erneuert werden. Ein Wechsel im Rahmen der jährlichen Wartung ist nicht vorgesehen. Falls bei Reparaturen der Zylinderkopf, die Zylinderkopfdichtung, der Kühler, der Wärmetauscher oder der Motor ersetzt werden, muß die Kühlflüssigkeit auf jeden Fall ersetzt werden. Das ist erforderlich, weil sich die Korrosionsschutzanteile in der Einlaufphase an den neuen Leichtmetallteilen absetzen und somit eine dauerhafte Korrosionsschutzschicht bilden. Bei gebrauchter Kühlflüssigkeit ist der Korrosionsschutzanteil in der Regel nicht mehr groß genug, um eine ausreichende Schutzschicht an den neuen Teilen zu bilden.

Achtung: Kühlflüssigkeit ist giftig und darf nicht einfach weggeschüttet oder dem Hausmüll mitgegeben werden. Gemeinde- und Stadtverwaltungen informieren darüber, wo sich die nächste Sondermüll-Sammelstelle befindet.

Ablassen

- Heizungsschalter im Innenraum auf maximale Heizleistung stellen.
- Fahrzeug aufbocken, siehe Seite 17.
- Verschlußschraube (5) am Kühler öffnen, eventuell Wasserschlauch unten am Kühler abnehmen.

Auffüllen

- Verschlußschraube (5) am Kühler mit neuem Dichtring versehen und festziehen.
- Falls abgenommen: unteren Wasserschlauch aufsetzen und mit Schelle festziehen.
- Knopf für Heizregulierung voll öffnen.
- Wasserkühler mit Ausgleichbehälter: Kühlmittel bis zum Rand des Wasserkühlers auffüllen. Anschließend Ausgleichbehälter bis zur Markierung auffüllen.
- Wasserkühler ohne Ausgleichbehälter: Kühlmittel bis zur erhabenen Markierung auffüllen.
- Wasserkühler und Ausgleichbehälter verschließen.
- Motor laufen lassen, bis der Elektrolüfter einschaltet.
- Kühlmittelstand prüfen und gegebenenfalls bis zur Markierung ergänzen.

Motor-Kühlung

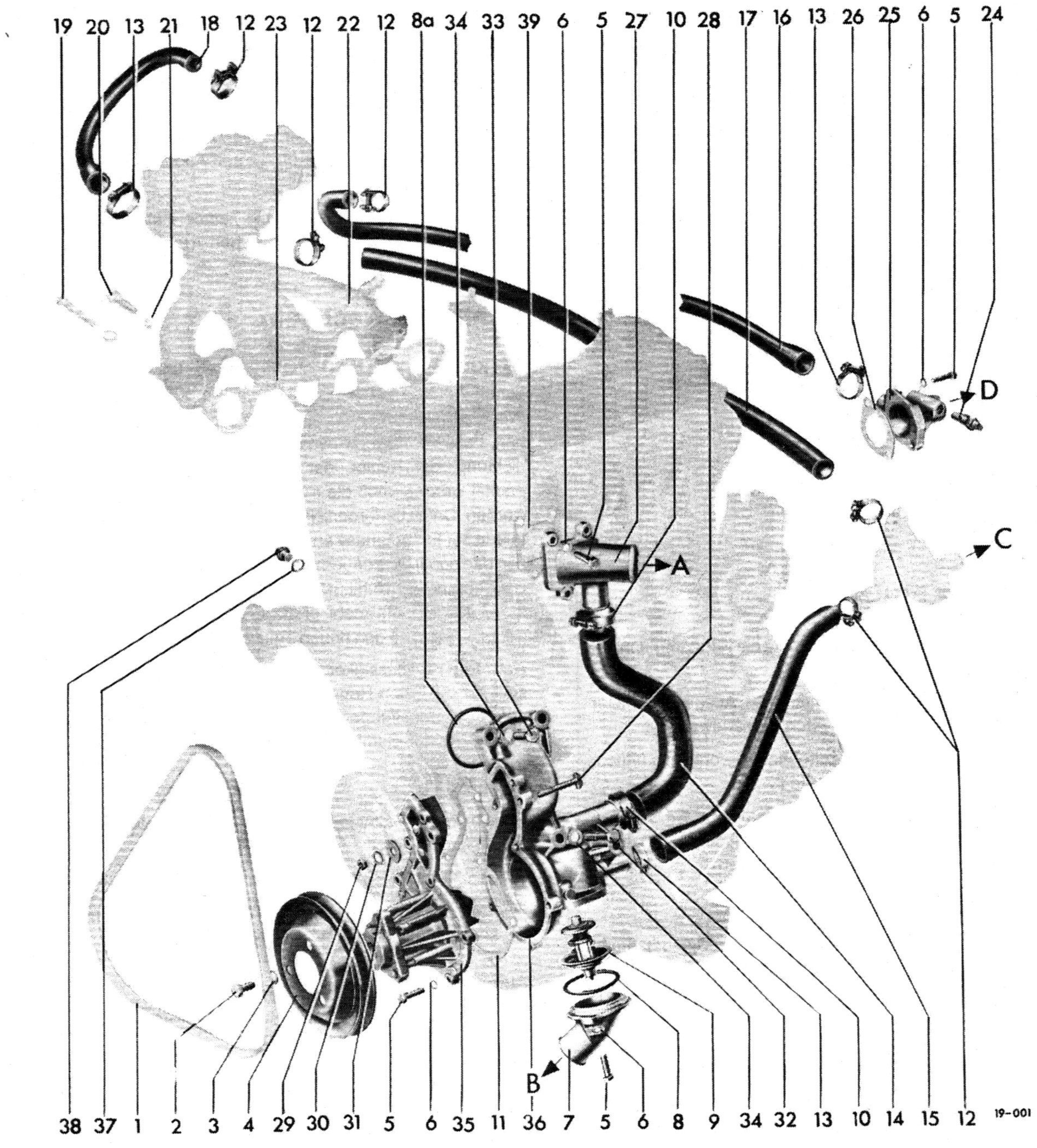

A – zum Wasserkühler oben

B – zum Wasserkühler unten

C – von der Heizung (Wärmetauscher)

D – zur Heizung (Wärmetauscher)

Pos.	Benennung	Stück	Pos.	Benennung	Stück
1	Keilriemen	1	10	Scheibe	2
2	Sechskantschraube	3	11	Dichtung	1
3	Federscheibe	3	12	Schelle A 9 x 22	3
4	Keilriemenscheibe	1	13	Schelle A 9 x 28	3
5	Sechskantschraube		14)		
6	Federscheibe		15)		
7	Deckel	1	16)	Wasserschlauch	5
8	Dichtring für Deckel	1	17)		
8 a	Dichtring für Wasserpumpe	1	18)		
9	Kühlwasserregler	1			

Kühlwasserregler aus- und einbauen

Ausbau

- Deckel (7) abschrauben und Kühlwasserregler (9) herausnehmen.

Einbau

- Dichtring (8) ersetzen, Kühlwasserregler einsetzen und Deckel (7) anschrauben.
- Motor laufen lassen bis Kühlwasserregler öffnet. Deckel-Dichtung (8) und Wasserschlauch auf Dichtigkeit überprüfen.

Kühlwasserregler prüfen

- Kühlwasser ablassen.
- Kühlwasserregler ausbauen, Regler im Wasserbad erwärmen.
- Wassertemperatur mit einem Thermometer kontrollieren.

Regler-Öffnungsbeginn: ca. 80° C, seit August 1978: ca. 87° C. Öffnungshub mindestens 7 mm.
Regler-Öffnungsende bei ca. 94° C, seit August 1978: ca. 102° C.

- Nach dem Erwärmen muß das Maß „a" um mindestens 7 mm (Maß „b") größer geworden sein.

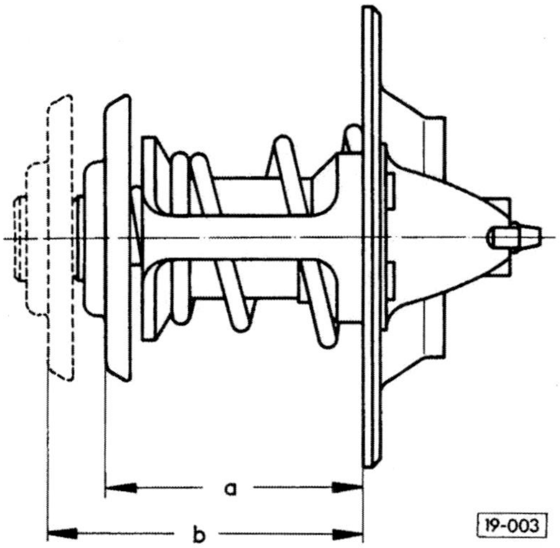

Achtung: Der neue Regler darf nicht in Fahrzeuge bisheriger Fertigung eingebaut werden.

Wasserpumpe ersetzen

- Kühlmittel ablassen.
- Keilriemen ausbauen.
- Schellen für Wasserschläuche am Wasserpumpengehäuse (36) lösen.
- Wasserschläuche abziehen, Befestigungsschrauben abschrauben.
- Dichtring (8 a) ersetzen, Wasserpumpengehäuse anschrauben, Wasserschläuche aufsetzen und festziehen.
- Kühlflüssigkeit auffüllen.
- Nach Probefahrt: Wasserschläuche und Dichtring überprüfen.

Geber für Kühlwassertemperaturanzeiger aus- und einbauen

- Kühlmittel ablassen.
- Batterie-Massekabel abklemmen.
- Kabel von Geber abnehmen. Geber herausdrehen.

- Beim Einbau beachten: Geber mit 0,7 mkg (7 Nm) festziehen. **Achtung:** Seit August 79 ist der Geber mit einem Dichtring versehen. Kabel anbringen, Batterie anschließen, Kühlwasser auffüllen.

Pos.	Benennung	Stück	Pos.	Benennung	Stück	Pos.	Benennung	Stück
19	Innensechskantschraube	2	26	Dichtung	1	33	Sechskantschraube	2
20	Innensechskantschraube	4	27	Flansch für Wasserschlauch (Kühlung)	1	34	Federscheibe	4
21	Unterlegscheibe	6	28	Hammerschraube	1	35	Lagergehäuse mit Pumpenrad	1
22	Saugstutzen mit Vergaser	1	29	Sechskantmutter	1	36	Wasserpumpengehäuse	1
23	Dichtung	1	30	Federscheibe	1	37	Dichtring	1
24	Geber für Kühlwassertemperaturanzeiger	1	31	Unterlegscheibe	1	38	Verschlußschraube	1
25	Flansch für Wasserschlauch (Heizung)	1	32	Sechskantschraube	2	39	Dichtung	1

Störungstabelle Kühlmitteltemperatur

Störung: Die Kühlmitteltemperatur-Anzeige steht im roten Bereich

Ursache	Abhilfe
Zu wenig Kühlmittel im Kreislauf	■ Kühler muß randvoll sein ■ Ausgleichbehälter muß etwa bis zur Hälfte gefüllt sein
Elektrolüfter läuft nicht an	■ Relais für Elektrolüfter defekt. Probe: Relais abziehen und Klemme 30 und 87 in Relaisplatte mit Hilfsleitung verbinden ■ Leitung zur Relaisplatte Klemme 30 unterbrochen (keine Spannung) ■ Leitung von Relaisplatte Klemme 87 zum Elektrolüfter unterbrochen ■ Leitung von Elektrolüfter zur Fahrzeugmasse unterbrochen ■ Elektrolüfter erneuern
Kühlmittelregler öffnet nicht	■ Prüfen, ob Kühler am unteren Wasserkasten warm wird. Wenn nicht, Kühlmittelregler ersetzen
Thermostatschalter für Elektrolüfter defekt	■ Beide Anschlüsse am Thermoschalter mit Hilfsleitung verbinden. Elektrolüfter muß anlaufen. Wenn nicht, Thermoschalter ersetzen, vorausgesetzt Kühler-Verschlußdeckel und Thermostat sind in Ordnung
Kühlmittelpumpe defekt	■ Kühlmittelpumpe ausbauen und überprüfen
Geber für Kühlmitteltemperaturanzeiger defekt	■ Geber überprüfen lassen
Spannungskonstanter defekt	■ Konstanter überprüfen lassen
Kühlmitteltemperaturanzeiger defekt	■ Anzeigegerät überprüfen lassen

Die Kraftstoff-Anlage

Zur Kraftstoffanlage gehören der Kraftstoffbehälter, die Kraftstoffleitung, die Kraftstoffpumpe und der Vergaser mit Luftfilter.

Der Kraftstoffbehälter liegt hinten unter dem Kofferraum. Der jeweilige Kraftstoffvorrat wird dem Fahrer durch eine Kraftstoffuhr angezeigt. Durch ein Entlüftungssystem wird der Tank belüftet.

Wartung

Die Kraftstoffpumpe ist wartungsfrei, nur das in ihrem Oberteil befindliche Sieb soll etwa alle 30 000 km herausgenommen und in Benzin gereinigt werden.

Der Luftfiltereinsatz soll alle 15 000 km ausgeklopft und alle 30 000 km ersetzt werden.

Am Vergaser ist lediglich die Leerlaufeinstellung von Zeit zu Zeit zu überprüfen und eventuell zu berichtigen, um Leerlauf und Übergang des Motors der wechselnden Witterung oder den örtlichen Verhältnissen (Höhenlage) anzupassen. Gleichzeitig sollte man sich vom Funktionieren der Startautomatik überzeugen.

Änderungen an der vom VW-Werk vorgesehenen Grundeinstellung des Vergasers durch Auswechseln von Düsen usw. bringen fast immer nur Nachteile und sollten auch im Hinblick auf die Abgasgesetzgebung unterbleiben.

Achtung: Der Gesetzgeber verlangt, daß Vergaser-Einstellschrauben, mit denen die Abgaszusammensetzung verändert werden kann, eingriffsicher gemacht werden. Die Schrauben sind mit Kappen versehen, die beim Entfernen zerstört werden. Die Sicherungs-Kappen können mit einem Schraubenzieher oder einer Zange entfernt werden. Nach dem Einstellen müssen die Einstellschrauben wieder mit blauen Kappen gesichert werden. Die Kappen haben die VW/Audi-Werkstätten vorrätig.

Gesichert sind in der Regel: Schraube für CO-Einstellung, Begrenzungsschraube für Grundleerlauf, Begrenzungsschraube für Drosselklappenspaltmaß.

Vergaser

Für die Passatmotoren werden unterschiedliche Vergaser verwendet. Welcher Vergasertyp in dem jeweiligen Passat-Modell Verwendung findet, ist aus den „Vergaserdaten" ersichtlich.

35-PDSIT-Vergaser

Pos.	Benennung	Stück
1	Schlitzschraube	6
2	Vergasergehäuse-Oberteil	1
3	Dichtung	1
4	Dichtring für Schwimmernadelventil	1
5	Schwimmernadelventil	1
6	Schlitzschraube	1
7	Füllstift	1
8	Niederhalter	1
9	Achse für Schwimmer	1
10	Schwimmer	1
11	Sechskantschraube	1
12	Dichtring	1
13	Wasseranschlußstutzen	1
14	Haltering	1
15	Starterteil	1
16	Einstellring	1
17	Dichtung	1
18	Schlitzschraube	3
19	Deckel	1
20	Dichtung	2
21	Unterdruckmembrane	1
22	Verschlußschraube	1
23	Dichtring	1
24	Hauptdüse	1
25	Luftkorrekturdüse	1
26	Anreicherungsventil	1
27	Leerlaufdüse	1
28	Umluftschraube	1
29	Druckfeder	1
30	Einstellmutter	1
31	Druckfeder	1
32	Unterlegscheibe	1
33	Schlitzschraube	4
34	Deckel für Pumpe	1
35	Membrane für Pumpe	1
36	Druckfeder	1
37	Umluftabschaltventil	1
38	Verbindungsschlauch	1
39	Drosselklappenteil mit Gestänge	1
40	Isolierflansch	1
41	Druckfeder	1
42	Vergasergehäuse-Unterteil	1
43	Leerlaufgemisch-Regulierschraube	1

35 PDSIT-Vergaser

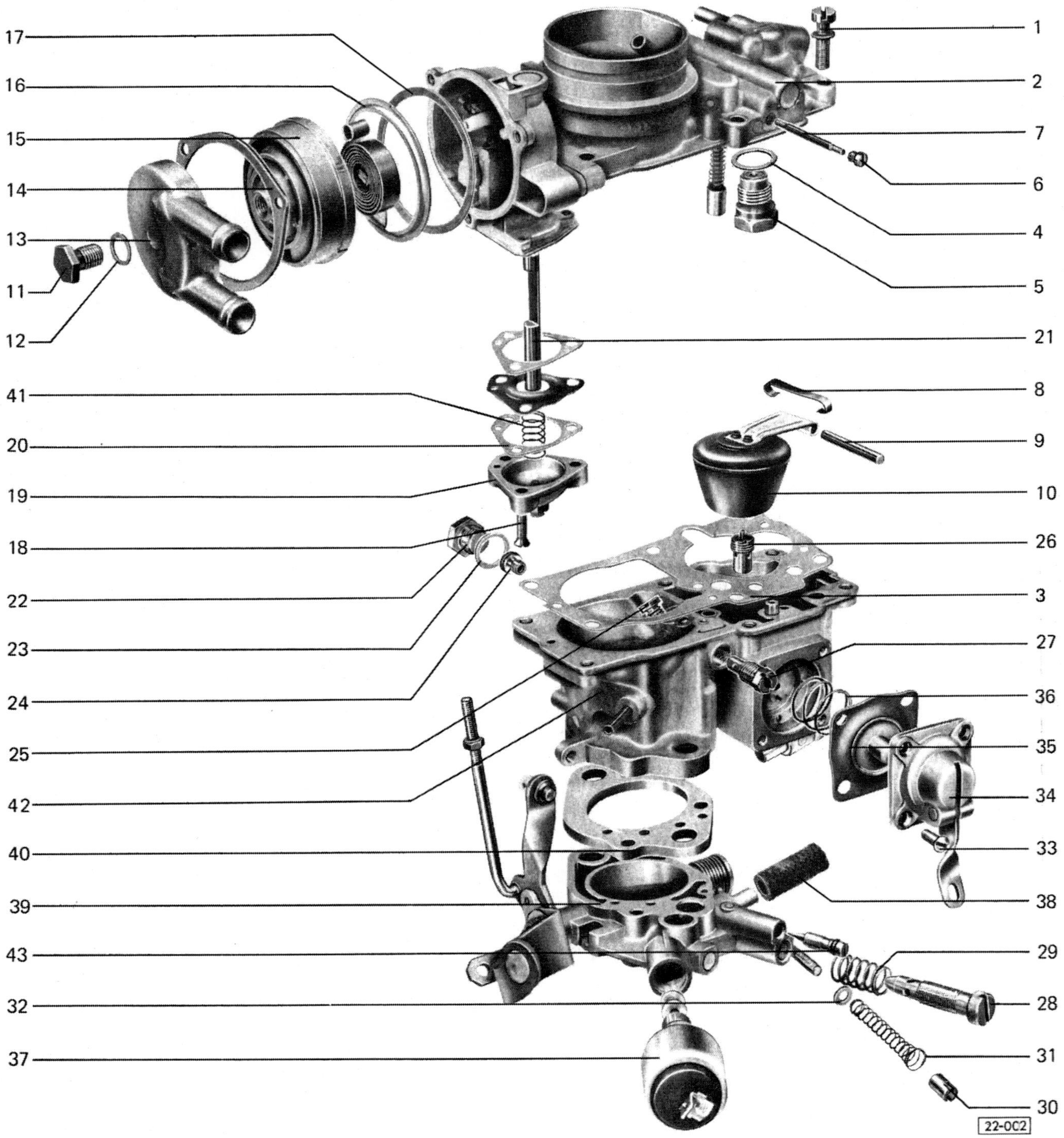

32/35-TDID-Vergaser

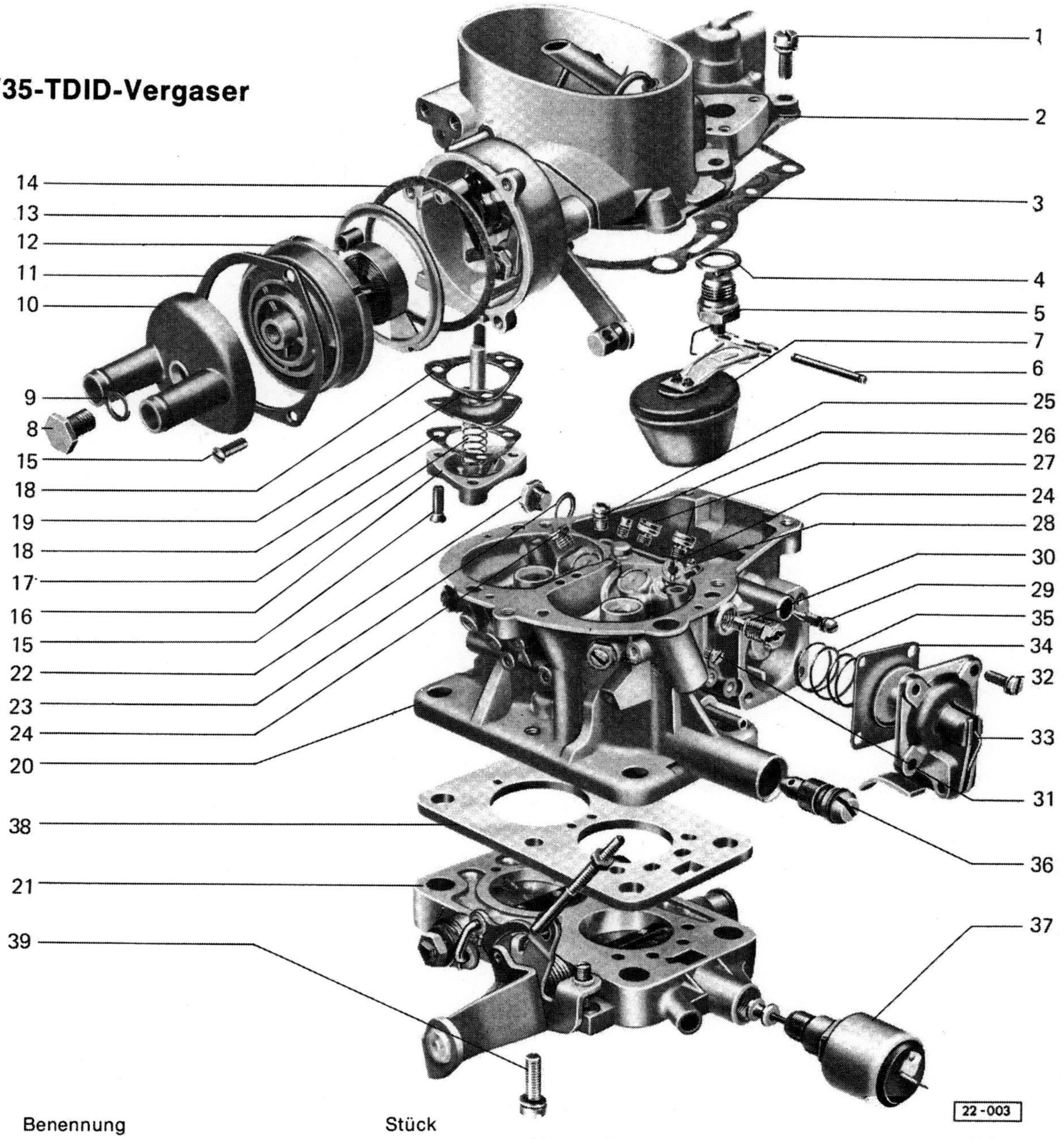

Pos.	Benennung	Stück
1	Schlitzschraube	5
2	Vergasergehäuse-Oberteil	1
3	Dichtung	1
4	Dichtring für Schwimmernadelventil	1
5	Schwimmernadelventil	1
6	Achse für Schwimmer	1
7	Schwimmer	1
8	Sechskantschraube	1
9	Dichtring	1
10	Wasseranschlußstutzen	1
11	Haltering	1
12	Starterteil	1
13	Einstellring	1
14	Dichtung	1
15	Schlitzschraube	3
16	Deckel	1
17	Druckfeder	1
18	Dichtung	2
19	Unterdruckmembrane	1
20	Vergasergehäuse-Unterteil	1
21	Drosselklappenteil mit Gestänge	1
22	Verschlußschraube	1
23	Dichtring	1
24	Luftkorrekturdüse	2
25	Leerlaufluftdüse	1
26	Zusatz-Leerlaufdüse	1
27	Hauptdüse	2
28	Zusatzluftdüse	1
29	Leerlauf-Gemischregulierschraube	1
30	Leerlaufdüse	1
31	Verschlußschraube	1
32	Schlitzschraube	4
33	Deckel für Pumpe	1
34	Membrane für Pumpe	1
35	Druckfeder	1
36	Umluftschraube	1
37	Umluftabschaltventil	1
38	Isolierflansch	1
39	Schlitzschraube	2

Vergasereinstellung 35 PDSIT- und 32/35-TDID-Vergaser

Jeder Vergaser wird im VW-Werk geprüft und auf Markenbenzin eingestellt (siehe Einstell-Tabelle). An dieser Einstellung sollte nichts geändert werden. Sehr hoher Kraftstoffverbrauch und schlechte Motorleistung haben nämlich fast immer andere Ursachen, wobei die Fahrweise und die Verkehrsbedingungen eine besonders große Rolle spielen.

Man kann sich gewöhnlich auf sorgfältiges Einstellen des Leerlaufs beschränken. Eine korrekte Leerlaufeinstellung ist überhaupt wichtiger als man gemeinhin glaubt, denn sie beeinflußt noch bis zu mittleren Drehzahlen hinauf den Übergang des Motors. Nachlaufen des Motors nach Abschalten der Zündung und Stehenbleiben bei scharfem Bremsen sind z. B. meist die Folge eines zu fetten Leerlaufgemischs; Knallen im Auspuff bei schiebendem Wagen deutet dagegen für gewöhnlich auf ein etwas zu armes Gemisch.

Übergangsstörungen beim Gasgeben sind oft auf eine zu geringe oder auch zu große Einspritzmenge der Beschleunigungspumpe zurückzuführen, die von der Länge des Saughubs beim Gaswegnehmen abhängt.

Leerlaufdrehzahl prüfen/einstellen

- Motor warm fahren, die Öltemperatur soll etwa 60° C betragen.
- Drehzahlmesser anschließen.
- Luftklappe im Vergaser muß völlig geöffnet sein.
- Luftfilter ohne automatische Ansaugluftvorwärmung auf Sommerbetrieb (Kaltluftansaugung) stellen. Nach der Leerlaufeinstellung Luftfilter gegebenenfalls wieder auf Winterbetrieb umstellen.
- Motor starten, Leerlaufdrehzahl prüfen. Der Sollwert beträgt für Automatic und Schaltgetriebe 950 ± 50 U/min.

- Sollwert **nur an der Umluftschraube** (siehe Pfeil) korrigieren (35 PDSIT-Vergaser).

- Sollwert **nur an der Umluftschraube** (siehe Pfeil) korrigieren (32/35 TDID-Vergaser).

Vergaser aus- und einbauen

Ausbau

Bei Montagen am Vergaser grundsätzlich Masseband an der Batterie abklemmen.

- Luftfilter ausbauen.
- Vergaserzug abklemmen, elektrischen Anschluß vom Umluftabschaltventil abziehen.
- Elektrische Leitung von der Startautomatik (wo vorhanden) abziehen.
- Benzinleitung abnehmen und verschließen.
- Wasserschläuche von den Wasseranschlußstutzen der Startautomatik abziehen.
- Vergaser vom Ansaugrohr abschrauben.

Einbau

Sämtliche Schlauchanschlüsse müssen mit Schellen gesichert werden.

- Vergaser am Ansaugrohr festschrauben, Vergaserzug einstellen.
- Benzin- und Wasserschläuche aufstecken und mit Schellen sichern.
- Kabel an Umluftabschaltventil und Startautomatik (wo vorhanden) anschließen.
- Luftfilter aufsetzen, Leerlaufdrehzahl prüfen.

Leerlauf-Abschaltventil prüfen

Bei stehendem Motor verhindert das elektromagnetisch gesteuerte Ventil den Austritt des Leerlauf- und Zusatzgemisches unterhalb der Drosselklappe. Dadurch wird das Nachdieseln des Motors unterbunden. Erst mit Einschalten der Zündung öffnet das Ventil und gibt den Weg des Leerlauf- bzw. Zusatzgemisches frei. Bei defektem Abschaltventil oder unterbrochener elektrischer Zuleitung springt der Motor nicht an.

Prüfen

- Zündung einschalten.
- Elektrische Zuleitung zum Abschaltventil mehrmals abziehen und aufstecken. Dabei muß das elektromagnetische Abschaltventil hörbar klicken. Wenn nicht, Stromleitung überprüfen oder Ventil austauschen.

Luft- und Drosselklappe prüfen

Die beiden Wellen dürfen in ihren Lagerungen nicht ausgeschlagen sein; sie müssen sich aber leichtgängig betätigen lassen.

Hat die Drosselklappe zu viel Spiel, wird Nebenluft angesaugt. Die Folge: Schlechtes Start- und Leerlaufverhalten des Motors.

Die geschlossene Luftklappe muß allseitig gut an der Wandung anliegen, beim Öffnen darf sie nicht klemmen.

Luftklappenspalt einstellen

(nur PDSIT-Vergaser)

Das Luftklappenspaltmaß ist nach einer vollständigen Vergaser-Überholung einzustellen oder wenn der Motor schlecht Gas annimmt, beziehungsweise Übergangsstörungen vorhanden sind.

- Startautomatik teilweise zerlegen (siehe Foto).

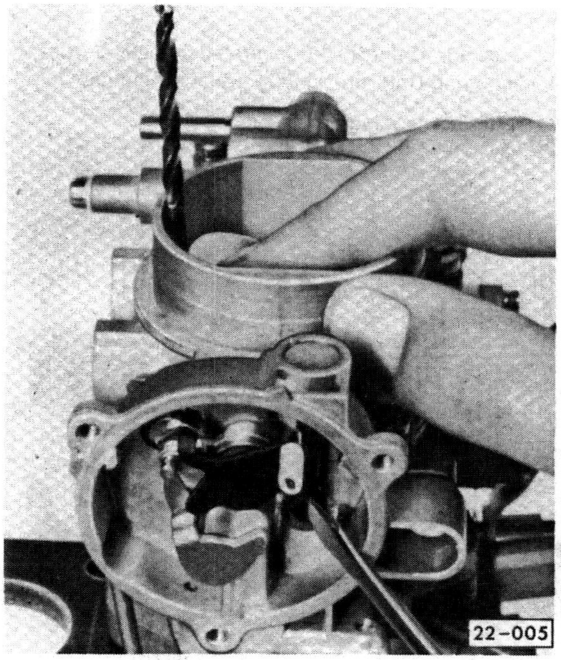

- Zugstange (Unterdruckmembrane) bis zum Anschlag drücken.
- Drosselklappe etwa halb öffnen, Luftklappe schließen, bis Mitnehmerhebel am oberen Anschlag der Zugstange anliegt.

In dieser Stellung Luftklappenspalt mit Spiralbohrer messen. Der Durchmesser des Spiralbohrers richtet sich nach dem Sollwert, der in den VERGASER-DATEN aufgeführt ist.

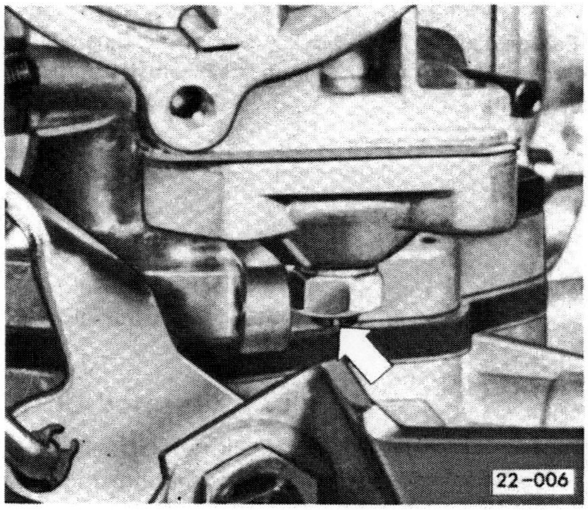

- Luftklappenspalt an Verstellschraube für Unterdruckdose einstellen.

Grundeinstellung der Drosselklappe

Zum Einstellen der Drosselklappen-Grundeinstellung wird ein Unterdruck-Meßgerät benötigt. Mit der exakten Grundeinstellung können folgende Störungen behoben werden:
Motor bleibt während der Warmlaufphase stehen, Drosselklappe klemmt bei warmem Motor.

- Motor warm laufen lassen, Öltemperatur + 50° bis + 70° C.
- Schlauch für Unterdruckfrühverstellung am Vergaser abziehen und Unterdruckmeßgerät anschließen.
- Motor im Leerlauf laufen lassen.

- Durch Hineindrehen der Begrenzungsschraube Drosselklappe öffnen, bis am Meßgerät Unterdruck angezeigt wird.
- Begrenzungsschraube herausdrehen, bis der Unterdruck auf 0 abgesunken ist. Von diesem Punkt aus ¼ Umdrehung weiter herausdrehen.
- Leerlaufdrehzahl und CO-Gehalt einstellen.
- Unterdruckschlauch für Frühverstellung am Vergaser aufstecken.

Seit Fahrgestell-Nr. . . . 72 115 290 erfolgt die Einstellung der Drosselklappe nur noch an der selbstsichernden Mutter (Pfeil).

Einspritzmenge der Beschleunigungspumpe einstellen/prüfen

Die Einspritzmenge der Beschleunigungspumpe ist immer dann zu überprüfen, wenn der Benzinverbrauch zu hoch ist, der Übergang beim Gasgeben zu schlecht ist, der Motor nur schlecht Gas annimmt und verzögert beschleunigt.

- Motor kurz warmlaufen lassen, damit sich die Schwimmerkammer füllt.
- Luftfilter abbauen.
- Starterklappe öffnen und mit einem Stück Draht festklemmen.
- Einspritzröhrchen nach Zeichnung anfertigen.

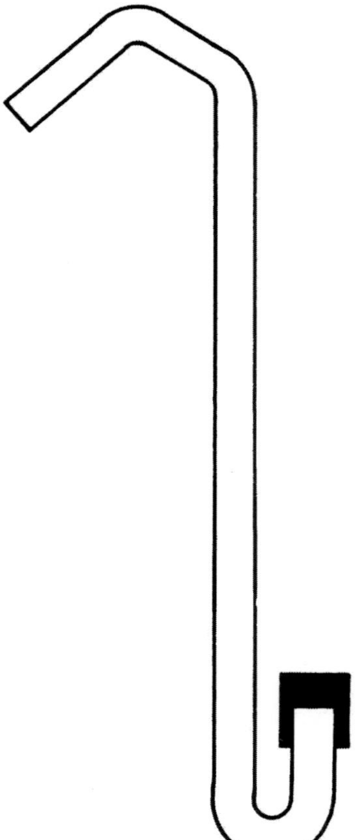

- Das Röhrchen aus 3 mm starkem Rohr biegen, Innendurchmesser 1,5 mm. Am Ende des Röhrchens geeigneten Gummistopfen aufschieben mit dem die Verbindung zum Vergaser-Einspritzrohr hergestellt wird.
- Röhrchen über das Einspritzrohr des Vergasers schieben.
- Drosselklappe am Gasgestänge betätigen, bis Kraftstoff aus Röhrchen austritt.

22-010

- Meßzylinder unter Abspritzröhrchen halten, Drosselklappe zügig 5mal voll öffnen.
- Eingespritzte Menge durch 5 dividieren und errechneten Wert mit Sollwert vergleichen. Der Sollwert ist unter VERGASER-DATEN aufgeführt.

PDSIT-Vergaser

- Wird der Sollwert nicht erreicht, Einstellmutter verdrehen.

22-011

a – Einspritzmenge verringern
b – Einspritzmenge vergrößern

TDID-Vergaser

Wird der Sollwert nicht erreicht, Pumpenmembrane und Einspritzrohr prüfen, säubern bzw. ersetzen.

- Spritzrichtung prüfen: Der Kraftstoffstrahl muß in den Drosselklappenspalt treffen.

Die Startautomatik

Die Startautomatik wird entweder wasser- oder wasser- und elektrisch beheizt. Die Einstellung sollte nur, wenn unbedingt nötig, verändert werden.

- Falls die Startautomatik zu früh abschaltet, Motor bleibt während der Warmlaufphase stehen, kann der Starterdeckel um etwa 5 mm (zwischen Markierung Vergasergehäuse und Markierung Starterdeckel) verdreht werden.
- Feststellschrauben von Starterdeckel lösen, Starterdeckel so verdrehen, daß die Luftklappe sich in Richtung „zu" bewegt.
- Starterdeckel festziehen.
- Startautomatik prüfen. Nach der Warmlaufphase muß die Luftklappe voll geöffnet sein (Luftklappe steht dann senkrecht). Gegebenenfalls Starterdeckel zurückdrehen.
- Falls die Startautomatik früher abschalten soll, Starterdeckel um etwa 5 mm entgegengesetzt verdrehen. Dabei ist die Grenze dadurch gegeben, daß der kalte Motor noch willig anspringt und auch beim Gaswegnehmen weiterläuft. Bleibt der noch nicht ganz warme Motor beim Gaswegnehmen stehen, muß der Deckel entgegengesetzt verdreht werden.
- Masseband an Batterie anklemmen.

Startautomatik prüfen

- Luftfilter von Vergaser abbauen.
- Gaspedal einmal langsam durchtreten, Luftklappe (obere Klappe im Vergaser) muß geschlossen sein.
- Bei wasserbeheizter Startautomatik: Motor starten und warmlaufen lassen.
- Zündung einschalten.
- Etwas Gas geben, damit die Begrenzungsschraube nicht gegen die Stufenscheibe drückt.
- Je nach Außentemperatur muß sich die Luftklappe nach etwa 5 Minuten geöffnet haben. Sonst Bimetallfeder auf Bruch untersuchen, bzw. Stromanschluß für Startautomatik überprüfen.

Einstellring für Startautomatik ersetzen

Ausbau

- Luftfilter ausbauen.
- Wasserschläuche von Anschlußstutzen und elektrische Zuleitung (wo vorhanden) abnehmen, Schraube (11) lösen.
- Schrauben am Haltering (14) abschrauben.
- Bimetallfeder und Einstellring (16) herausnehmen.

Einbau

- Sämtliche Dichtungen erneuern und Teile in umgekehrter Reihenfolge einbauen.
- Startautomatik einstellen.

Startautomatik einstellen

- Bei richtiger Einstellung müssen drei Markierungen fluchten.

PDSIT-Vergaser

1 – Kerbe im Vergasergehäuse
2 – Kerbe im Zwischenring
3 – Erhabene Markierung im Starterteil

Achtung: Die Bimetallfeder der Startautomatik ist beim PDSIT-Vergaser entgegen dem Uhrzeigersinn aufgewickelt.

TDID-Vergaser

1 – Kerbe im Vergasergehäuse
2 – Kerbe im Zwischenring
3 – Kerbe im Starterteil

Achtung: Die Bimetallfeder der Startautomatik ist bei den TDID- und DIDTA-Vergasern im Uhrzeigersinn aufgewickelt.

Elektrisch- und wasserbeheizte Startautomatik prüfen

Bei allen Passat-Modellen wird seit März 1975 die Startautomatik wasser- und elektrischbeheizt. Die elektrische Beheizung ist jedoch nur bei niedrigen Temperaturen wirksam.

Im Kühlmittelkreislauf (Pfeil) befindet sich ein Temperaturschalter. Dieser Schalter schaltet im Temperaturbereich von + 10° bis + 15° C die elektrische Beheizung ein bzw. aus. Die Wasserheizung für die Startautomatik arbeitet wie bisher, das heißt, die Bimetallfeder wird durch das Kühlwasser aufgeheizt. Dadurch wird die Schließkraft der Bimetallfeder langsam aufgehoben, die Starterklappe öffnet sich.

- Temperaturschalter zur Prüfung ausbauen und Ohmmeter an beide Klemmen des Schalters anschließen.

- Das Ohmmeter muß bei Temperaturen unter ca. + 10° C 0 Ohm anzeigen.
- Bei Temperaturen über ca. + 15° C soll das Ohmmeter ∞ Ohm anzeigen.

2-Stufen-Beheizung für Startautomatik

Ab Fahrgestell-Nr. 62 000 051 erhalten die Passat-Modelle mit 35 PDSIT-Vergaser (55 und 75 PS) serienmäßig eine 2-Stufen-Elektro-Beheizung der Startautomatik. Die Thermoschalter sind im Warmkreislauf montiert. Sie regeln die elektrischen Schaltwerte des Heizelementes im Starterdeckel.

- Die elektrische Beheizung ist über Thermoschalter a unter + 11° bis + 16° C wirksam.
- Der Zusatzwiderstand c wird über Thermoschalter b bei einer Kühlmitteltemperatur unter + 25° bis + 28° C zugeschaltet, und zwar nach Abschalten des Thermoschalters a. Dadurch wird die am Heizelement (Bimetallfeder) anliegende Spannung von 14,4 Volt auf 12 Volt reduziert.

Prüfen

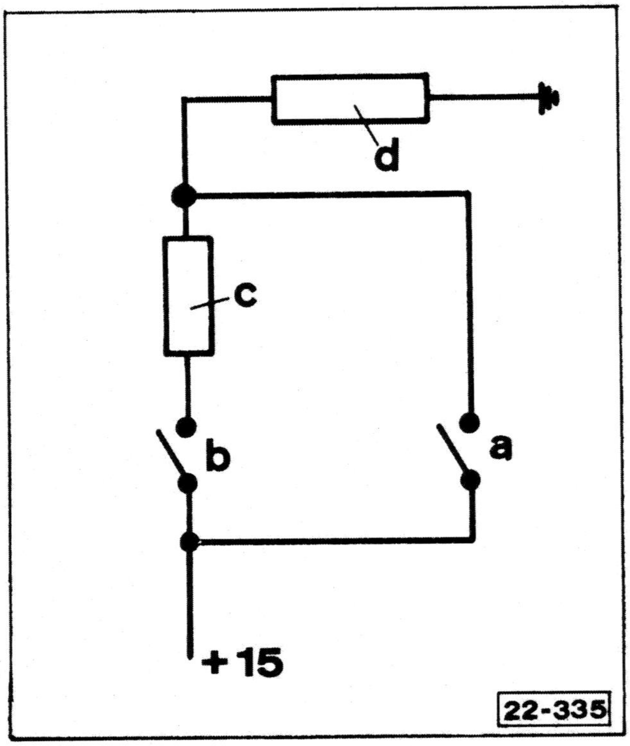

a = Thermoschalter öffnet bei + 11° C, b = Thermoschalter öffnet bei + 25° C, c = Widerstand 3,0 Ohm, d = Bimetallfeder im Starterdeckel.

- Ohmmeter an Widerstand c anschließen. Widerstand muß 3 Ohm anzeigen.
- Thermoschalter ausbauen. Thermoschalter an 12 Volt und Masse anschließen. Voltmeter an Thermoschalter anschließen.
- Thermoschalter im Wasserbad erwärmen, mit Thermometer Wassertemperatur messen.
- Bei + 11° C muß der Thermoschalter a Durchgang haben. Zeiger am Voltmeter muß ausschlagen.
- Bei + 25° C muß Thermoschalter b Durchgang haben.

Vergaserzug einstellen

Der Vergaserzug ist sehr knickempfindlich. Abgeknickte Seilzüge sind sofort zu erneuern. Beim Einbau des Vergaserzuges ist darauf zu achten, daß der Vergaserzug zwischen Stützbock und Drosselklappenhebel bzw. Querwand und Gaspedal fluchtet. Gegebenenfalls muß der Stützbock am Vergaser bzw. das Gaspedal vorsichtig ausgerichtet werden.

Achtung: Falls der Vergaserzug klemmt, muß unter Umständen die Drosselklappen-Grundeinstellung durchgeführt werden. Falsch eingestellte Drosselklappen klemmen im Vergasergehäuse.

Einstellen

A – Fahrzeuge bis September 1975

Bei diesen Fahrzeugen wird der Vergaserzug am Vergaser mit einer Feder befestigt.

- Rückzugfeder an der Drosselklappenwelle aushängen.

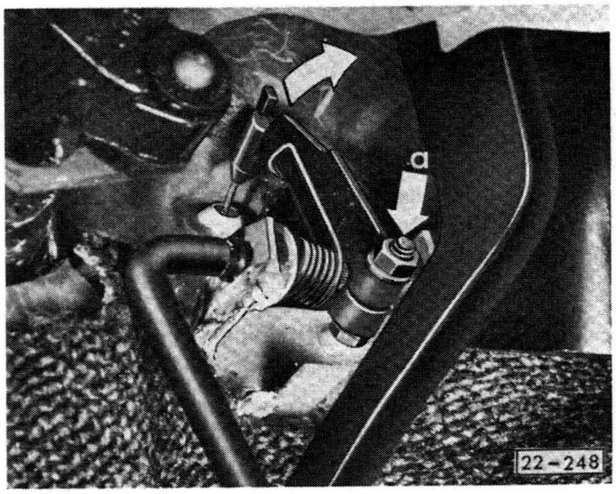

- Am Gaspedal Klemmschraube (a) lösen
- Gaspedal in Vollgasstellung drücken.
- Hebel (Pfeil) am Gaspedal in Vollgasstellung ziehen und Klemmschraube (a) festziehen.
- Gaspedal mehrmals durchtreten. Prüfen, ob am Drosselklappenhebel (wo der Zug am Vergaser angeklemmt ist) die Vollgasstellung knapp erreicht wird. Maximales Spiel am Drosselklappenhebel 1 mm.

Achtung: Bei Fahrzeugen mit automatischem Getriebe muß bei voll geöffneter Drosselklappe (Vollgasstellung) zwischen Kickdown-Schalter (unter Gaspedal) und Gaspedal ein Spiel von ca. 5–8 mm vorhanden sein.

B – Fahrzeuge ab September 1975

- Gaspedal in Vollgasstellung drücken.

- Von Hilfsperson Vergaserzug am Vergaser so einstellen, daß am Drosselklappenhebel die Vollgasstellung **knapp** erreicht wird. Maximales Spiel am Drosselklappenhebel maximal 1 mm.

C – Fahrzeuge mit automatischem Getriebe (ab September 1975)

Der Vergaserzug hat eine unterschiedliche Biegesteifigkeit. Er muß so eingebaut werden, daß er sich **leicht** in die erforderliche Einbaulage biegen läßt.

- Vergaserzug durch den Haltebock am Getriebe führen und Kugelpfanne (1) des Zuges auf den Kugelkopf am Betätigungshebel drücken. Anschließend Vergaserzug am Haltebock (2) anschrauben. **Achtung:** Vergaserzug dabei nicht verdrehen.
- Vergaserzug am Stützbock/Vergaser (3) anschrauben und am Drosselklappenhebel anschließen.
- Bei geöffneter Luftklappe (obere Klappe im Vergaser) Drosselklappe schließen.
- Betätigungshebel am Getriebe in Endstellung (Pfeil, 4) drücken.
- Einstellmutter am Stützbock/Vergaser so weit drehen, bis der Vergaserzug spielfrei ist. **Achtung:** Der Betätigungshebel am Getriebe muß in Endstellung bleiben.
- Der Vergaserzug ist richtig eingestellt, wenn sich die Kugelpfanne des Zuges ohne Vorspannung auf den Kugelkopf am Betätigungshebel drücken läßt.

Achtung: Seit August 79 befindet sich die Einstellmutter im Punkt – C –.

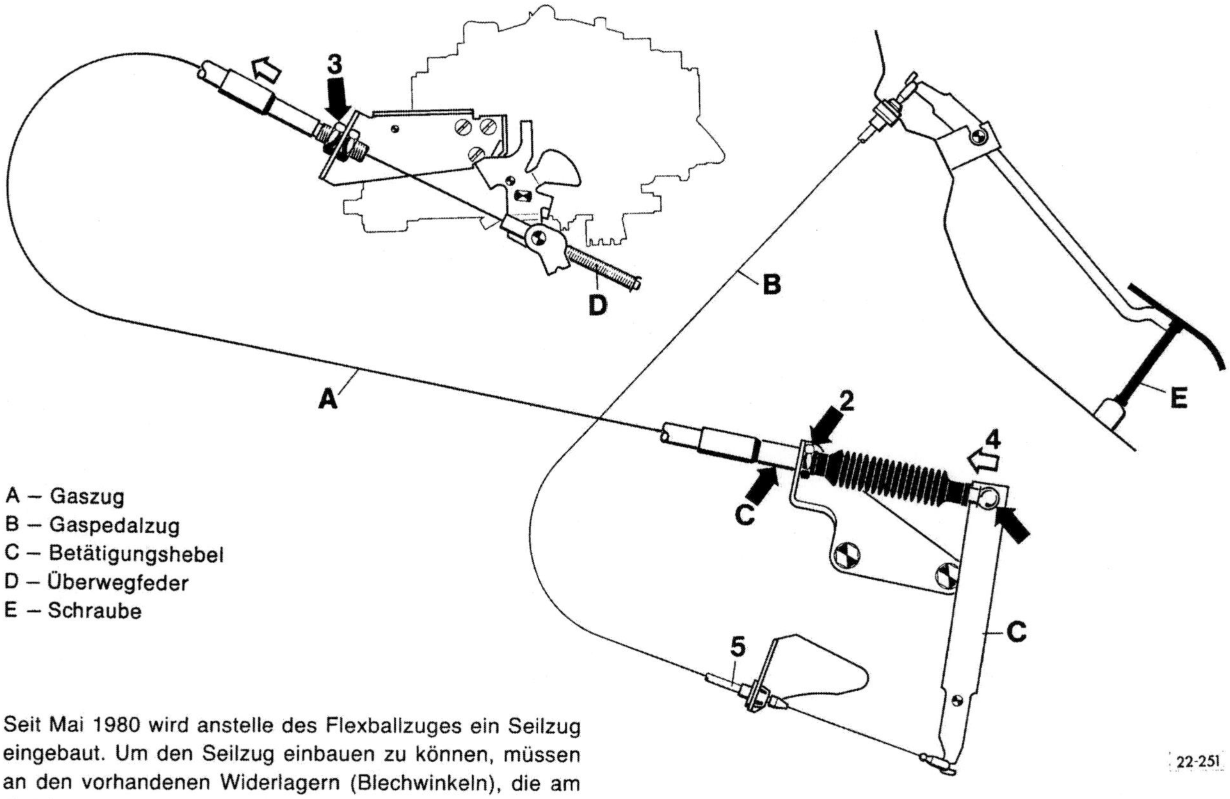

A – Gaszug
B – Gaspedalzug
C – Betätigungshebel
D – Überwegfeder
E – Schraube

Seit Mai 1980 wird anstelle des Flexballzuges ein Seilzug eingebaut. Um den Seilzug einbauen zu können, müssen an den vorhandenen Widerlagern (Blechwinkeln), die am Getriebe bzw. am Vergaser sitzen und den Gaszug aufnehmen, 3 mm breite Schlitze eingearbeitet werden.

Gaspedalzug einstellen

- Am Gaspedal Klemmschraube (a) lösen.

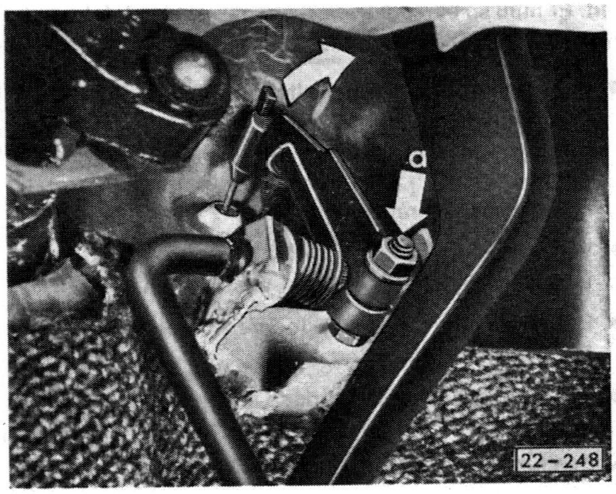

22-248

- Zwischen Gaspedal und Anschlag ein Distanzstück von ca. 10 mm legen und Gaspedal bis auf Anschlag drükken.
- Betätigungshebel am Getriebe in Kickdown-Stellung drücken und festhalten.
- Von Hilfsperson Hebel am Gaspedal in Vollgasstellung ziehen (Pfeil) und Klemmschraube (a) festziehen.
- Distanzstück entfernen und Gaspedal in Kickdown-Stellung (Vollgas) drücken. Am Betätigungshebel (sitzt am Getriebe) darf dabei kein fühlbares Spiel vorhanden sein.

Gasbetätigung einstellen
(seit August 1978)

Die Gasbetätigung für Automatic-Fahrzeuge ist so einzustellen, daß bei geschlossener Drosselklappe (Leerlauf) der Betätigungshebel am Getriebe am Anschlag in Nullgasstellung steht. Andernfalls erfolgen die Hochschaltungen bei mittleren Geschwindigkeiten zu spät.

Gaszug und Gaspedalzug einstellen
(seit August 1978)

- Motor betriebswarm.
- Luftfilter ausbauen, siehe Seite 78.
- Einstellmutter – 5 – lösen, siehe Seite 49.
- Bei geöffneter Luftklappe die Drosselklappe schließen.
- Kontermuttern – 3 – am Stützbock Vergaser lösen.
- Hülle für Gaszug – A – in Pfeilrichtung bis Druckpunkt ziehen.
- Kontermuttern – 3 – gegen Stützbock drehen und kontern.
- Anschlag für Gaspedal herausschrauben.
- Unterlage entfernen.

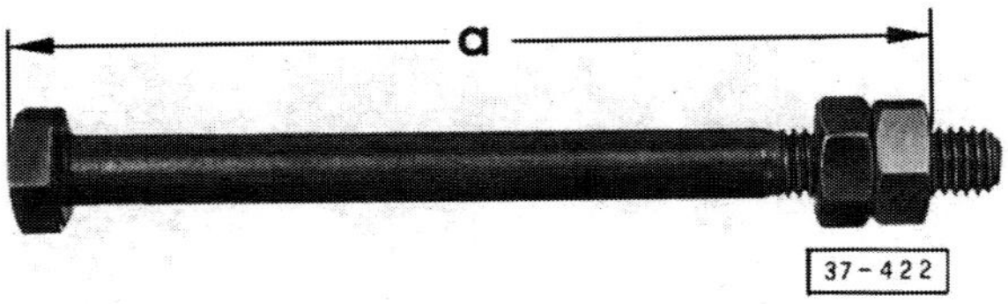

37-422

- Auf eine Schraube M 8, 135 mm lang, 2 Muttern auf Maß „a" = 124 mm aufschrauben und kontern.

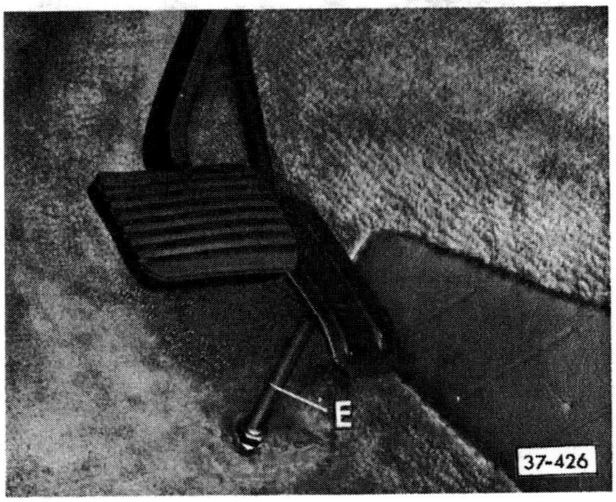

37-426

- Schraube – E – in die Mutter für Gaspedalanschlag schrauben. Gaspedalzug – B – an der Einstellmutter – 5 – so einstellen, daß die Trittplatte des Gaspedals auf der Schraube aufliegt. Der Betätigungshebel – C – am Getriebe muß in Nullgasstellung stehen.

Achtung! Die Schraube darf nicht auf der Gaspedalstange aufliegen.

Einstellung kontrollieren

- Gaspedal bis Vollgasdruckpunkt niedertreten (ohne Kickdown).
- Drosselklappenhebel muß am Anschlag (Vollgas) anliegen.
- Gaspedal über Vollgasdruckpunkt bis Anschlag niedertreten.
- Überwegfeder – D – muß 10–11 mm eingefedert sein.
- Betätigungshebel – C – am Getriebe muß am Anschlag (Kickdown) anliegen.

2B5-Vergaser

Hinweis: Alle Vergasergelenke mit MoS_2-Paste schmieren. Dichtungen und Dichtringe ersetzen.

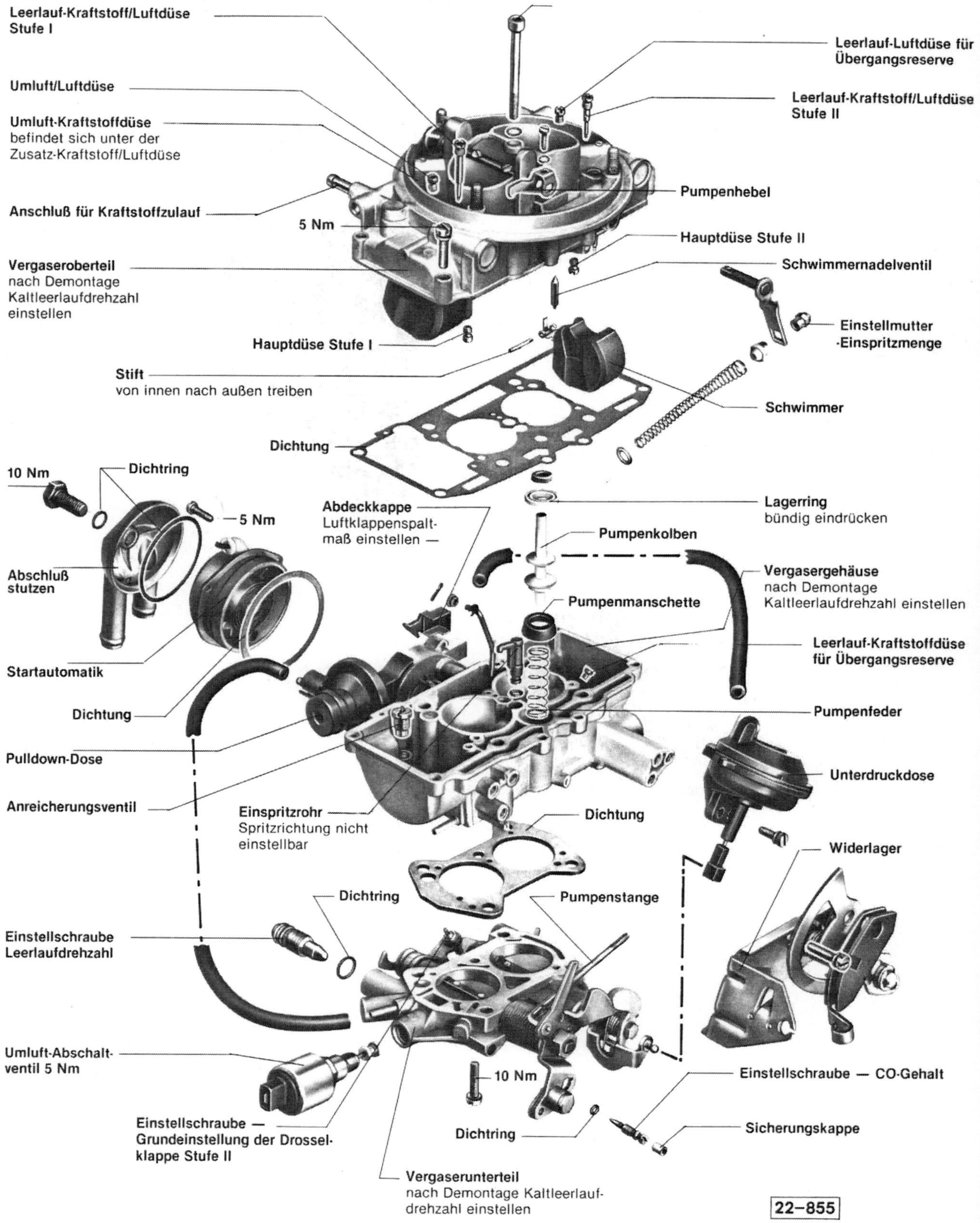

Vergaser aus- und einbauen

Ausbau

- Batterie-Masseband abklemmen.
- Luftfilter abnehmen, siehe Seite 78.
- Vergaserzug abklemmen.
- Elektrische Anschlüsse vom Umluftabschaltventil und von der Startautomatik abziehen.
- Anschlußstutzen für Startautomatik abschrauben.
- Kraftstoffschläuche – Zulauf und Rücklauf – markieren und abziehen.
- Unterdruckschläuche, die zum Vergaser führen, markieren und abziehen.
- Vier Schrauben von oben aus dem Vergaser herausschrauben.
- Vergaser mit Flansch abnehmen.
- Ansaugstutzen mit sauberem Tuch abdecken.

Einbau

- Zwischenflansch auflegen, Vergaser aufsetzen und aufschrauben, Unterlegscheiben nicht vergessen.
- Elektrische Anschlüsse für Umluftabschaltventil und Startautomatik aufschieben.
- Anschlußstutzen für Startautomatik aufschrauben, Dichtring nicht vergessen.
- Kraftstoffschläuche aufschieben und mit Schellen sichern.

Achtung: Zu- und Rücklauf nicht verwechseln, Kraftstoffschläuche entsprechend der Markierung aufschieben.

- Sämtliche Unterdruckschläuche aufschieben.
- Vergaserzug anklemmen.
- Batterie-Masseband anklemmen.
- Luftfilter anbauen, siehe Seite 78.
- Leerlauf überprüfen und gegebenenfalls einstellen, siehe Seite 54.

Vergaserzug einstellen

Achtung: Der Gaszug ist sehr knickempfindlich und somit beim Einbau besonders sorgfältig zu behandeln.

- Ein einziger leichter Knick kann zum späteren Bruch im Fahrbetrieb führen. Züge, die geknickt wurden, dürfen daher **nicht** eingebaut werden.
- Beim Einbau ist darauf zu achten, daß der Gaszug zwischen seinen Stützlagern und den Zugbefestigungspunkten fluchtet.
- Luftfilter ausbauen.
- Luftklappe (obere Klappe im Vergaser) voll öffnen.

22-249

- Vergaserzug am Vergaser anklemmen.
- 2B2-Vergaser: Gaspedal in Vollgasstellung drücken.
- Von Hilfsperson Vergaserzug am Vergaser so einstellen, daß am Drosselklappenhebel die Vollgasstellung knapp erreicht wird. Maximales Spiel am Drosselklappenhebel 1 mm.
- Vergaserzug für 2B5-Vergaser anbringen, siehe Seite 64.
- Luftfilter anbauen, siehe Seite 78.

Vergaseroberteil aus- und einbauen

(2B2-Vergaser)

Ausbau

- Luftfilter abbauen, siehe Seite 78.
- Schlauch von Unterdruckdose/Vergaseroberteil abziehen.
- Kraftstoffschlauch vom Vergaserdeckel abziehen.

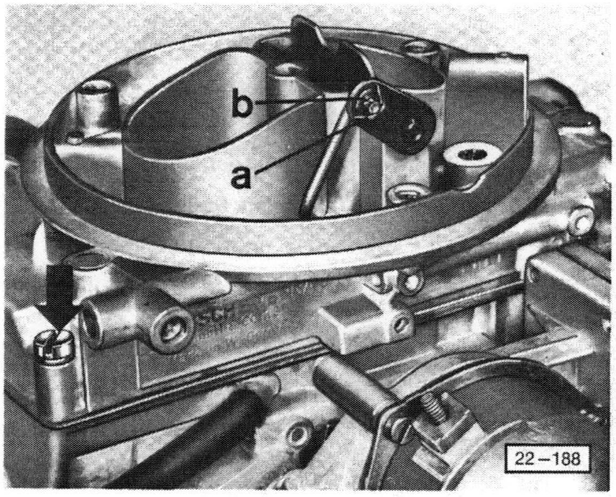

- Umlenkhebel lösen. Sicherungssplint (a) herausziehen, Unterlegscheibe (b) abnehmen. Umlenkhebel ausklinken.

- Verbindungsstange (c) aus Befestigung (d) ausklinken. **Achtung:** Einstellmutter „e" nicht verdrehen.
- Schlitzschrauben aus Vergaseroberteil herausschrauben. Vergaserdeckel abnehmen.

Einbau

- Neue Vergaserdeckeldichtung auflegen. 6 Schrauben in Vergaserdeckel einschrauben. Auf richtiges Lochbild der Vergaserdeckeldichtung achten.
- Verbindungsstange (c) in Befestigung (d) eindrücken.
- Umlenkhebel in Verbindungsstange einschieben. Unterlegscheibe (b) aufschieben. Sicherungssplint (a) durch Verbindungsstange schieben und umbiegen.
- Unterdruckschlauch aufschieben, Benzinschlauch aufschieben und mit Klemme sichern.
- Luftklappenspaltmaß einstellen, siehe Seite 69.
- Luftfilter aufbauen, siehe Seite 78.

Schwimmer einstellen

Das Kraftstoffniveau wird durch Einstellen der Schwimmer reguliert. Das Kraftstoffniveau ist dann zu überprüfen und gegebenenfalls einzustellen, wenn der Kraftstoffverbrauch sehr hoch ist oder Magerruckeln auftritt. Wenn also der Motor im Teillastbereich einen schlechten Übergang hat. Normalerweise verstellt sich der Schwimmerstand nicht.

- Vergaseroberteil ausbauen.

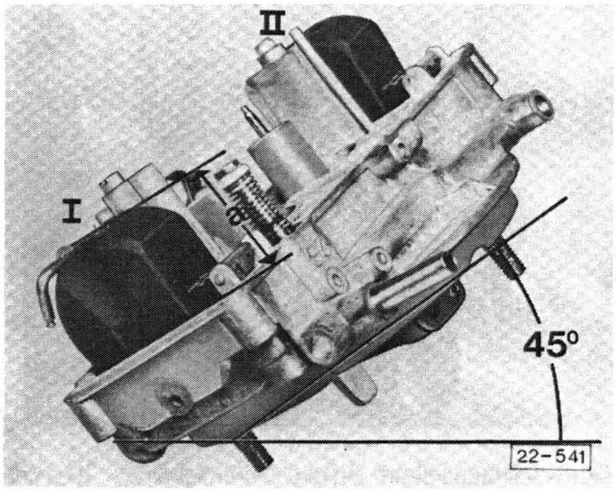

- Maß a durch Verbiegen des Schwimmers herstellen. Hierzu Vergaseroberteil in die linke Hand nehmen, damit die Schwimmer frei nach unten hängen. Mit der rechten Hand Schwimmer auf das vorgeschriebene Maß biegen. Die Einstellung unter 45° Neigung des Vergaseroberteils durchführen.
- **Achtung:** Gefederter Stift des Schwimmernadelventils darf nicht eingefedert sein.
- Sollwert – a –, siehe Seite 69.

Leerlaufdrehzahl prüfen/einstellen

(2B2-/2B5-Vergaser)

- Motor warmfahren, Öltemperatur muß mindestens + 60° C betragen.
- Elektrische Verbraucher (Radio, Scheinwerfer usw.) ausschalten.
- Luftklappe (obere Klappe im Vergaser) muß vollständig geöffnet sein. Luftfilter aufgeschraubt lassen.
- Luftfilter ohne automatische Ansaugluftvorwärmung auf Sommerbetrieb (Kaltluftansaugung) stellen. Nach der Leerlaufeinstellung Luftfilter gegebenenfalls wieder auf Winterbetrieb umstellen.
- Schlauch für Kurbelgehäuseentlüftung vom Zylinderkopfdeckel abziehen und luftfilterseitig verschließen.
- Falls vorhanden, Klimaanlage ausschalten.
- Drehzahlmesser nach Vorschrift anschließen.
- Sicherungskappe entfernen.

2B5-Vergaser

22-863

- Drosselklappe betätigen und Stufenscheibe — a — der Kaltstarteinrichtung so verdrehen, daß die Begrenzungsschraube nicht auf der Stufenscheibe steht.
- Motor starten.

Achtung: Beim Einstellen darf der Lüfter für Kühler nicht laufen.

22-864

- Leerlaufdrehzahl (Pfeil) einstellen. Sollwert, siehe „Vergaserdaten" Seite 69.

2B2-Vergaser

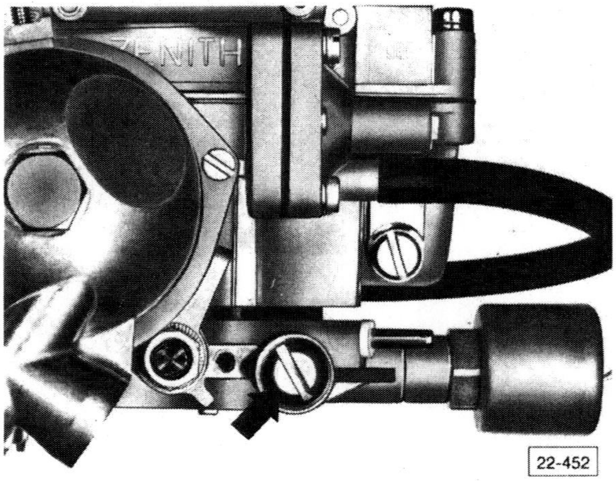

22-452

- Leerlaufdrehzahl an der Leerlaufregulierschraube einstellen, Sollwert siehe Seite 69.
- Einstellschraube sichern.
- Schlauch für Kurbelgehäuseentlüftung wieder aufstecken.

CO-Gehalt einstellen

(2B2-/2B5-Vergaser)

- Motor warmfahren, Öltemperatur muß mindestens + 60° C betragen.
- Elektrische Verbraucher (Radio, Scheinwerfer) ausschalten.
- Luftklappe (obere Klappe im Vergaser) muß vollständig geöffnet sein.
- Schlauch für Kurbelgehäuse am Zylinderkopfdeckel abziehen und verschließen.
- Drehzahlmesser und CO-Prüfgerät anschließen, Motor starten.
- Falls vorhanden, Klimaanlage ausschalten.
- Sicherungskappe an Einstellschraube zerstören.
- Zündzeitpunkt prüfen, siehe Seite 172.
- Leerlaufdrehzahl prüfen.

2B5-Vergaser

- Drosselklappe betätigen und Stufenscheibe — a — der Kaltstarteinrichtung so verdrehen, daß die Begrenzungsschraube — b — **nicht** auf der Stufenscheibe steht.

- CO-Gehalt an der Einstellschraube (Pfeil) einstellen, dabei darf der Lüfter für Kühler nicht laufen. Sollwert, siehe Seite **69**.

2B2-Vergaser

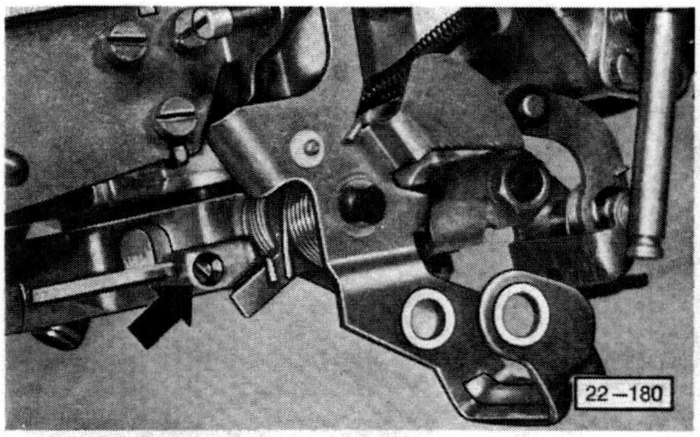

- CO-Wert an der Regulierschraube (Pfeil) einregulieren, dabei darf der Lüfter für Kühler nicht laufen, Sollwert siehe Seite **69**.
- Leerlaufdrehzahl prüfen und korrigieren.
- Neue Sicherungskappe auf Einstellschrauben aufsetzen.

Achtung: Nach der CO-Einstellung muß der Schlauch für die Kurbelgehäuseentlüftung wieder aufgesteckt werden. Wenn jetzt der CO-Gehalt ansteigt, liegt das nicht an einer falschen Einstellung, sondern an einer Anfettung aus dem Kurbelgehäuse infolge Ölverdünnung bei überwiegendem Kurzstreckenverkehr. Bei längeren zügigen Überlandfahrten verringert sich der Kraftstoffanteil im Öl und der CO-Gehalt normalisiert sich wieder. Kurzfristig läßt sich das auch durch eine ca. 30-minütige scharfe Fahrt oder durch einen sowieso anstehenden Ölwechsel erreichen.

Einspritzmenge der Beschleunigerpumpe prüfen/einstellen

Die Einspritzmenge der Beschleunigerpumpe ist immer dann zu überprüfen, wenn der Benzinverbrauch zu hoch ist, der Übergang beim Gasgeben zu schlecht ist, der Motor nur schlecht Gas annimmt oder verzögert beschleunigt.

- Motor kurz warmlaufen lassen, damit die Schwimmerkammer gefüllt wird.
- Luftfilter ausbauen, siehe Seite 78.
- Vergaser ausbauen, siehe Seite 52.
- Trichter und Meßzylinder unter Vergaser halten.
- Drosselklappenhebel 10 mal langsam öffnen, mindestens 3 Sekunden pro Hub.
- Abgelesenen Wert der eingespritzten Menge durch 10 dividieren und mit Sollwert (siehe unter „Vergaserdaten") vergleichen.

2B5-Vergaser

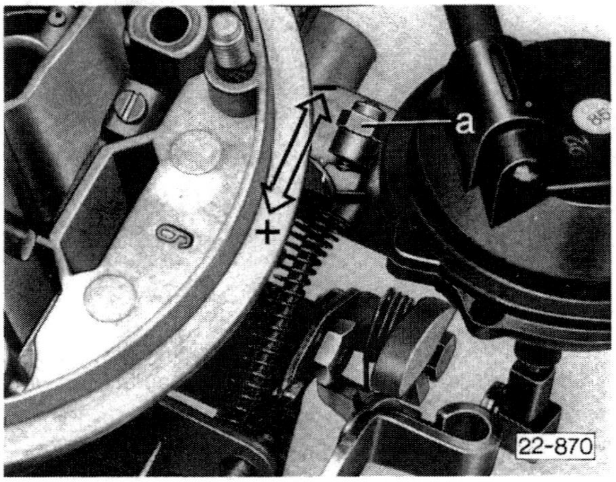

- Einspritzmenge an der Einstellmutter — a — einstellen. + = Einspritzmenge größer; — = Einspritzmenge geringer.

2B2-Vergaser

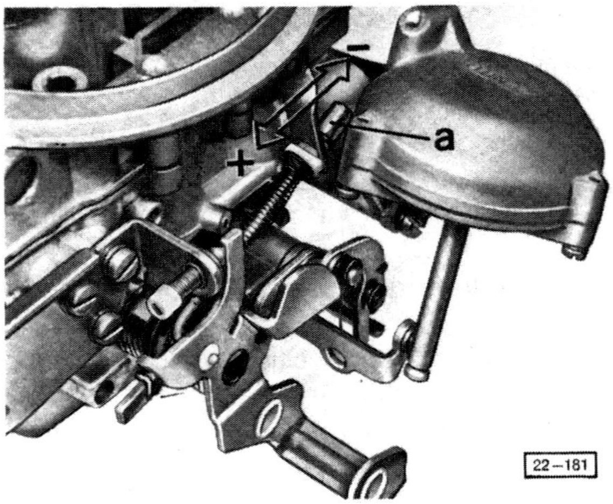

- Die Einspritzmenge kann an der Einstellmutter — 1 — verändert werden. + = Einspritzmenge größer; — = Einspritzmenge geringer.
- Einstellmutter — 1 — nach der Einstellung mit Sicherungslack sichern.

Achtung: Wird nach der Korrektur die erforderliche Einspritzmenge nicht erreicht: Pumpenkolben, -manschette prüfen. Einspritzrohr auf Durchgang prüfen.

- Vergaser einbauen, siehe Seite 52.
- Luftfilter einbauen, siehe Seite 78.
- Leerlaufdrehzahl einstellen.
- CO-Gehalt prüfen.

Luftklappenspaltmaß prüfen und einstellen

(2B2-Vergaser)

Das Luftklappenspaltmaß ist nach einer vollständigen Vergaserüberholung und nach Abbau des Vergaseroberteils einzustellen oder wenn der Motor schlecht Gas annimmt, beziehungsweise Übergangsstörungen vorhanden sind.

Prüfen

- Luftfilter ausbauen, siehe Seite 78.
- Deckel für Startautomatik ausbauen, siehe Seite 58.
- Luftklappe (obere Klappe im Vergaser) schließen.

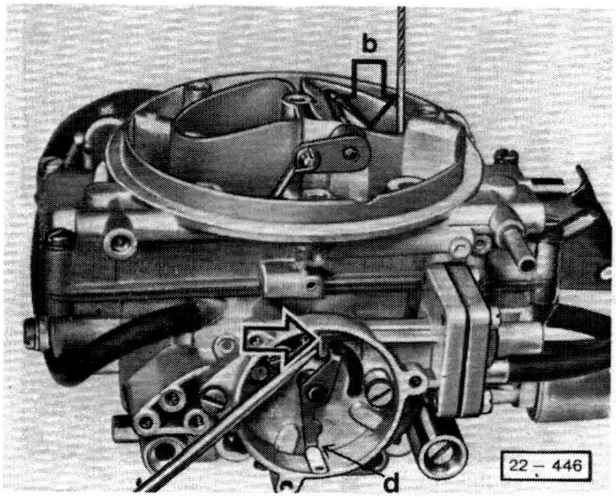

- Zugstange mit Schraubenzieher bis zum Anschlag (Pfeil) eindrücken. Schlepphebel mittels Gummiring – d – (spannen) zur Anlage bringen.
- Lager- und Hebelspiele durch leichten Druck in Pfeilrichtung – b – ausgleichen.
- In dieser Stellung Luftklappenspalt mit geeignetem Spiralbohrer zwischen Luftklappe und Lufttrichter messen. Sollwert des Spiralbohrers siehe unter „Vergaserdaten".

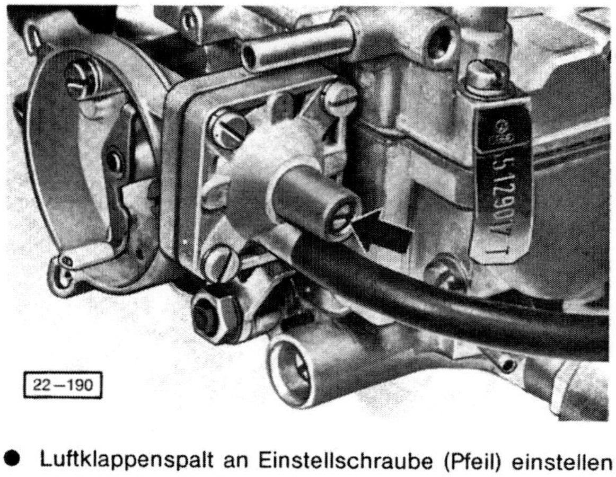

- Luftklappenspalt an Einstellschraube (Pfeil) einstellen und mit Spiralbohrer prüfen. Schraube nach der Einstellung mit Sicherungslack sichern.
- Deckel für Startautomatik anbauen, siehe Seite 58.
- Luftfilter anbauen, siehe Seite 78.

Kaltleerlaufdrehzahl prüfen und einstellen

(2B2-/2B5-Vergaser)

Der Drosselklappenspalt kann auch über die Kaltleerlaufdrehzahl eingestellt werden. Das hat den Vorteil, daß zum Einstellen der Vergaser nicht ausgebaut werden muß. Die Kaltleerlaufdrehzahl ist immer dann zu überprüfen bzw. einzustellen, wenn der Motor beim Gasgeben einen schlechten Übergang hat oder der kalte Motor schlecht Gas annimmt. Außerdem ist die Einstellung nach der Demontage des Vergaseroberteils zu überprüfen.

- Motoröltemperatur mindestens + 50° C.
- Luftfilterdeckel ausbauen, siehe Seite 78.
- Sicherungsschraube für Begrenzungsschraube entfernen.
- Zündeinstellung muß in Ordnung sein.
- Leerlaufeinstellung muß stimmen.

- Drosselklappe öffnen.
- Stufenscheibe so verdrehen, daß die Begrenzungsschraube nach Schließen der Drosselklappe auf der höchsten Stufe steht.
- Motor ohne Betätigen des Gaspedals starten.
- Drehzahl prüfen und ggf. mit Begrenzungsschraube einstellen – Pfeil –.
- Sollwert, siehe Seite 69.
- Begrenzungsschraube mit Sicherungslack sichern.

Achtung: Steht die Begrenzungsschraube auf der höchsten Stelle der Stufenscheibe, ist sie schlecht zugängig. Deshalb zur Einstellung Drosselklappe kurz betätigen und Schraube nach Gefühl verdrehen. Anschließend Prüfung der Kaltleerlaufdrehzahl wiederholen.

Die Startautomatik

Die Startautomatik wird elektrisch- und wasserbeheizt. Die Grundeinstellung sollte nur, wenn unbedingt erforderlich, verändert werden. Die elektrische Beheizung ist jedoch nur bei niedrigen Temperaturen wirksam, siehe Seite 47.

- Richtig eingestellt ist die Startautomatik, wenn die Markierungen von Startautomatikdeckel und Vergaseroberteil (Pfeile) fluchten.

Ausbau

- Massekabel von Batterie abklemmen.
- Elektrische Leitung und Wasserschläuche für Startautomatik abziehen.
- 3 Schrauben am Einstellring herausdrehen, Starterdeckel abnehmen.

Einbau

- Dichtung erneuern. Beim Einbau darauf achten, daß die Heizspirale in den Mitnehmerhebel greift.
- Starterdeckel ansetzen, Dichtung nicht vergessen, 3 Schrauben reindrehen. Kerben von Starterdeckel und Vergasergehäuse müssen fluchten. Starterdeckel festziehen.
- Leitung für Startautomatik aufstecken, Wasserschläuche aufschieben, Batterie-Massekabel anschließen.

Ansaugrohrvorwärmung

Zur besseren Gemischaufbereitung während der Warmlaufphase wird das Ansaugrohr bis zu einer Kühlmitteltemperatur von ca. + 55 °C elektrisch beheizt. Der Saugrohrvorwärmer heizt sich sekundenschnell auf und gibt seine Wärme an das Kraftstoffluftgemisch ab. Über + 55 °C wird die Vorwärmung durch einen Thermoschalter abgeschaltet.

Vorwärmer prüfen

- Prüfvoraussetzung: Die Batteriespannung muß mindestens 11,5 Volt betragen, der Motor muß kalt sein.

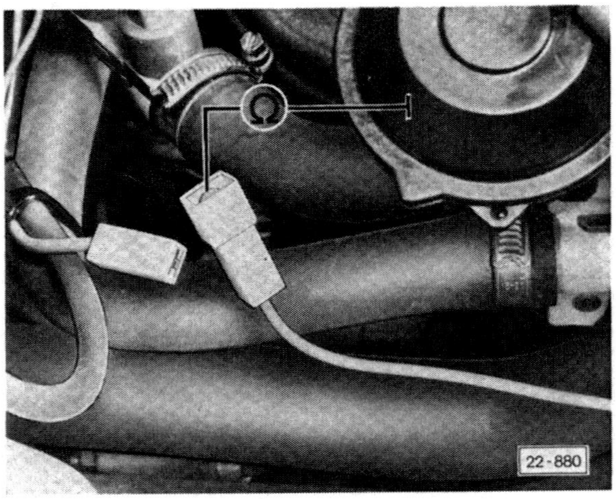

- Mit einem Ohmmeter Widerstand zwischen Anschlußkabel und Masse prüfen. Der Widerstand soll 0,25 – 0,50 Ω betragen. Sonst Vorwärmer auswechseln.
- Thermoschalter für Vorwärmer prüfen, siehe Seite 66.

1B3-Vergaser

Hinweis: Alle Vergasergelenke mit MoS_2-Paste schmieren. Dichtungen und Dichtringe ersetzen.

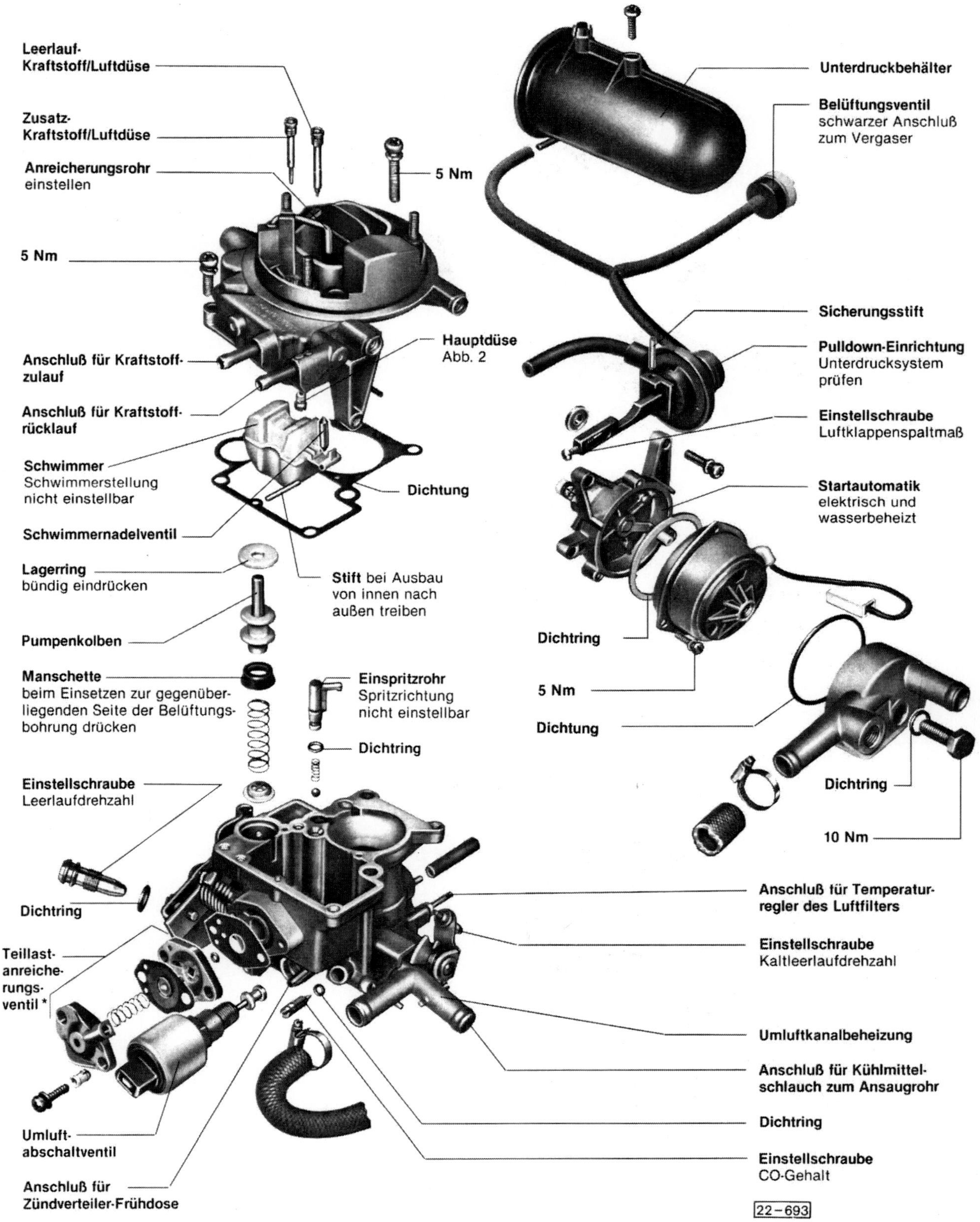

* Bei unregelmäßigem bzw. nicht einstellbarem Leerlauf oder hohem Kraftstoffverbrauch neues Anreicherungsventil (schwarzer Dichtring) einbauen.

Düsenanordnung 1B3-Vergaser

Seit Juni 1980 ist ein Vergaser mit geänderter Schwimmerkammerentlüftung im Einsatz. Als Ersatzteil wird nur das neue Vergaseroberteil geliefert. Beim Einbau eines neuen Vergaseroberteils in Fahrzeuge, die nicht mit einem Kraftstoffvorratsbehälter ausgerüstet sind, ist zusätzlich der Einbau eines Vorratsbehälters erforderlich, siehe Seite 69.

Düsenanordnung im Vergaseroberteil

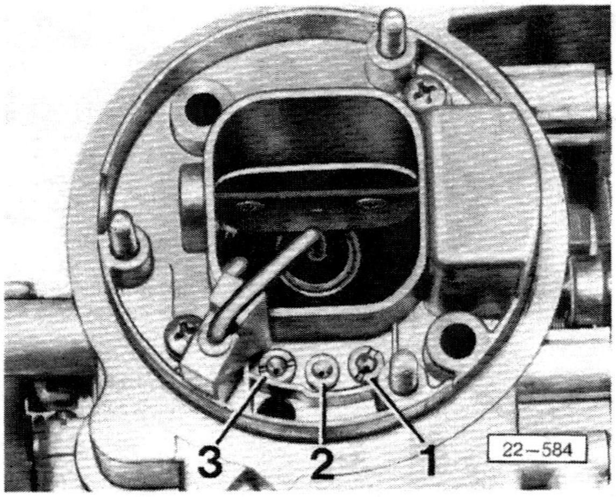

1 – Leerlauf-Kraftstoff/Luftdüse
2 – Luftkorrekturdüse mit Mischrohr (nicht ausschraubbar)
3 – Zusatz-Kraftstoffdüse/Luftdüse

- Seit Juni 1980 hat ein Vergaser mit geänderter Schwimmerkammerentlüftung eingesetzt. Als Ersatzteil wird nur das neue Vergaseroberteil geliefert. Beim Einbau eines neuen Vergaseroberteils in Fahrzeuge, die nicht mit einem Kraftstoff-Vorratsbehälter ausgestattet sind, ist zusätzlich der Einbau des Vorratsbehälters erforderlich, siehe Seite 64.

Hauptdüsenanordnung

Anreicherungsrohr einstellen

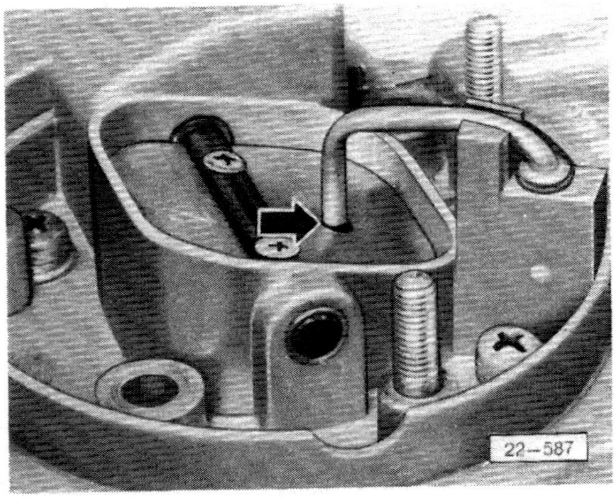

- Unterkante Anreicherungsrohr muß mit Oberkante Luftklappe abschließen.

Achtung: Steht das Anreicherungsrohr zu tief, so treten Ruckelerscheinungen im Fahrbetrieb auf. Steht das Rohr zu hoch, treten Kaltstart-Schwierigkeiten auf.

Kraftstoffilter vor dem Vergaser

In der Kraftstoffleitung von der Kraftstoffpumpe zum Vergaser ist zusätzlich ein Filter angeordnet. Das Filter wird nicht als Ersatzteil geliefert. Verstopfte Filter sind durch einen neuen Kraftstoffschlauch ohne Filter zu ersetzen.

Vergaser aus- und einbauen

Ausbau

- Batterie-Masseband abklemmen.
- Luftfilter abnehmen, siehe Seite 78.
- Vergaserzug abklemmen.
- Elektrische Anschlüsse von Umluftabschaltventil und Startautomatik markieren und abziehen.
- Deckel für Startautomatik abschrauben.
- Benzinschläuche am Vergaser kennzeichnen und abziehen.
- Unterdruckschläuche kennzeichnen und abziehen.
- Schrauben herausdrehen, Vergaser abnehmen, Ansaugrohr abdecken.

Einbau

- Zwischenflansch aus Gummi auflegen, Vergaser aufsetzen, Vergaser anschrauben.
- Elektrische Anschlüsse für Umluftabschaltventil und Startautomatik aufschieben.
- Benzinschläuche entsprechend der Markierung aufschieben und mit Schellen sichern.
- Unterdruckschläuche aufschieben.
- Batterie-Masseband anklemmen.
- Vergaserzug anklemmen und einstellen.
- Deckel für Startautomatik anschrauben.
- Luftfilter aufbauen, siehe Seite 78.
- Leerlauf einstellen.

Vergaseroberteil aus- und einbauen

Falls nur das Vergaseroberteil abgebaut werden muß, kann diese Arbeit auch bei eingebautem Vergaser durchgeführt werden.

Ausbau

- Luftfilter ausbauen, siehe Seite 78.
- Anschlußstutzen für Startautomatik an der Sechskantschraube abschrauben.
- Kabel für Startautomatik abziehen.
- Kraftstoffschläuche kennzeichnen und vom Vergaseroberteil abziehen.
- Unterdruckschlauch für Pulldown-Einrichtung am Vergaserunterteil abziehen. **Achtung:** Schlauch nicht an der Pulldown-Dose abziehen.
- 4 Schrauben aus Vergaseroberteil herausschrauben, Oberteil abnehmen.

Einbau

- Neue Dichtung auf Vergaserunterteil auflegen.
- Vergaseroberteil aufsetzen und mit 4 Schrauben befestigen.
- Kabel für Startautomatik aufschieben.
- Kraftstoffschläuche aufschieben. **Achtung:** Kraftstoffschläuche nicht verwechseln. Der blaue Kraftstoffrücklaufschlauch muß auf den Stutzen mit Pfeil (oben im Vergasergehäuse) aufgesteckt werden.
- Deckel für Startautomatik anschrauben, Gummidichtring nicht vergessen.
- Luftfilter anbauen.

Leerlaufdrehzahl prüfen/einstellen

- Motor warmfahren, Öltemperatur muß mindestens +60 °C betragen.
- Automatikfahrzeuge: Gaszugeinstellung muß in Ordnung sein.
- Elektrische Verbraucher (Radio, Scheinwerfer usw.) ausschalten.
- Zündzeitpunkteinstellung überprüfen, siehe Seite 172.
- Luftklappe (obere Klappe im Vergaser) muß vollständig geöffnet sein. Luftfilter aufgeschraubt lassen.
- Luftfilter ohne automatische Ansaugluftvorwärmung auf Sommerbetrieb (Kaltluftansaugung) stellen. Nach der Leerlaufeinstellung Luftfilter gegebenenfalls wieder auf Winterbetrieb umstellen.
- Falls vorhanden, Klimaanlage ausschalten.
- Drehzahlmesser nach Vorschrift anschließen.
- Sicherungskappe entfernen.
- Schlauch für Kurbelgehäuseentlüftung am Zylinderkopfdeckel abziehen, Schlauch verschließen.

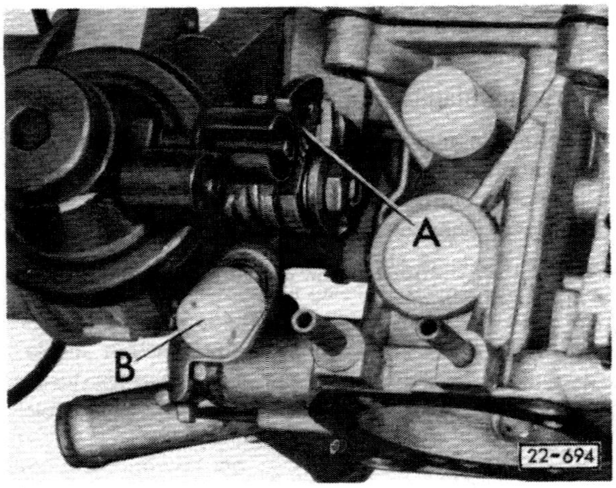

- Stellung der Stufenscheibe – A – bei der Leerlauf- und CO-Einstellung.

Achtung: Luftklappe und Stufenscheibe sind an diesem Vergaser entkoppelt. Es kann vorkommen, daß nach dem Öffnen der Luftklappe und Betätigen der Drosselklappe die Einstellschraube – B – noch auf der Stufenscheibe – A – aufliegt. In diesem Fall Stufenscheibe – A – so verdrehen, daß die Einstellschraube – B – nicht aufliegt.

- Motor starten.

- Leerlaufdrehzahl an Einstellschraube einregulieren. Sollwert, siehe unter „Vergaserdaten" Seite 72.

Achtung: Während der Einstellarbeiten darf der Lüfter für Kühler nicht laufen.

CO-Gehalt einstellen

- Motor warmfahren, Öltemperatur muß mindestens +60 °C betragen.
- Elektrische Verbraucher (Radio, Scheinwerfer) ausschalten.
- Luftklappe (obere Klappe im Vergaser) muß vollständig geöffnet sein.
- Schlauch für Kurbelgehäuseentlüftung am Zylinderkopfdeckel abziehen und in Richtung Luftfilter verschließen.
- Drehzahlmesser und CO-Prüfgerät anschließen, Motor starten.
- Falls vorhanden, Klimaanlage ausschalten.

Achtung: Bei den Einstellarbeiten darf der Lüfter für Kühler nicht laufen.

- Sicherungskappe an Einstellschraube zerstören.
- Zündzeitpunkt prüfen, siehe Seite 172.
- Leerlaufdrehzahl prüfen.

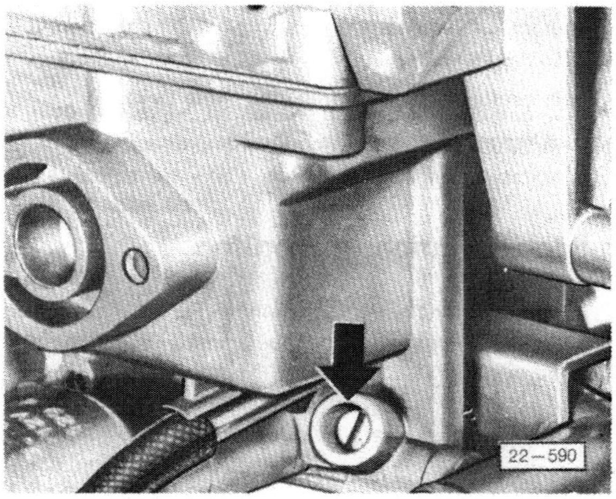

- CO-Gehalt (Pfeil) einstellen, Sollwert siehe Seite 72.
- CO-Gehalt nochmals prüfen, ggf. korrigieren.
- Nach einer Korrektur CO-Einstellschraube mit blauer Sicherungskappe sichern.

Achtung: Nach der CO-Einstellung muß der Schlauch für die Kurbelgehäuseentlüftung wieder aufgesteckt werden. Wenn jetzt der CO-Gehalt ansteigt, liegt das nicht an einer falschen Einstellung, sondern an einer Anfettung aus dem Kurbelgehäuse infolge Ölverdünnung bei überwiegendem Kurzstreckenverkehr. Bei längeren zügigen Überlandfahrten verringert sich der Kraftstoffanteil im Öl und der CO-Gehalt normalisiert sich wieder. Kurzfristig läßt sich das auch durch eine ca. 30-minütige scharfe Fahrt oder durch einen sowieso anstehenden Ölwechsel erreichen.

Vergaserzug einstellen

(2B5-/1B3-Vergaser)

Achtung: Der Gaszug ist sehr knickempfindlich und somit beim Einbau besonders sorgfältig zu behandeln.

- Ein einziger leichter Knick kann zum späteren Bruch im Fahrbetrieb führen. Züge, die geknickt wurden, dürfen daher **nicht** eingebaut werden.
- Beim Einbau ist darauf zu achten, daß der Gaszug zwischen seinen Stützlagern und den Zugbefestigungspunkten fluchtet.
- Luftfilter ausbauen.
- Luftklappe (obere Klappe im Vergaser) voll öffnen.
- Gaspedal in Vollgasstellung drücken.

- Vergaserzug einstellen. Dazu Sicherung am Widerlager (Pfeil) in die entsprechende Steckraste – A – bringen, bis der Vergaserzug straff ist.
- Kontrolle: Bei Vollgasstellung des Gaspedals muß zwischen Drosselklappenhebel und Anschlag – a – ein Spiel von max. 1 mm vorhanden sein. Gegebenenfalls Sicherung am Widerlager umstecken.
- Luftfilter anbauen, siehe Seite 78.

Kaltleerlaufdrehzahl prüfen und einstellen

Die Kaltleerlaufdrehzahl ist immer dann zu überprüfen und neu einzuregulieren, wenn der Vergaser völlig demontiert war oder der Motor während der Warmlaufphase einen schlechten Übergang hat. Zur Einstellung ist ein Unterdruckmeßgerät erforderlich.

- Drehzahlmesser anschließen.
- Leerlaufeinstellung überprüfen.
- Motortemperatur muß mindestens 60 °C betragen.
- Die Zündzeitpunkteinstellung muß in Ordnung sein, prüfen, siehe Seite 172.
- Luftfilter ausbauen, siehe Seite 78.

Achtung: Voraussetzung für eine einwandfreie Einstellung ist eine dichte Pulldown-Einrichtung.

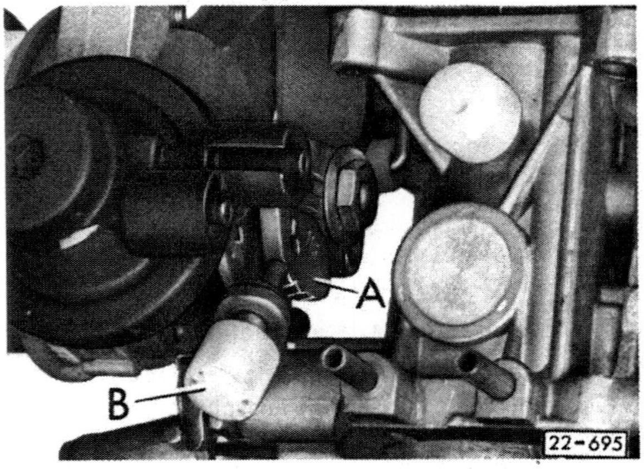

- Drosselklappe betätigen und Stufenscheibe – A – der Kaltstarteinrichtung so verdrehen, daß die Begrenzungsschraube – B – **auf der höchsten Stufe der Stufenscheibe steht.**
- Motor ohne Betätigung des Gaspedals starten.
- Kaltleerlaufdrehzahl prüfen und ggf. mit Einstellschraube – B – einstellen.
- Sollwert für Kaltleerlaufdrehzahl, siehe Seite 72.
- Luftfilter montieren, siehe Seite 78.

Pulldown-Einrichtung prüfen

Der zur Starteinrichtung gehörende Pulldown hat die Aufgabe, die Starter- (Luft-)klappe unmittelbar nach dem Anspringen des Motors auf ein bestimmtes Spaltmaß aufzuziehen, um eine Überfettung des Startgemisches zu vermeiden. Die Steuerung erfolgt über Unterdruck, der in einem Speicher gesammelt wird. Durch den Unterdruck wird die Pulldownmembrane angezogen. Eine mit der Membrane verbundene Zugstange greift an den Mitnehmerhebel und öffnet die Starterklappe gegen die Spannung der Bimetallfeder auf einen genau festgelegten Spalt.

- Luftfilter abnehmen.
- Motor im Leerlauf laufen lassen.
- Luftklappe von Hand schließen. Läßt sich die Luftklappe bis zu einem Spalt von ca. 4 mm leicht schließen und tritt dann ein größerer Widerstand auf, ist die Pulldown-Einrichtung in Ordnung.
- Kann die Luftklappe ohne Widerstand ganz geschlossen werden, ist entweder die Membran gerissen oder das Unterdrucksystem undicht.
- Luftfilter montieren.

Luftklappenspalt einstellen

Das Luftklappenspaltmaß ist nach einer vollständigen Vergaserüberholung und nach Ausbau des Vergaseroberteils einzustellen oder wenn der Motor schlecht Gas annimmt, beziehungsweise Übergangsstörungen vorhanden sind.

Achtung: Voraussetzung ist ein dichtes Unterdrucksystem der Pulldown-Einrichtung.

- Startautomatik ausbauen.

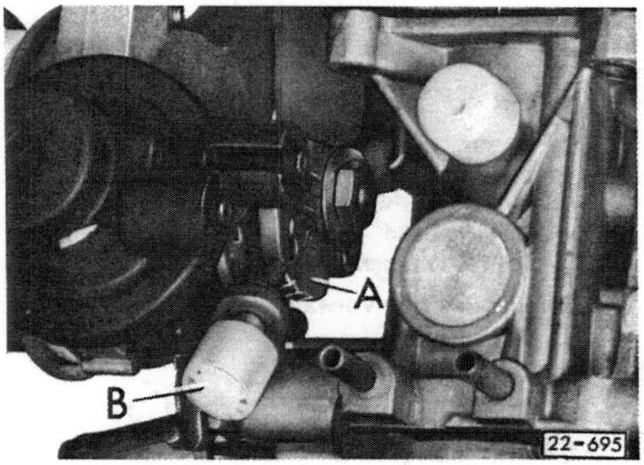

- Drosselklappe betätigen und Stufenscheibe - A - der Kaltstarteinrichtung so verdrehen, daß die Einstellschraube - B - **auf der höchsten Stufe** der Stufenscheibe steht.

22-696

- Betätigungsstange für Luftklappe mit Schraubendreher an der Einstellschraube - 1 - in Richtung Pulldown-Dose - Pfeil - auf Anschlag drücken.

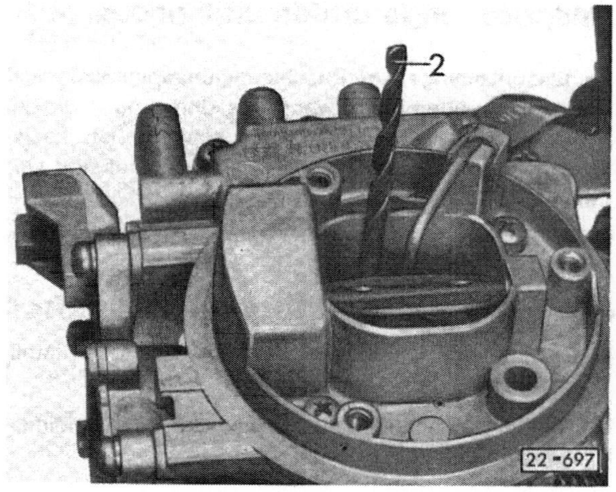

- In dieser Stellung Spaltmaß mit Spiralbohrer oder Düsenlehre prüfen und ggf. einstellen. Sollwert, siehe Seite 69.

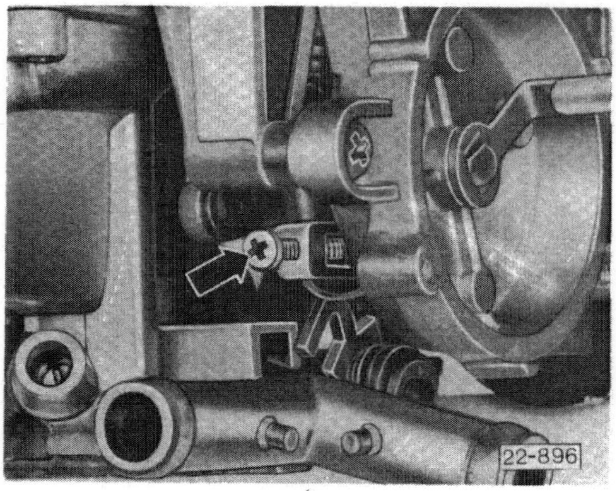

- Luftklappenspalt an der Einstellschraube (Pfeil) einstellen.

Einspritzmenge prüfen und einstellen

Die Einspritzmenge der Beschleunigungspumpe ist immer dann zu überprüfen, wenn das Übergangsverhalten des Motors beim Beschleunigen schlecht ist, beziehungsweise dann, wenn der Motor zuviel Kraftstoff verbraucht.

- Motor kurz laufen lassen, damit sich die Schwimmerkammer füllt.
- Vergaser ausbauen.
- Geeigneten Trichter unter Vergaser halten, Kraftstoffmenge im Meßglas auffangen.
- Drosselklappenhebel 10mal langsam öffnen. Mindestens 3 Sekunden pro Hub.
- Abgelesenen Wert der eingespritzten Menge durch 10 dividieren und mit Sollwert vergleichen. Sollwert siehe Seite 69.

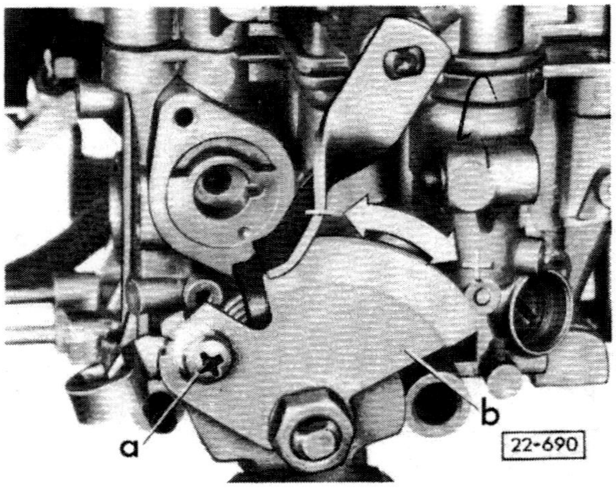

- Einspritzmenge durch Lösen der Klemmschraube - a - und Verdrehen der Kurvenscheibe - b - einstellen. + = Einspritzmenge größer; — = Einspritzmenge geringer.
- Wird die erforderliche Einspritzmenge nicht erreicht: Pumpenkolben, -manschette prüfen. Rücklaufsperrventil, Einspritzrohr auf Durchgang prüfen. **Achtung:** Die Einspritzrichtung ist nicht verstellbar.
- Einstellmutter nach der Einstellung mit Sicherungslack sichern.

Ansaugrohrvorwärmung

Zur besseren Gemischaufbereitung während der Warmlaufphase wird das Ansaugrohr bis zu einer Kühlmitteltemperatur von ca. + 55 °C elektrisch beheizt. Der Saugrohrvorwärmer heizt sich sekundenschnell auf und gibt seine Wärme an das Kraftstoffluftgemisch ab. Über + 55 °C wird die Vorwärmung durch einen Thermoschalter abgeschaltet.

Vorwärmer prüfen

- Prüfvoraussetzung: Die Batteriespannung muß mindestens 11,5 Volt betragen, der Motor muß kalt sein.

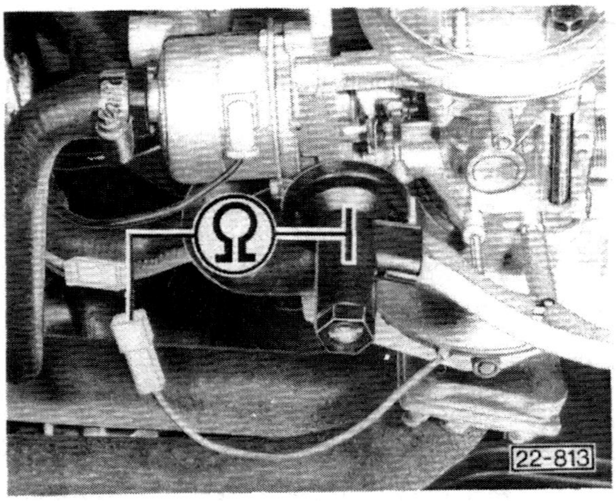

- Mit einem Ohmmeter Widerstand zwischen Anschlußkabel und Masse prüfen. Der Widerstand soll 0,25 – 0,50 Ω betragen. Sonst Vorwärmer auswechseln.

Thermoschalter für Vorwärmer prüfen

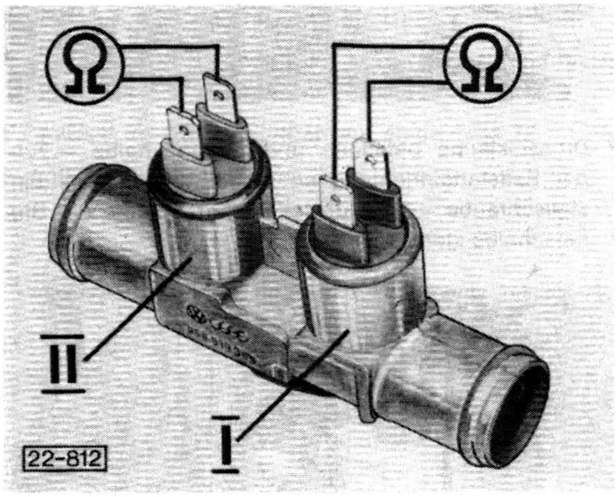

- Thermoschalter II prüfen. Die Isolierung der Steckzunge für Thermoschalter II ist transparent.
- Durchgang mit Ohmmeter prüfen. Sollwert unter ca. + 50 °C = 0 Ω; über ca. + 55 °C = ∞ Ω.

Die Startautomatik

Die Startautomatik wird elektrisch- und wasserbeheizt. Die elektrische Beheizung wird über einen Thermoschalter im Kühlmittelkreislauf bei Kühlmitteltemperaturen über ca. 40 °C abgeschaltet. Die Grundeinstellung sollte nur, wenn unbedingt erforderlich, verändert werden.

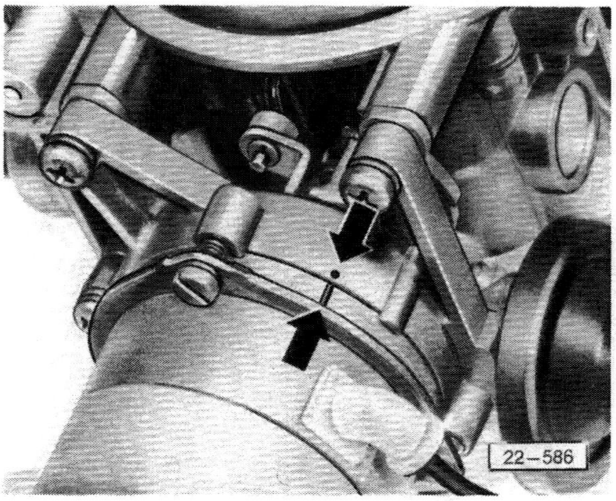

- Markierung am Deckel muß mit Markierung am Vergaseroberteil fluchten.

Ausbau

- Massekabel von Batterie abklemmen.
- Luftfilter abbauen.
- Elektrische Leitung für Startautomatik abziehen.
- Deckel für Startautomatik abschrauben.
- 3 Schrauben am Einstellring herausdrehen, Starterdeckel abnehmen.

Einbau

- Auf richtige Lage der Isolierscheibe achten.
- Dichtung erneuern. Beim Einbau darauf achten, daß die Heizspirale in den Mitnehmerhebel greift.
- Starterdeckel ansetzen, Dichtung nicht vergessen, 3 Schrauben reindrehen. Kerben von Starterdeckel und Vergasergehäuse müssen fluchten. Starterdeckel festziehen.
- Leitung für Startautomatik aufstecken, Deckel mit neuem Dichtring anschrauben, Batterie-Massekabel anschließen.
- Falls die Startautomatik zu früh abschaltet (Motor bleibt während der Warmlaufphase stehen), kann der Starterdeckel um etwa 5 mm (zwischen Markierung Vergasergehäuse und Markierung Starterdeckel) verdreht werden (vorher die 3 Schrauben am Deckel lösen).
- Starterdeckel lösen.
- Soll die Starterklappe länger geschlossen bleiben, Starterdeckel so verdrehen, daß die Starterklappe sich in Richtung „zu" bewegt (höchstens 5 mm von der Markierung.)
- Soll die Starterklappe früher öffnen, Starterdeckel entgegengesetzt verdrehen.
- Starterdeckel festschrauben.
- Anschließend Startautomatik prüfen. Starterdeckel muß nach der Warmlaufperiode senkrecht stehen.
- Luftfilter montieren.

Startautomatik prüfen

- Luftfilter von Vergaser abbauen, siehe Seite 78.
- Gaspedal einmal langsam durchtreten, Luftklappe (obere Klappe im Vergaser) muß geschlossen sein.
- Zündung einschalten, Motor starten.
- Je nach Außentemperatur muß sich die Luftklappe nach etwa 5 Minuten geöffnet haben. Sonst Bimetallfeder auf Bruch untersuchen bzw. Stromanschluß bei Startautomatik oder Thermoschalter überprüfen.

Thermoschalter für Startautomatik prüfen

Die elektrische Beheizung der Startautomatik wird über einen Thermoschalter gesteuert, der in Abhängigkeit der Kühlmittel-Temperatur arbeitet. Dadurch wird die elektrische Aufheizung oberhalb von ca. 40 °C abgeschaltet. Geprüft wird der Thermoschalter mit einem Ohmmeter.

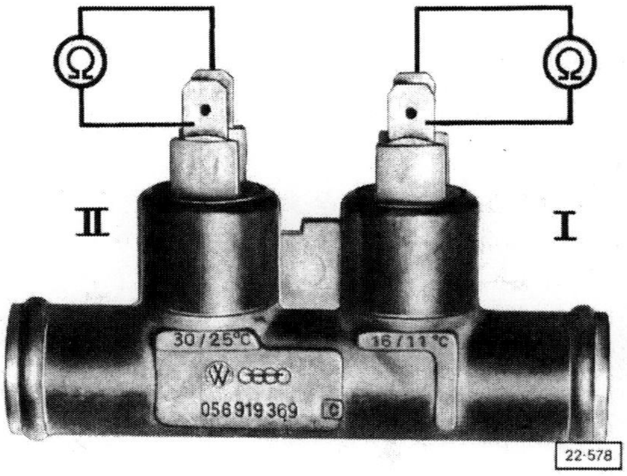

- Schalter I für Startautomatik prüfen. Die Isolierung der Steckzungen ist rot. Sollwert unter ca. 30° C = 0 Ω, über ca. 40 °C = ∞Ω. Der Thermoschalter II ist für die Ansaugrohrvorwärmung.
- Zur Prüfung Schalter ausbauen und im Wasserbad auf Prüftemperaturen erwärmen und Widerstand mit Ohmmeter prüfen.

Umluftabschaltventil prüfen

Das Umluftabschaltventil verschließt beim Abschalten der Zündung den Zulauf des Leerlauf- und Zusatzgemisches in die Mischkammer. Dadurch wird verhindert, daß der abgeschaltete Motor aufgrund von Glühzündungen nachläuft. Bei einem Defekt des Ventils springt der Motor nicht an.

Prüfen

- Zündung einschalten und elektrische Zuleitung zum Ventil mehrmals aufstecken und abziehen. Dabei muß das Ventil hörbar klicken.

Das Ventil kann auch in ausgebautem Zustand überprüft werden:

- Ventil abschrauben und an Masse legen (auf Motor).
- Von Batterie-Pluspol Leitung an die Klemme für Umluftabschaltventil anschließen.
- Vorn am Ventil den Stift ca. 3 bis 4 mm einschieben. Dabei muß der Kern angezogen werden, sonst Ventil auswechseln bzw. elektrische Zuleitung überprüfen.

Kraftstoffvorratsbehälter

In der Leitung zwischen der Kraftstoffpumpe und dem Vergaser ist seit März 1980 ein Kraftstoffvorratsbehälter angeordnet. Er stellt sicher, daß dem Vergaser dampfblasenfreier Kraftstoff zugeführt wird und eventuell vorhandene Dampfblasen über die Rücklaufleitung – R – zum Tank abgeleitet werden.

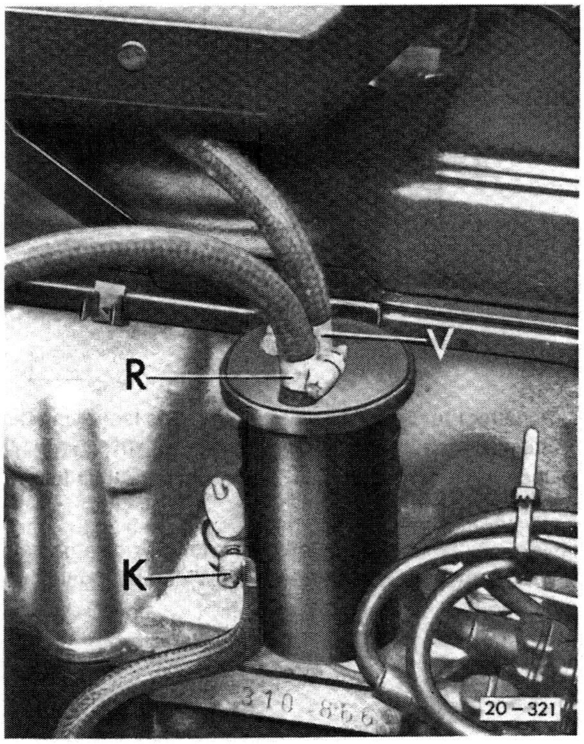

K – Kraftstoffpumpe, R – Rücklaufleitung, V – Vergaser

Elektrische Umluftkanalbeheizung

Anstelle der bisherigen wasserbeheizten Umluftkanalbeheizung ist seit März 1980 beim 1,6 l-Passat mit 1 B 3-Vergaser eine elektrische Umluftkanalbeheizung im Einsatz.

Heizelement prüfen

- Elektrische Leitung am Umluftabschaltventil – 1 – und Steckverbinder – 2 – abziehen.

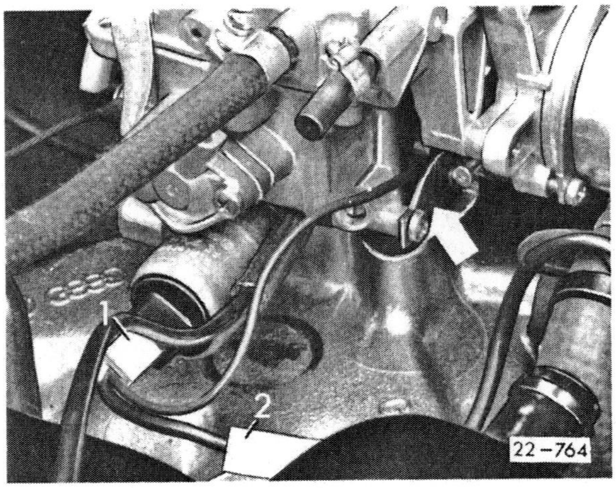

- Prüflampe an Leitung und an Batterieplus anklemmen. Prüflampe muß aufleuchten, ggf. Heizelement austauschen.

Vergaser-Daten I

Ausführung		1,3 l Schaltgetriebe	1,5 l Muldenkolben	1,5 l Schaltgetriebe	1,5 l Automatic	1,5 l Schaltgetriebe	1,5 l Automatic	1,5 l Automatic
Motor	Kennbuchstabe	ZA		ZB	ZB	ZC	ZC	ZC
	Einsatz	1. 8. 73		1. 8. 73	1. 8. 73	1. 8. 73	1. 8. 73	15. 11. 73
	Motor-Nummer	ZA 035 678	–	ZB 039 591	ZB 039 591	ZC 022 357	ZC 022 357	ZC 067 301
	PS	55	75	75	75	85	85	85
Vergaser	Solex	35 PDSIT	35 PDSIT-5	35 PDSIT	35 PDSIT	32/35 TDID	32/35 TDID	32/35 DIDTA
	Serie	056 129 015 A	062 129 015 B	056 129 015 C	056 129 015 D	056 129 015	056 129 015 E	056 129 015 P
	Änderungszustand	–	–	–	–	–	–	–
	Ersatz	056 129 015 A	062 129 015 A¹)	056 129 015 C	015 129 015 D	056 129 015	056 129 015 E	056 129 015 P
Vergaser-bestückung	Lufttrichter mm Ø	27	27	27	27	24/27	24/27	24/27
	Hauptdüse	x 137,5	x 142,5 / x 137,5¹)	x 140	x 135	x 117,5/x 140	x 115/x 140	x 115/x 140
	Ausgleichluftdüse	110	100	100	100	140/140	140/140	140/140
	Leerlaufdüse	50	52,5	50	50	45	45	45
	Leerlaufluftdüse	180	180	180	180	180	180	180
	Zusatzkraftstoffdüse	–	–	–	–	60	60	60
	Zusatzluftdüse	–	–	–	–	130	130	130
	Anreicherung mit/ohne Kegel	90/50 mit	100/50 mit	85/50 mit	100/50 mit	57,5/75 ohne	57,5/80 ohne	57,5/100 ohne
	Einspritzmenge cm³/Hub (langsam)	0,75 – 1,05	0,9 ± 0,15 / 0,7 ± 0,15¹)	1,0 – 1,3	0,55 – 0,85	0,75 – 1,05	0,75 – 1,05	0,75 – 1,05
	Schwimmernadel-ventil mm Ø	1,75	1,0	1,75	1,75	1,75	1,75	1,75
	Dichtung unter Schwimmernadel-ventil	1,5 *)	1,5	1,5 *)	1,0	2,0	2,0	2,0
	Drosselklappen-spaltmaß mm	0,6 – 0,7	0,6–0,7 / 0,75–0,85¹)	0,6 – 0,7	0,75 – 0,85	0,6 – 0,7	0,75 – 0,85	0,75 – 0,85
	Luftklappenspalt-maß mm	4,05 – 4,35	4,2 ± 0,15 / 3,6 ± 0,15¹)	4,05 – 4,35	4,05 – 4,35	–	–	–
Oktanzahl-bedarf/Benzin	ROZ	91/N	91/N	98/S	98/S	98/S	98/S	98/S
Leerlauf	Drehzahl 1/min	900 – 1000	900 – 1000	900 – 1000	900 – 1000	900 – 1000	900 – 1000	900 – 1000
	CO-Wert Vol.%	1,5 ± 0,5	1,5 ± 0.5	1,5 ± 0,5	1,5 + 0,5	1,5 ± 0,5	1,5 ± 0,5	1,5 + 0,5

¹) Werte für Automatic

*) bis Motor-Nr. ZA 105 730, ZF 093 440, ZB 150 750: 1,0 mm

Vergaser-Daten II

Ausführung		1,3 l Schalt-getriebe		1,5 l Schalt-getriebe	1,5 l Automatik	1,5 l Schalt-getriebe	1,5 l Automatik	1,6 l Schalt-getriebe	1,6 l Automatik
Motor	Einsatz	1. 8. 72	11. 12. 74	1. 8. 73	1. 8. 73	11. 12. 74	11. 12. 74	1. 9. 75	1. 9. 75
	Motor-Nummer	ZA 000001	ZA 274266	ZB 039591	ZB 039591	YJ 014415	YJ 014415	YN 000001 YT 000001 YU 000001	YN 000001 YT 000001 YU 000001
	PS	55	55	75	75	75	75	75	75
Vergaser	Typ	30/35 PDSIT	30/35 PDSIT	30/35 PDSIT	30/35 PDSIT	35 PDSIT	35 PDSIT	35 PDSIT	35 PDSIT
	Teile-Nummer	056 129 015 A	056 129 015 AD	056 129 015 C	056 129 015 D	062 129 015 B	062 129 015 A	049 129 015 B	049 129 015 C
Vergaser-bestückung	Lufttrichter mm ø	27	27	27	27	27	27	27	27
	Hauptdüse	x 137,5	x 140	x 140	x 135	x 142,5	x 137,5	x 140	x 140
	Ausgleichluftdüse	110	100	100	100	110	110	110	110
	Leerlaufdüse	50	52,5	50	50	52,5	52,5	55	55
	Leerlaufluftdüse	180	150	180	180	150	150	150	150
	Anreicherung mit/ohne Kugel	90/50 mit	80/60 mit	85/50 mit	100/50 mit	110/70 mit	120/70 mit	–	–
	Einspritzmenge cm^3/Hub (langsam)	0,75–1,05	0,55–0,85	1,0–1,3	0,55–0,85	0,75–1,05	0,55–0,85	1,0–1,4	0,35–0,65
	Schwimmernadel-ventil mm ø	1,75	1,5	1,75	1,75	1,5	1,5	1,5	1,5
	Dichtung unter Schwimmernadel-ventil	1,0	1,0	1,0	1,0	1,0	1,0	1,0	1,0
	Drosselklappen-spaltmaß mm	0,6–0,7	0,6–0,7	0,6–0,7	0,75–0,85	0,6–0,7	0,85–0,95	0,75–0,85	0,85–0,95
	Luftklappen-spaltmaß mm	4,05–4,35	4,05–4,35	4,05–4,35	4,05–4,35	4,05–4,35	3,45–3,75	4,25–4,55	3,85–4,15
Oktananzahl-bedarf/Benzin	ROZ	91/N	91/N	98/S	98/S	91/N	91/N	91/N	91/N
Leerlauf	Drehzahl 1/min	900–1000							
	CO-Wert Vol. %	1,5 ± 0,5							

Vergaser-Daten III

		Schaltgetriebe	Automatik	Schaltgetriebe	Automatik
Motor	Einsatz Motornummer	1. 9. 1975 YP 000 001	1. 9. 1975 YP 000 001	1. 1. 76 —	1. 1. 76 —
Vergaser	Solex Serie Änderungszustand Ersatz PS	2B2 049 129 015 D – 049 129 015 D 85	2B2 049 129 015 E – 049 129 015 E 85	2 B 2 049 129 015 D 85	2 B 2 049 129 015 E 85
Vergaser-bestückung	Hauptdüse Stufe I/II	X 117,5/X 125	X 117,5/X 125	X 117,5/X 125	X 117,5/ X125
	Ausgleichluftdüse Stufe I/II	135/92,5	135/92,5	135/92,5	135/92,5
	Leerlauf-Leerlaufluftdüse Stufe I	52,5/135	52,5/135	52,5/135	52,5/135
	Leerlauf-Leerlaufluftdüse Stufe II	40/125	40/125	40/125	40/125
	Umluftkraftstoffdüse	42,5	42,5	42,5	42,5
	Umluftdüse	130	130	130	130
	Luftdüse für Übergangsreserve	200	200	180	200
	Kraftstoffdüse für Übergangsreserve	100	100	130	100
	Schwimmernadelventil I/II	2,0/2,0	2,0/2,0	2,0/2,0	2,0/2,0
	Lufttrichter Stufe I/II	24/28	24/28	24/28	24/28
	Pumpeneinspritzrohr	45	45	2x0,4	45
	Anreicherungsventil	65	65	65	65
	Drosselklappen-Grundeinstellung	–	–		
	Drosselklappen-Spaltmaß mm	0,65±0,05	0,9 ± 0,05	0,65±0,05	0,75±0,05
	Schwimmereinstellmaß Stufe I/II	28/30	28/30	28±0,5	30±0,5
	Einspritzmenge cm^3/Hub (langsam)	0,90±0,15	0,90±0,15	1,30±0,15	0,90±0,15
	Luftklappenspaltmaß mm	4,5±0,15	4,5±0,15	3,15±0,15	4,50±0,15
Oktanzahlbedarf/ Benzin	ROZ	91/N	91/N	91/N	91/N
Leerlauf	Drehzahl U/min CO-Wert Vol.%	900–1000 1,5 ± 0,5	900–1000 1,5 ± 0,5	950±50 1,5 ± 0,5	950±50 1,5 ± 0,5

Vergaser-Daten IV

<table>
<tr><td>Ausführung</td><td></td><td>1,6 l
Schaltgetriebe</td><td>1,6 l
Automatik</td><td>1,6 l
Schaltgetriebe</td><td>1,6 l
Automatik</td></tr>
<tr><td>Motor</td><td>Einsatz, PS gleitend ab</td><td colspan="2">8.79</td><td>8.79</td><td>8.79</td></tr>
<tr><td></td><td>Motorkennbuchstaben</td><td colspan="2">YP</td><td>YN</td><td>YN</td></tr>
<tr><td></td><td>PS</td><td>85</td><td>85</td><td>75</td><td>75</td></tr>
<tr><td>Vergaser</td><td>Typ</td><td colspan="2">2 B 5</td><td>1 B 3</td><td>1 B 3</td></tr>
<tr><td></td><td>Teile-Nummer</td><td>049 129 016 E</td><td>049 129 016 F</td><td>049 129 016 C</td><td>049 129 016 B</td></tr>
<tr><td>Vergaser-
bestückung</td><td>Lufttrichter Stufe I/II</td><td colspan="2">24/28</td><td>26</td><td>26</td></tr>
<tr><td></td><td>Hauptdüse Stufe I/II</td><td colspan="2">x 117,5/x 125</td><td>125</td><td>122,5</td></tr>
<tr><td></td><td>Luftkorrekturdüse mit Mischrohr Stufe I/II</td><td colspan="2">135/92,5</td><td>100</td><td>100</td></tr>
<tr><td></td><td>Leerlauf-Kraftstoff/Luftdüse Stufe I</td><td colspan="2">52,5/135</td><td>50/130</td><td>50/130</td></tr>
<tr><td></td><td>Leerlauf-Kraftstoff/Luftdüse Stufe II</td><td colspan="2">40/125</td><td>–</td><td>–</td></tr>
<tr><td></td><td>Zusatz-Kraftstoff/Luftdüse</td><td colspan="2">42,5/130</td><td>37,5/130</td><td>37,5/130</td></tr>
<tr><td></td><td>Leerlauf-Luftdüse für Übergangsreserve</td><td colspan="2">180</td><td>–</td><td>–</td></tr>
<tr><td></td><td>Leerlauf-Kraftstoffdüse für Übergangsreserve</td><td>130</td><td>100</td><td>–</td><td>–</td></tr>
<tr><td></td><td>Schwimmernadelventil Stufe I/II Ø mm</td><td colspan="2">2,0/2,0</td><td>2,0</td><td>2,0</td></tr>
<tr><td></td><td>Pumpeneinspritzrohr Bohrung Ø mm</td><td colspan="2">2 x 0,4/37,5</td><td>0,55</td><td>0,55</td></tr>
<tr><td></td><td>Anreicherungsventil</td><td colspan="2">65</td><td>–</td><td>–</td></tr>
<tr><td></td><td>Schwimmereinstellmaß Stufe I/II mm</td><td colspan="2">28 ± 1/30 ± 1</td><td>–</td><td>–</td></tr>
<tr><td></td><td>Einspritzmenge (langsam) cm³ Hub</td><td>1,0 ± 0,2</td><td>0,90 ± 0,15</td><td>0,9 ± 0,15</td><td>0,9 ± 0,15</td></tr>
<tr><td></td><td>Luftklappenspaltmaß mm</td><td>3,9 ± 0,15</td><td>3,7 ± 0,15</td><td>4,3 ± 0,15</td><td>4,3 ± 0,15</td></tr>
<tr><td></td><td>Kaltleerlaufdrehzahl 1/min.</td><td>3400 ± 50</td><td>3600 ± 50</td><td>3900 ± 200</td><td>3700 ± 200</td></tr>
<tr><td>Leerlaufeinstellung*</td><td>Drehzahl 1/min.</td><td colspan="2">950 ± 50</td><td>950 ± 50</td><td>950 ± 50</td></tr>
<tr><td></td><td>CO-Gehalt b. Motoröltemp. v. mind. 60 °C Vol.%</td><td colspan="2">1.0 ± 0,5</td><td>1,0 ± 0,5</td><td>1,0 ± 0,5</td></tr>
</table>

*Einstellbedingungen beachten.

Störungstabelle Vergaser

Störung	Ursache	Abhilfe
Der kalte Motor springt nicht an	● Startautomatik	
	a) Unterdruckmembrane hängt	Hemmungen beseitigen, eventuell Vergaser-Oberteil auswechseln
	b) Bimetallfeder ausgehängt oder gebrochen	Feder einhängen bzw. auswechseln
	c) Luftklappe klemmt	Mit Lösungsmittel wieder beweglich machen
	● Schwimmernadelventil klemmt: Vergaser läuft über	Ventil reinigen, eventuell austauschen. Ist der Motor durch Überlaufen des Vergasers überschwemmt: Mit Vollgas starten
Ständig erhöhte Leerlaufdrehzahl	● Startautomatik schaltet nicht ab, weil	
	a) Kühlwasserzulauf unterbrochen	Wasserschläuche zur Startautomatik untersuchen, schadhafte Teile auswechseln
	b) Bimetallfeder defekt	Bimetallfeder auswechseln
Leerlauf unregelmäßig – Motor bleibt stehen	● Leerlaufdrehzahl zu niedrig	Leerlaufdrehzahl nach Vorschrift einstellen
	● Leerlaufgemisch falsch eingestellt	Einstellung berichtigen
	● Leerlaufkraftstoffdüse verstopft	Düse ausbauen und reinigen
	● Elektromagnetisches Umluftabschaltventil defekt	Ventil prüfen, eventuell auswechseln
	● Motor noch nicht genügend warm	Eventuell Startautomatik so verdrehen, daß die Bimetallfeder etwas stärker gespannt wird.
Leerlauf unregelmäßig – Auspuff rußt	● Startautomatik defekt	Startautomatik überprüfen, eventuell auswechseln
	● Schwimmernadelventil schließt nicht	Ventil und Druck der Kraftstoffpumpe prüfen
	● Schwimmer undicht	Schwimmer auswechseln
Motor läuft nach Abschalten der Zündung weiter	● Leerlaufgemisch zu fett	Gemisch berichtigen
	● Leerlaufdrehzahl zu hoch	Drehzahl berichtigen
	● Umluftabschaltventil schließt nicht	Ventil prüfen, eventuell austauschen

Knallen im Auspuff bei schiebendem Wagen	● Leerlaufgemisch etwas zu mager	Gemisch regulieren
	● Undichtigkeiten	Gesamtes Ansaug- und Auspuffsystem auf gasdichten Anschluß überprüfen; schadhafte Dichtungen und durchgerostete Teile auswechseln
Übergang schlecht	● Beschleunigungssystem verschmutzt	Beschleunigungssystem reinigen
	● Membran der Einspritzpumpe defekt	Membran auswechseln
	● Einspritzmenge zu klein oder zu groß	Einspritzmenge berichtigen
	● falsche Leerlaufeinstellung	Leerlaufeinstellung prüfen
Motor patscht bei Vollgas – Leistung läßt nach	● Kraftstoffmangel	Hauptdüse und Anreicherungssystem reinigen
	a) Schwimmernadelventil klemmt	Schwimmernadelventil reinigen
	b) Kraftstoffzulauf unterbrochen	Sieb in Kraftstofftank reinigen
	c) Entlüftung des Kraftstoffbehälters nicht frei	Entlüftungsschlauch auf freien Durchgang prüfen
	● Zündkerzen verbleit	Neue Zündkerzen einbauen
Kraftstoffverbrauch zu hoch	● Schwimmernadelventil schließt nicht	Ventil reinigen oder auswechseln
	● Schwimmer undicht	Schwimmer auswechseln
	● Startautomatik arbeitet nicht einwandfrei	Startautomatik überprüfen

Kraftstoffpumpe reinigen

Um den Kraftstoffilter zu reinigen, muß die Pumpe **nicht** ausgebaut werden.

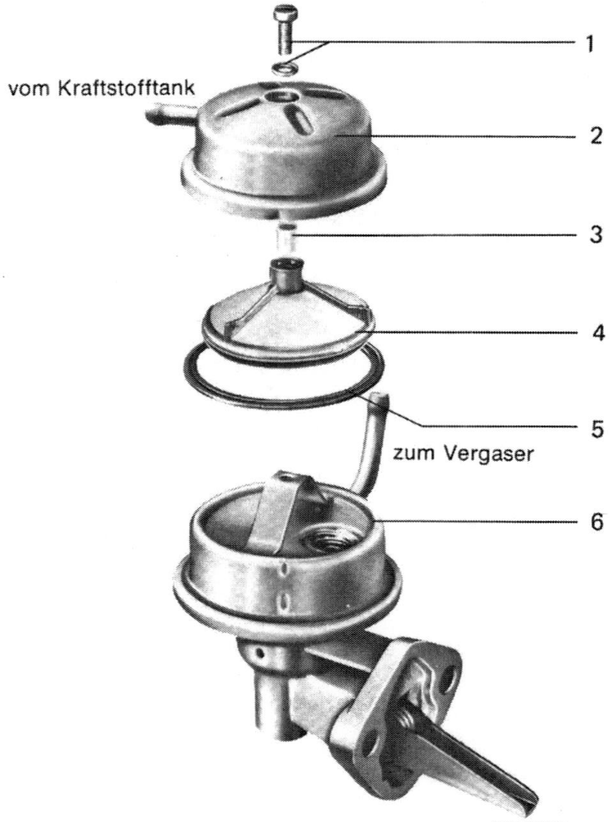

20-002

1 – Schlitzschraube mit Unterlegscheibe, 2 – Deckel, 3 – Buchse, 4 – Kraftstoffilter, 5 – Dichtring, 6 – Kraftstoffpumpe.

Achtung: Brandgefahr, kein offenes Feuer!

- Schlitzschraube (1) herausdrehen und Deckel abnehmen.
- Sieb reinigen, Dichtung (5) erneuern und Deckel festschrauben.

Achtung: Beim Einbau des Pumpendeckels muß die Einbuchtung im Deckel in die Eindrückung am Pumpengehäuse einrasten.

Unter der Ersatzteile-Nummer 111 198 555 B wird in den VW/Audi-Werkstätten ein Reparatursatz für die Kraftstoffpumpe angeboten.

Kraftstoffpumpe aus- und einbauen

Ausbau

- Kraftstoffschläuche abziehen und verschließen.

20-001

- Innensechskantschrauben herausdrehen und Pumpe mit Zwischenflansch und Dichtring abnehmen.

Einbau

- Zwischenflansch leicht einfetten und mit Kraftstoffpumpe und neuem Dichtring einsetzen.
- Innensechskantschrauben mit 2,0 mkg (20 Nm) festziehen.
- Kraftstoffschläuche mit neuen Schellen sichern.

Achtung: Kraftstoffpumpen älterer Ausführung haben keinen Isolier-Zwischenflansch.

Hinweis: Um das Heißstartverhalten zu verbessern, ist die neue Kraftstoffpumpe mit einem Heißstartventil ausgerüstet. Dieses Ventil verhindert einen Druckaufbau infolge Aufheizung. Die Pumpensaugseite befindet sich im Pumpenoberteil. Dadurch ist bei defekter Pumpendeckeldichtung kein Kraftstoffverlust feststellbar. Es wird jedoch Luft angesaugt. Dieses führt zu Aussetzern des Motors und zum Leistungsverlust bei höheren Drehzahlen.

Störungen in der Kraftstoffzufuhr

Bei Störungen in der Kraftstoffzufuhr ist die Anlage in folgender Reihenfolge zu prüfen:

- Prüfen, ob Kraftstoff im Behälter ist.
- Kraftstoffschlauch am Vergaser lösen, Motor mit dem Anlasser kurz durchdrehen und beobachten, ob aus dem Schlauch stoßweise Kraftstoff austritt (Vorsicht, Brandgefahr!).

Wird Kraftstoff gefördert:

- Hauptdüse herausschrauben (siehe unter Vergaser).

Läuft dabei Kraftstoff aus der Schwimmerkammer, Düse auf freien Durchgang prüfen.

- Erweist sich das Schwimmergehäuse als leer: Schwimmernadelventil auf freien Durchgang sowie Druck der Kraftstoffpumpe prüfen.

Wird kein Kraftstoff gefördert:

- Zuleitung zur Kraftstoffpumpe lösen.

Läuft dort Kraftstoff heraus, Kraftstoffpumpe auf Dichtigkeit prüfen, eventuell ausbauen und untersuchen.

- Läuft kein Kraftstoff heraus, Kraftstoffleitung durchblasen, Kraftstoffbehälter ausbauen und reinigen.

Kraftstoffilter auswechseln

Seit Herbst 1975 haben alle Passat-Modelle einen Benzin-Durchlauffilter. Dieser Filter, nachträglicher Einbau ist möglich, muß im Rahmen der Wartung alle 30 000 km erneuert werden.

Ausbau

- Klemmen an den Kraftstoffschläuchen mit Zange aufbiegen, Schläuche von Filter abziehen.

Einbau

- Filter einsetzen. **Achtung:** Pfeil am Filter muß in Durchlaufrichtung, also zur Kraftstoffpumpe, zeigen.
- Schläuche aufschieben und mit Schellen sichern.

Kraftstoffbehälter aus- und einbauen

Der Kraftstoffbehälter befindet sich unter dem Kofferraum, links neben dem Reserverad.

Ausbau

- Im Kofferraum Deckel für Kraftstoffgeber ausbauen.

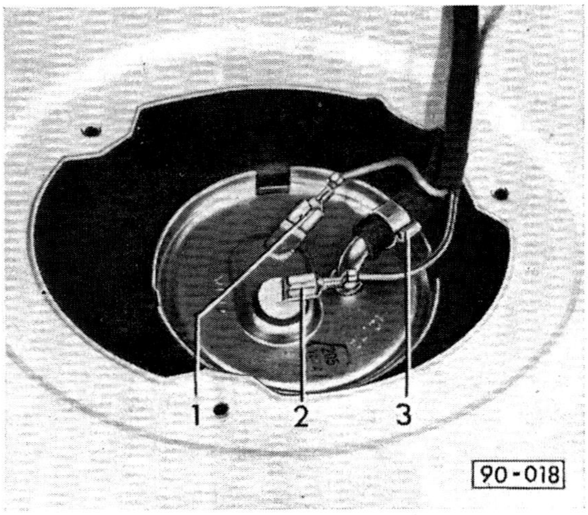

Achtung: Seit Mai 1976 ist der elektrische Anschluß als Zweifachsteckverbindung ausgeführt, siehe Seite 71.

- Kraftstoffschlauch (3) abziehen und verschließen.
- Masseleitung (braun) (1) und Leitung zum Geber (2) abziehen. Hinweis: Seit Februar 76 ist der Anschluß am Geber in Form einer Zweifachsteckverbindung ausgeführt.
- Entlüftungsschlauch abziehen.
- Unter dem Karosserie-Bodenblech Spannband lösen und Behälter ausbauen.

Einbau

Kraftstoff- und Entlüftungsschlauch mit neuen Schellen sichern.

- Behälter einsetzen, Spannband verschrauben.
- Leitungen für Geber anschließen (siehe oberes Foto).
- Deckel für Kraftstoffgeber einbauen.

Geber für Kraftstoffanzeiger aus- und einbauen

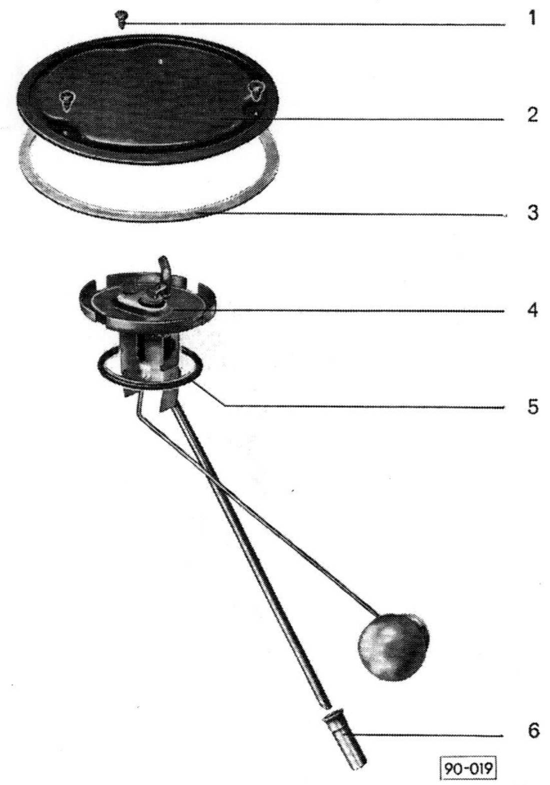

Pos.	Benennung	Stück
1	Kreuzschlitzschraube	3
2	Deckel	1
3	Dichtschnur	1
4	Geber für Kraftstoffvorratsanzeiger	1
5	Dichtring	1
6	Kraftstoffsieb	1

Ausbau

Der Geber ist vom Kofferraum her zugänglich.

- Kreuzschlitzschrauben von Deckel für Kraftstoffgeber lösen.

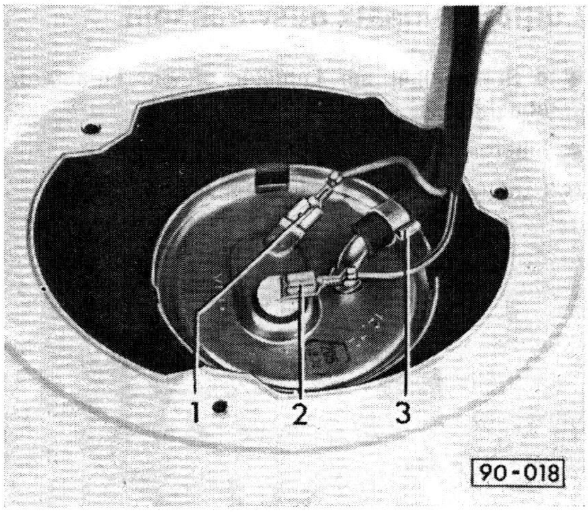

- 1 – Masseleitung – braun, 2 – Leitung zum Geber – violett/schwarz – und Kraftstoffschlauch abziehen.

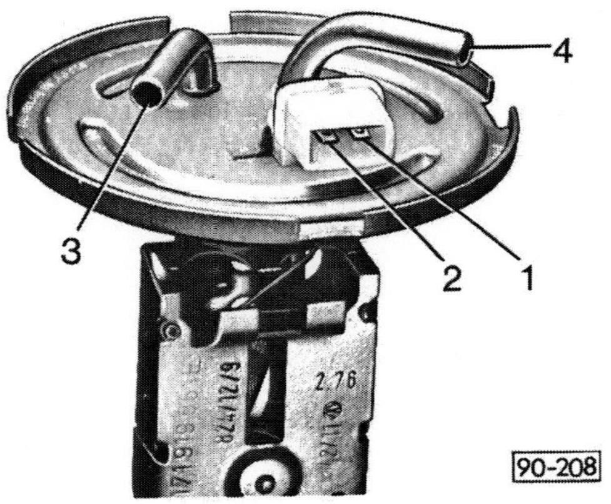

Seit Mai 1976 sind die Anschlüsse geändert worden:
1 — Anschluß für Leitung zum Kraftstoffvorratsanzeiger,
2 — Masseanschluß, 3 — Rücklaufleitung, 4 — Saugleitung.

- Bajonett-Verschluß des Gebers (4) mit Wasserpumpenzange bis zum Ausrasten nach links drehen. Geber mit Dichtung herausnehmen.

Einbau

Vor dem Einbau des Gebers Kraftstoffsieb auf Beschädigungen untersuchen, bei Verschmutzung säubern.

- Dichtring (5) mit Graphit bestreichen. Geber einsetzen und mit Wasserpumpenzange bis zum Einrasten nach rechts drehen. Auf sorgfältige Abdichtung zwischen Tank und Geber achten.
- Elektrische Leitungen sowie Kraftstoffschlauch aufstecken, neue Schelle verwenden.
- Dichtschnur (3) mit VW-Kleber D 12 beidseitig einstreichen und mit Deckel (2) verschrauben.

Luftfiltereinsatz auswechseln

- 4 Spannbügel am Luftfilter öffnen, Luftfilterdeckel abnehmen.
- Filtereinsatz herausnehmen.
- Luftfilterunterteil gründlich auswischen.

- Filtereinsatz alle 15000 km ausklopfen, alle 30000 km erneuern.
- Filtereinsatz einsetzen, Deckel auflegen und mit 4 Spannbügeln festklemmen.

Luftfilter aus- und einbauen

Ausbau

- Filtereinsatz ausbauen.
- Selbstsichernde Mutter aus Filterunterteil herausdrehen.
- Schlauch für Kurbelgehäuseentlüftung, Unterdruckschlauch und Vorwärmschlauch abziehen, Luftfilterunterteil herausnehmen.

Einbau

- Filterunterteil einsetzen, Schlauch für Unterdruck aufschieben, Vorwärmschlauch aufschieben und mit Schelle sichern, Schlauch für Kurbelgehäuseentlüftung aufstecken und mit Schelle sichern.
- Beim Aufsetzen des Filterunterteils darauf achten, daß die Dichtung sauber am Vergaser-Lufttrichter anliegt. Mit neuer selbstsichernder Mutter Filterunterteil anschrauben und vorsichtig festziehen.
- Luftfiltereinsatz einbauen.

Fahren im Winter/Sommer

(bis August 1977)

Damit der VW Passat auch im Winter während der Warmlaufphase anstandslos läuft, benötigt der Vergaser vorgewärmte Luft. Schon bei Außentemperaturen unter + 15° C soll der Vergaser über das Luftfilter vorgewärmte Luft erhalten und die Belüftung des Motorraumes durch Schließen des Schiebers im Kühlergrill gedrosselt werden. Beim Passat mit 85-PS-Motor und für Fahrzeuge mit automatischem Getriebe wird die Ansaugluft automatisch geregelt. Hier ist nur der Luftschieber zu betätigen. Bleibt die Winterstellung auch im Sommer, ist die Zylinderfüllung schlechter, der Benzinverbrauch steigt an.

Winterbetrieb: Ansaugschlauch des Luftfilters auf den Stutzen über dem Auspuffkrümmer schieben und Klemmschelle festziehen.

- Frischluftschieber für Motorraum: Schieber zum rechten Anschlag (Scheinwerferseite) schieben.

Sommerbetrieb: Klemmschelle lösen, Ansaugschlauch vom Stutzen abziehen.

- Ansaugschlauch am Seitenteil befestigen. Dazu Klemmschelle mit dem Kugelkopf (A) so weit verdrehen, daß der Kugelkopf in die Gummitülle (B) des Seitenteils gedrückt werden kann.

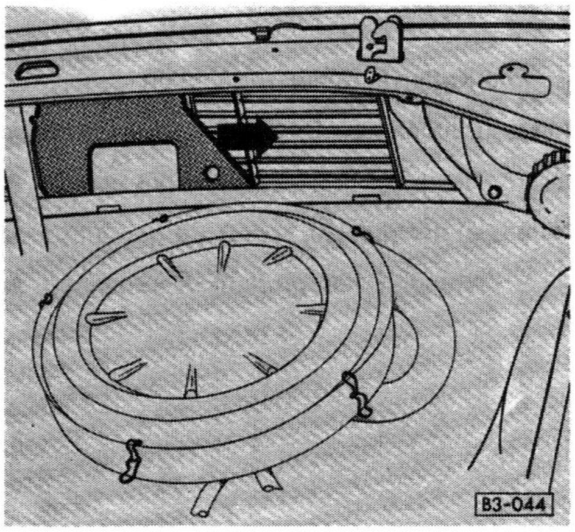

- Frischluftschieber für Motorraum: Schieber zum linken Anschlag (Kühlerseite) schieben.

Luftfilter für 55/75 PS-Modelle

(seit August 1977)

Seit August 1977 wird ein Luftfilter mit automatisch geregelter Ansaugluftvorwärmung montiert. Das Umstellen der Ansaugluft auf Winter- beziehungsweise Sommerbetrieb ist also nicht mehr erforderlich.

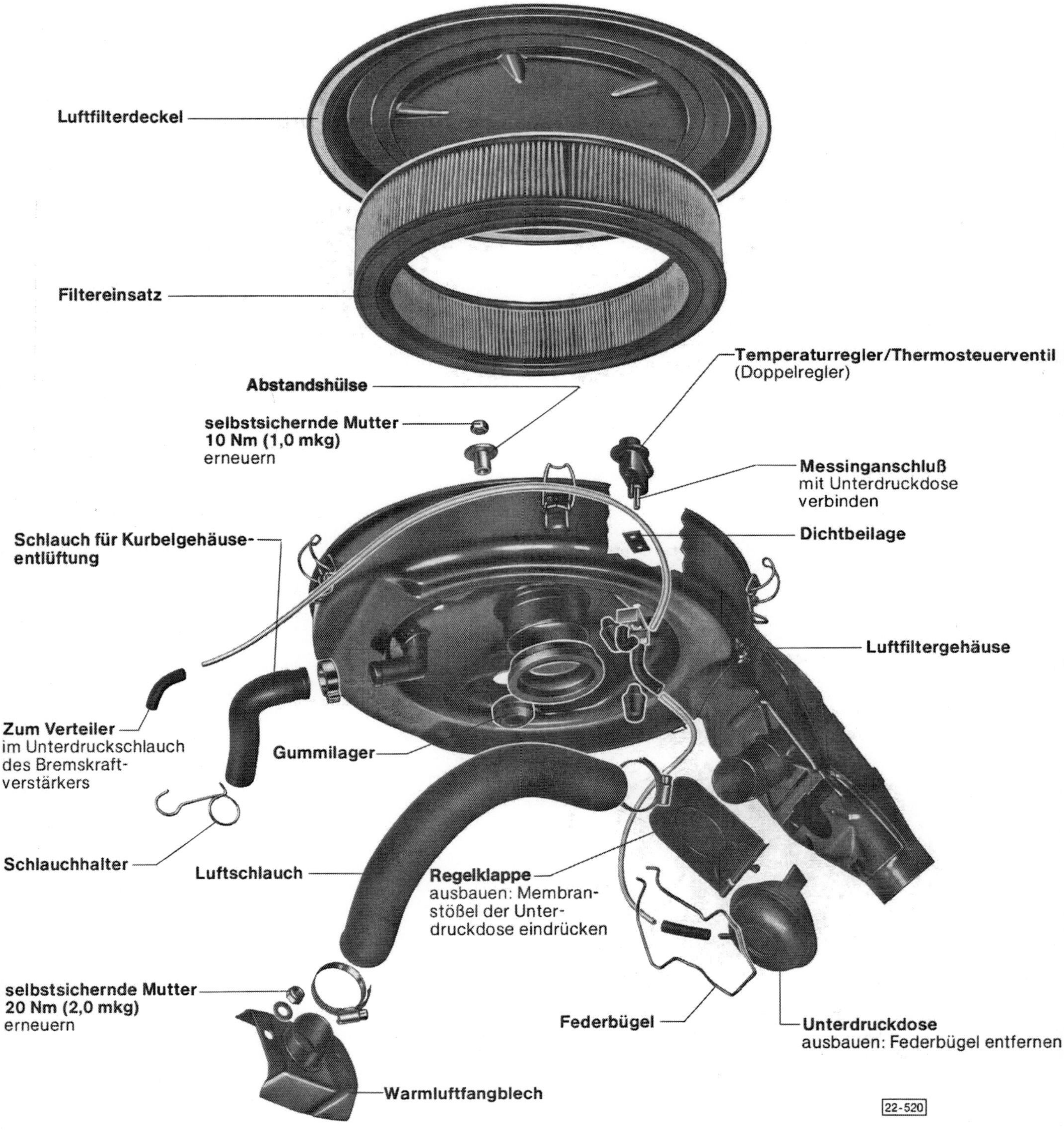

Temperaturregler prüfen

Bei defektem Temperaturregler können verschiedene Beanstandungen auftreten: schlechter Leerlauf in der Warmlaufphase; Übergangsstörungen; schlechte Motorleistung; Höchstgeschwindigkeit wird nicht erreicht; hoher Kraftstoffverbrauch.

Prüfen

- Regelklappe prüfen ob leichtgängig, Unterdruckdose muß dicht sein.
- Motor kalt.

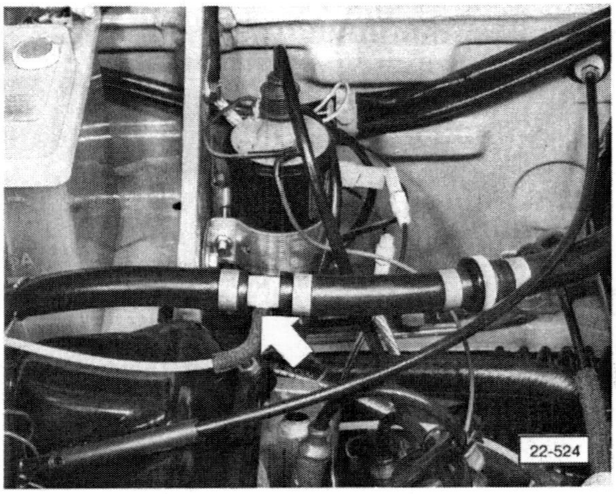

- Unterdruckschlauch (vom Verteiler im Unterdruckschlauch am Bremskraftverstärker zum Temperaturregler) abziehen.
- Anschluß am Verteiler mit Gummistopfen verschließen.
- Motor starten und während der Prüfung im erhöhten Leerlauf belassen.
- Luftfilterdeckel abnehmen.
- Abgezogenen Unterdruckschlauch wieder auf Verteiler-Schlauchstück aufstecken und dabei die Regelklappe beobachten. Die Warmluftzufuhr muß **voll** geöffnet sein.

- Unterdruckschlauch wieder vom Verteilerstück abziehen und Anschluß verschließen. Warmluftzufuhr muß voll geöffnet bleiben.
- Luftfilterdeckel aufsetzen und Unterdruckschlauch auf Verteilerstück aufstecken.

Bei warmem Motor:

- Je nach Umgebungstemperatur am Temperaturregler muß die Warmluftzufuhr teilweise bis ganz geschlossen sein.

Unterdruckdose prüfen

- Motor starten und im Leerlauf belassen.

- Unterdruckdose mit Verteilerstück im Unterdruckschlauch am Bremskraftverstärker mittels Schlauch verbinden.
- Luftfilterdeckel abnehmen.
- Warmluftzufuhr muß voll geöffnet sein.

Luftfilter für 85 PS-Modelle

(seit August 1977)

Seit August 1977 wird ein Luftfilter mit automatisch geregelter Ansaugluftvorwärmung montiert. Das Umstellen der Ansaugluft auf Winter- beziehungsweise Sommerbetrieb ist also nicht mehr erforderlich.

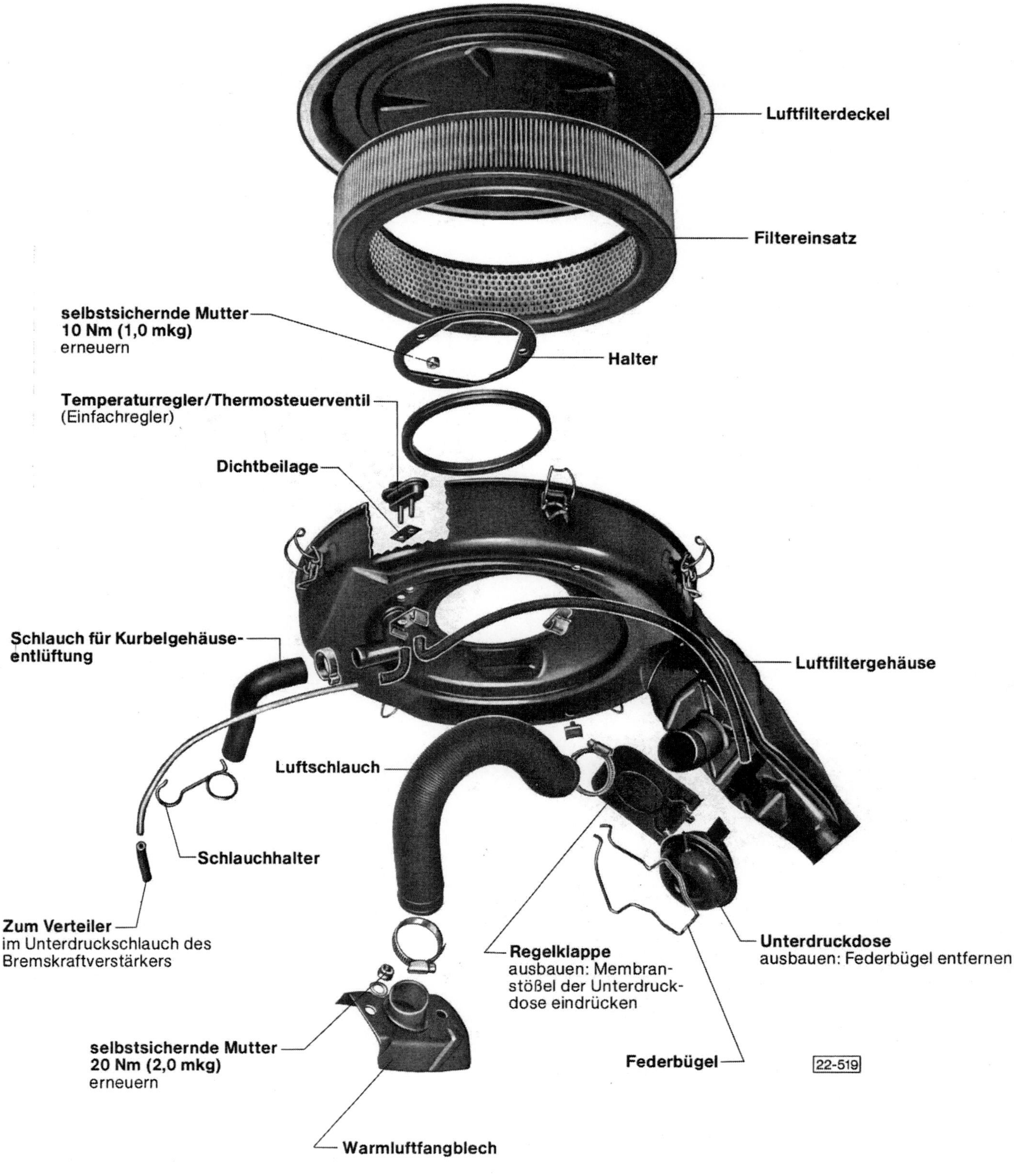

Temperaturregler prüfen

Bei defektem Temperaturregler können verschiedene Beanstandungen auftreten: schlechter Leerlauf in der Warmlaufphase; Übergangsstörungen; schlechte Motorleistung; Höchstgeschwindigkeit wird nicht erreicht; hoher Kraftstoffverbrauch.

Prüfen

- Die Voraussetzung: Die Regelklappe muß leichtgängig sein, die Unterdruckdose muß dicht sein.
- Motor kalt.

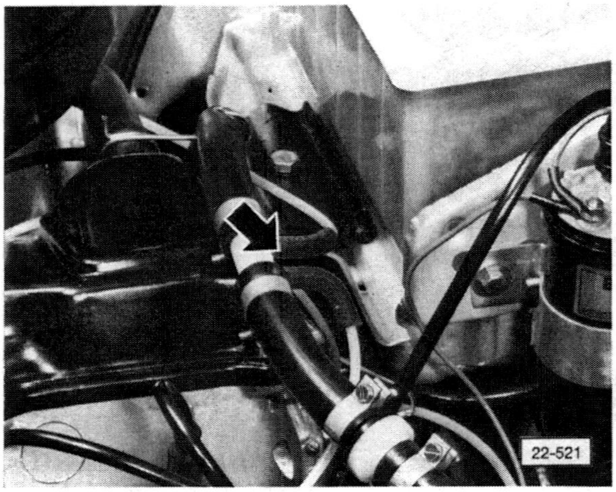

- Unterdruckschlauch (vom Verteilerstück im Unterdruckschlauch am Bremskraftverstärker zum Temperaturregler) abziehen. ,
- Anschluß am Verteilerstück mit geeignetem Stopfen verschließen.
- Motor starten und während der Prüfung im erhöhten Leerlauf belassen.
- Luftfilterdeckel abnehmen.

- Abgezogenen Unterdruckschlauch wieder auf Verteilerstück aufstecken, dabei die Regelklappe beobachten. Die Warmluftzufuhr muß **voll** geöffnet sein.
- Unterdruckschlauch wieder vom Verteilerstück abziehen.
- Regelklappe muß schlagartig die Warmluftzufuhr verschließen.

Bei warmem Motor:

- Je nach Umgebungstemperatur am Temperaturregler muß die Warmluftzufuhr teilweise bis ganz geschlossen sein.

Unterdruckdose prüfen

- Motor starten und im Leerlauf belassen.

- Unterdruckdose mit Verteilerstück im Unterdruckschlauch am Bremskraftverstärker mittels Schlauch verbinden.
- Luftfilterdeckel abnehmen.
- Warmluftzufuhr muß voll geöffnet sein.

Die Kupplung

Die Kupplung ist in das Schwungrad eingebaut und dient beim Schalten der Gänge dazu, Motor und Getriebe voneinander zu trennen und sie danach – wie auch beim Anfahren des Wagens aus dem Stand – durch Reibung stoßfrei wieder miteinander zu verbinden.

Die Kupplung besteht aus der Kupplungsdruckplatte und der Kupplungsscheibe.

Im Getriebegehäuse – über der Antriebswelle und quer zu dieser – ist die drehbare Ausrückwelle angeordnet. Sie trägt für die Kupplung das wartungsfreie Ausrücklager. Am Kupplungshebel außen auf der Ausrückwelle ist das Kupplungsseil befestigt.

Funktionsweise

In eingekuppeltem Zustand wird durch die Kupplungsmembranfeder die Kupplungsscheibe von der Druckplatte gegen das Schwungrad gepreßt und so der Kraftschluß zwischen der Kurbelwelle und der Getriebeantriebswelle hergestellt. Ausrücklager und Ausrückring berühren sich nicht.

Beim Niedertreten des Kupplungspedals wird über Kupplungsseil und Ausrückwelle das Ausrücklager gegen die Kraft der Membranfeder bewegt und die Druckplatte ein wenig angehoben. Die Kupplungsscheibe zwischen Druckplatte und Schwungrad wird dadurch frei, der Kraftschluß zwischen Motor und Getriebe somit aufgehoben.

Pos.	Benennung	Stück
1	Sechskantschraube	6
2	Federring	6
3	Druckplatte	1
4	Kupplungsscheibe	1

30–002

Kupplung aus- und einbauen

Ausbau

- Um an die Kupplung heranzukommen, kann sowohl der Motor als auch das Getriebe ausgebaut werden. Sinnvollerweise baut man das Getriebe aus.
- Druckplatte und Schwungscheibe mit Meißel markieren, wenn die Kupplung wieder eingebaut wird.
- Sechskantschrauben (1) abwechselnd über Kreuz um ein bis zwei Gewindegänge lösen. Anschließend ganz herausdrehen.
- Druckplatte und Mitnehmerscheibe herausnehmen.
- Druckplatte prüfen. Einlaufspuren an den Enden der Membranfeder in einer Tiefe von 0,3 mm sind bedeutungslos.

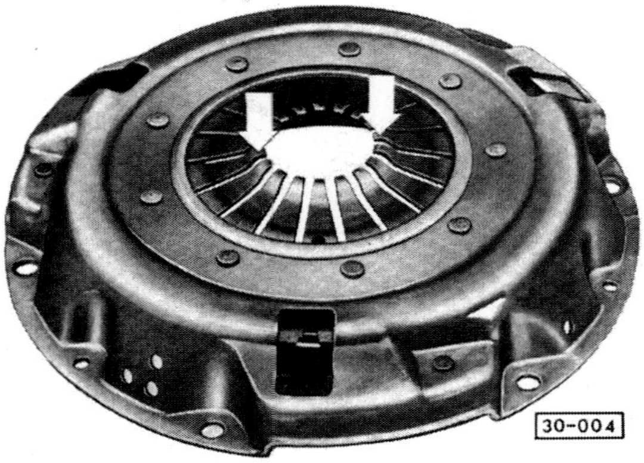

30-004

- Federverbindungen zwischen Druckplatte und Deckel auf Risse, Nietbefestigungen auf festen Sitz prüfen.
- Kupplungen mit beschädigter oder loser Nietverbindung sind zu erneuern.

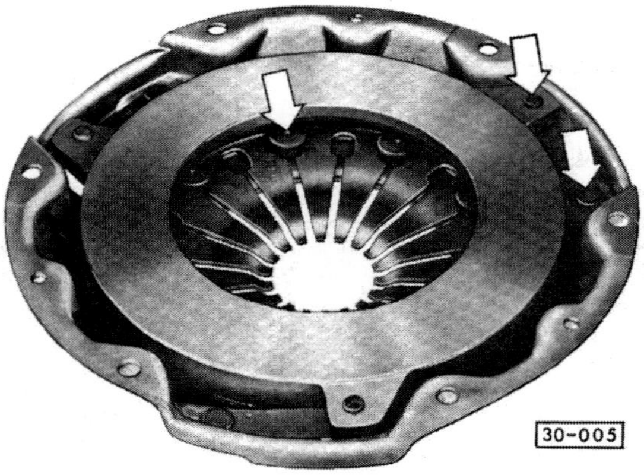

30-005

- Auflagefläche der Druckplatte auf Risse, Brandstellen und Verschleiß prüfen. Druckplatten, die bis zu 0,3 mm nach innen durchgebogen sind, dürfen noch eingebaut werden. Die Prüfung geschieht mit Lineal und Fühlerblattlehre.
- Kupplungsscheibe prüfen. Die Kupplungsscheibe muß sich auf der Antriebswelle des Getriebes ohne unzulässiges Radialspiel leicht verschieben lassen. Vernietungen und Seitenschlag prüfen.

30-006

Einbau

- Um die Schwungscheibe beim Anziehen der Schrauben am Verdrehen zu hindern, benutzen die Werkstätten das VW-Werkzeug 10-201. Mit einem Dorn und einem Schraubenzieher läßt sich das Schwungrad auch halten.

30-003

- Kupplungsscheibe und Kupplungsdruckplatte in Schwungscheibe einsetzen. Dabei muß die Kupplungsscheibe mit einem Dorn (oder einer alten Getriebe-Antriebswelle) zentriert werden.

30-009

- Markierung von Druckplatte und Schwungscheibe beachten.
- Sechskantschrauben mit Federringen versehen und kreuzweise mit 2,5 mkg (25 Nm) festziehen.
- Getriebe einbauen.

Kupplungsbetätigung

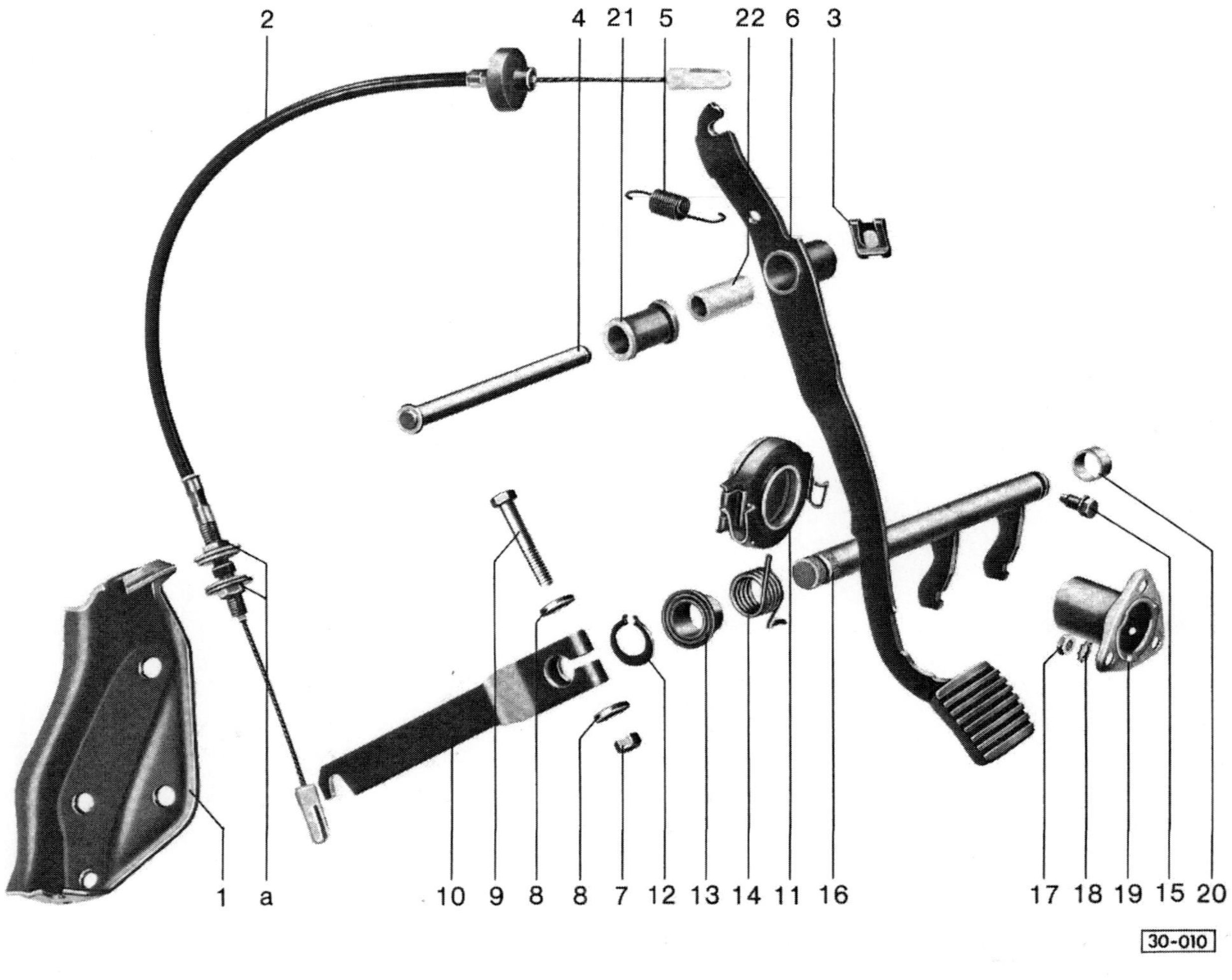

Pos.	Benennung	Stück	Pos.	Benennung	Stück
1	Halter	1	12	Sicherungsring	1
2	Kupplungsseilzug	1	13	Führungsbuchse	1
3	Sicherung	1	14	Rückzugfeder	1
4	Welle	1	15	Bundschraube	1
5	Spiralfeder	1	16	Ausrückwelle	1
6	Kupplungsfußhebel	1	17	Sechskantmutter	3
7	Sechskantmutter	1	18	Zahnscheibe	3
8	Unterlegscheibe	2	19	Führungshülse	1
9	Sechskantschraube	1	20	Lagerbuchse für Ausrückwelle	1
10	Kupplungshebel	1	21	Führungsbuchse	1
11	Ausrücklager	1	22	Buchse	1

Kupplungsseilzug ersetzen

Ausbau

- Mutter (a) lösen, Seilzug aus Kupplungsfußhebel (6) und Kupplungshebel (10) aushaken.
- Seilzug aus dem Halter (1) herausnehmen.

Einbau

- Kupplungsseilzug in Halter (1) einhängen und in den Kupplungsfußhebel sowie den Kupplungshebel einhängen.
- Kupplungsspiel einstellen.

Kupplungsspiel einstellen

Die Kupplung ist so einzustellen, daß am Kupplungsfußhebel ein Spiel von 15 mm vorhanden ist. Man drückt mit der Hand das Kupplungspedal bis zum Druckpunkt nieder und mißt den Weg. Beträgt der Weg mehr oder weniger als etwa 15 mm, muß die Kupplung nachgestellt werden.

Achtung: Mit fortschreitendem Verschleiß der Belagscheibe verringert sich das Spiel zwischen Ausrücklager und Ausrückhebel. Geht das Spiel ganz verloren, verringert sich der erforderliche Anpreßdruck der Kupplung. Das führt zum Rutschen der Kupplung, der Belag der Kupplungsscheibe kann mit der Zeit verbrennen. Etwa alle 15000 km sollte deshalb das Kupplungsspiel überprüft und gegebenenfalls eingestellt werden.

- Kupplungspedal mehrmals niedertreten.
- Kupplungsspiel vorn im Motorraum an den Einstellmuttern — a — einstellen. Rechte Kontermutter einige Gewindegänge lösen, linke Einstellmutter rein- bzw. rausdrehen.

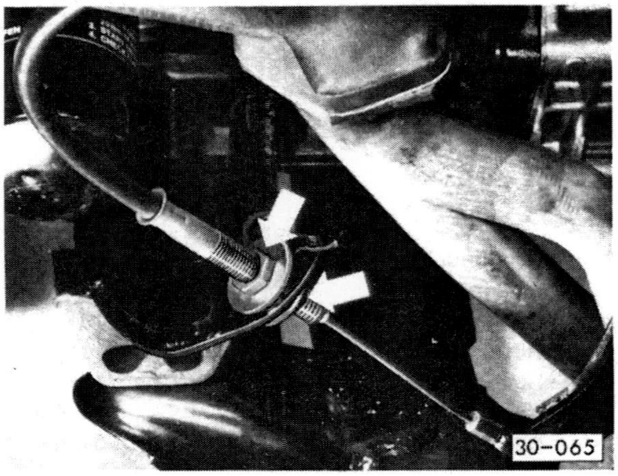

30-065

- Kupplungsspiel prüfen. Hat sich am Kupplungspedal ein Leerweg von 15 mm ergeben, Einstellmutter mit Maulschlüssel festhalten und Kontermutter festziehen.

Ausrückwelle aus- und einbauen Rückzugfeder für Ausrückwelle ersetzen

Ausbau

- Getriebe ausbauen.
- Sechskantschraube (9) am Kupplungshebel (10) herausdrehen, Hebel abnehmen.
- Ausrücklager abnehmen, Sicherungsring (12), Führungsbuchse (13) und Rückzugfeder (14) entfernen.

  Ausrückwelle (16) herausnehmen.

Einbau

- Der Einbau geschieht in umgekehrter Reihenfolge. Zu beachten ist:
- Ausrücklager nicht auswaschen, nur auswischen. Laute Lager erneuern.
- Alle Gleitflächen der Buchsen mit MOS_2-Fett leicht einfetten.
- Beim Einbau die Lage des Ausrückhebels beachten (siehe Abbildung 34-073).

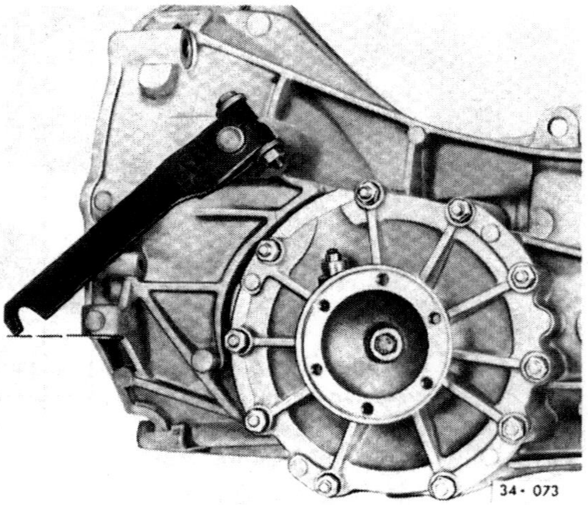

34-073

Störungstabelle Kupplung

Störung	Ursache	Abhilfe
Kupplung rutscht	● Zu wenig Spiel am Pedal	Spiel vergrößern bis zu 20 mm
	● Belag verhärtet oder verölt	Kupplungsscheibe austauschen
	● Federspannung zu gering	Kupplungsdruckplatte auswechseln
Kupplung trennt nicht richtig	● Zu viel Spiel am Pedal	Spiel verkleinern bis 10 mm
	● Belag durch Abrieb verklebt	Kupplungsscheibe austauschen
	● Kerbverzahnung auf der Antriebswelle trocken oder verklebt	Kerbverzahnung reinigen, entgraten und mit MOS_2-Puder einbürsten
	● Kupplungsseil, Ausrückhebel oder Fußhebel schwergängig	Teile reinigen und mit Universalfett schmieren
	● Kupplungsscheibe schlägt	Kupplungsscheibe auswechseln
	● Kupplungsseil verschlissen	Seil auswechseln
Kupplung rupft	● Getriebe liegt in der Aufhängung nicht fest	Befestigungsschrauben nachziehen
	● Seilführung falsch verlegt	Seilführung in Ordnung bringen
	● Ausrückring schlägt	Ausrücklager erneuern
	● Druckplatte trägt ungleichmäßig	Druckplatte auswechseln
	● Kupplungsscheibe zu stark oder ungleichmäßig geschränkt	Kupplungsscheibe erneuern
Geräusch beim Auskuppeln	● Ausrückwelle läuft trocken	Lagerbuchsen der Ausrückwelle schmieren
Geräusch in ausgekuppeltem Zustand	● Ausrücklager schadhaft	Ausrücklager auswechseln
	● Kupplungsscheibe schlägt an die Druckplatte	Kupplungsscheibe austauschen

Das Getriebe

Das Getriebe bildet mit dem Achsantrieb eine Einheit. Das Aggregat kann ohne Ausbau des Motors ausgebaut werden. Ein kompletter Ausbau ist aber meistens nur dann notwendig, wenn Austausch bzw. Überholung des kompletten Antriebs notwendig ist. Da es jedoch in keinem Fall anzuraten ist, Reparaturen am Getriebe oder am Achsantrieb mit Heimwerker-Mitteln in Angriff zu nehmen, verweisen wir in dieser Hinsicht auf die Werkstatt und beschreiben lediglich den Ausbau des Aggregates.

Pos.	Benennung	Stück
1	Masseband für Batterie	1
2	Auspuffrohr a) am Getriebe b) am Motor	1
3	Vierkantschraube	1
4	Sechskantschraube	1
5	Kupplungsseil	1
6	Tachowelle	1
7	Gelenkwelle	2
8	Anlasser	1
9	Blech	1
10	Sechskantschrauben zur Befestigung Motor/Getriebe	5
11	Querträger an Karosse	1

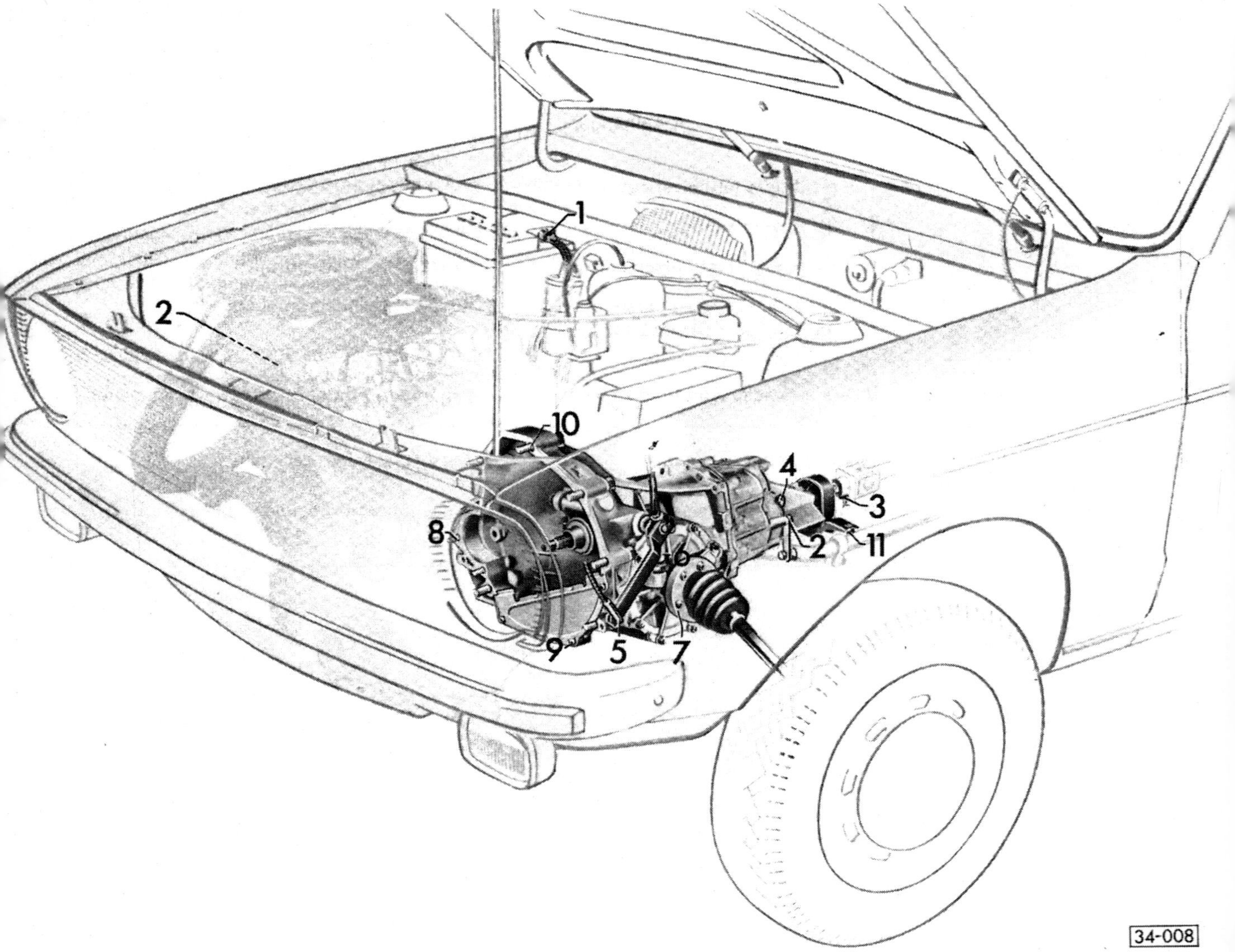

Getriebe aus- und einbauen

Ausbau

- Masseband von Batterie abklemmen.
- Auspuffrohr am Getriebe und am Motor abschrauben.
- Vierkantschraube (3), Draht durchschneiden und abschrauben. Schaltstangenkupplung abschrauben.
- Sechskantschraube (4) am Getriebe abschrauben.
- Kupplungsseil (5) aushaken.
- Tachowelle (6) abschrauben.
- Gelenkwellen (7) am Getriebe abschrauben.
- Anlasser ausbauen.
- Blech (9) abschrauben.
- Sechskantschrauben zur Getriebe-Motorbefestigung abschrauben.
- Getriebe hinten abstützen und Querträger an der Karosse (11) abschrauben. Getriebe vorn mit einem Montierhebel abdrücken, mit 2 Personen herausheben.

Einbau

- Getriebe einsetzen, Querträger am Aufbau leicht anschrauben, nicht festziehen! Getriebe mit Montierhebel auf die Paßhülsen am Motor schieben. Dabei läßt sich der Montierhebel zwischen Querträger und Schaltgehäuse abstützen.
- Motor-Getriebelager ausrichten, siehe unter „Abgasanlage".
- Sechskantschrauben (10) zur Befestigung des Getriebes mit 5,5 mkg (55 Nm) anziehen.
- Querträger an Karosse (11) festziehen, Blech (9) anschrauben.
- Anlasser einsetzen.
- Gelenkwellen-Innensechskantschrauben (7) mit 35 mkg (35 Nm) anziehen.
- Tachowelle anschrauben.
- Kupplungsseil einhaken und Kupplung einstellen, siehe Seite 80.
- Sechskantschraube (4) an Getriebe-Halterung mit 2,0 mkg (20 Nm) anziehen.
- Schaltstangenkupplung aufschieben, Vierkantschraube (3) anziehen und mit Bindedraht sichern.
- Auspuffrohr am Getriebe und Motor befestigen.
- Masseband anklemmen.

Gummimetallager am Getriebe ersetzen (bei ausgebautem Getriebe)

Ausbau

- Außenring des Gummimetallagers mit einem scharfen Messer abtrennen.

34-011

- Lager-Innenring mit einer Säge vorsichtig aufschneiden (Schaltgehäuse nicht beschädigen), mit geeignetem Dorn abtreiben.

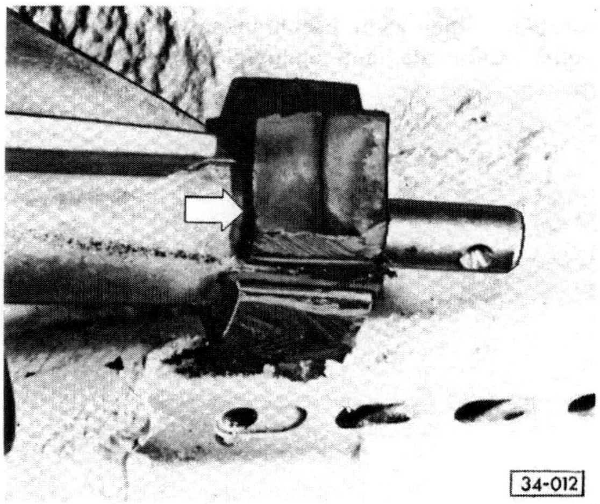

34-012

Einbau

- Zum Einbau benutzen die VW-Werkstätten die Aufziehvorrichtung 30-210, die in das Schaltgehäuse eingeschraubt wird. Gummimetallager aufsetzen und mit der Aufziehvorrichtung 30-210 bis zum Aufschlag aufziehen.

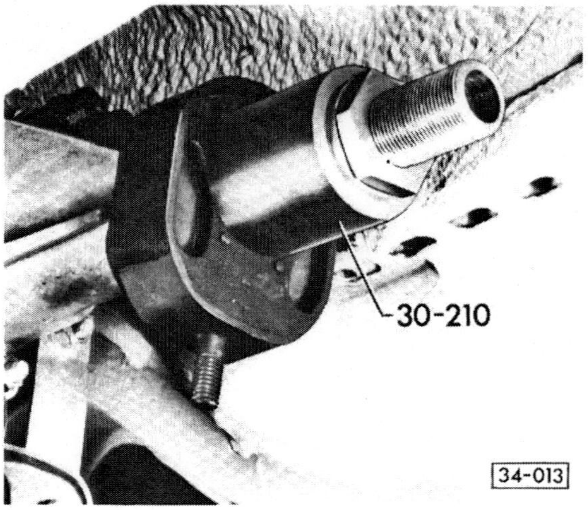

34-013

Die Vollautomatic

Der VW Passat wird auf Wunsch (75/85 PS) mit einer Getriebe-Vollautomatic ausgestattet. Die Automatic hat drei Vorwärtswählbereiche, die automatisch geschaltet werden. Um dennoch, zum Beispiel bei Überholvorgängen, schneller beschleunigen zu können, hat die Automatic einen sogenannten Kickdown-Schalter, der unter dem Gaspedal sitzt und sich beim vollen Niedertreten des Gaspedals einschaltet. Der Kickdown-Effekt sorgt dafür, daß das Getriebe entweder länger im kürzeren Gang verweilt oder von einem höheren in einen niedrigeren zurückschaltet.

Für die Beurteilung der Funktion der Getriebeautomatic und für die richtige Fehlersuche ist Erfahrung mit automatischen Getrieben und die Kenntnis der Arbeitsweise unerläßlich. Da diese Materie nur durch lange Berufserfahrung erworben werden kann, beschränken wir uns deshalb im Kapitel Automatic auf einige leichte Überprüfungsarbeiten.

Flüssigkeitsstand in Planetengetriebe und Achsantrieb prüfen

Der vorgeschriebene Flüssigkeitsstand ist für die einwandfreie Funktion des automatischen Getriebes äußerst wichtig. Darum ist die Prüfung mit großer Sorgfalt durchzuführen!

ATF-Stand im Planetengetriebe prüfen

- Wagen auf ebene Fläche stellen.
- Wählhebel in „N" legen und Handbremse anziehen.
- Motor muß während der Prüfung im Leerlauf laufen.
- ATF-Flüssigkeit soll handwarm sein (40° – 60° C).
- Der Flüssigkeitsstand muß unbedingt zwischen den beiden Marken des Peilstabes liegen. Die Differenz zwischen unterer und oberer Marke beträgt 0,4 Liter.
- Muß ATF nachgefüllt werden: Sauberen Trichter und passenden Schlauch verwenden.
- Zum Abwischen des Peilstabs darf nur ein sauberer, nicht fasernder Lappen verwendet werden.

Achtung: Bei höheren oder niedrigeren Temperaturen kann der Ölstand darüber oder darunter liegen (Wärmeausdehnung des ATF). Eine einwandfreie Messung ist deshalb nur in dem angegebenen Temperaturbereich möglich.

- Nicht zuviel ATF einfüllen. Zuviel Öl kann Störungen in der Automatic hervorrufen.
- Altes ATF gleichzeitig am Peilstab auf Aussehen und Geruch prüfen. Verbrannte Reibbeläge verursachen Brandgeruch. Durch verschmutztes Öl können Störungen an der Getriebesteuerung auftreten.

Achtung: Es dürfen nur die vom VW-Werk freigegebenen ATF-Öle verwendet werden.

Alle zugelassenen ATF-Öle lassen sich miteinander mischen. Keine Zusatzschmiermittel verwenden.

Ölstand im Achsantrieb prüfen

Das Öl soll bis zum Rand der Öleinfüllschraube stehen. Ein zu hoher oder zu niedriger Ölstand deutet auf einen Ölaustausch zwischen Planetengetriebe und Achsantrieb hin.

Funktion des Kickdown-Schalters prüfen

- Zündung einschalten.
- Gaspedal voll durchtreten. Kickdown-Magnet muß hörbar anziehen.

Kickdown-Schalter ersetzen

Der Kickdown-Schalter ist an einem Lagerbock unter dem Gaspedal angeschraubt.

- Gaspedal am Gashebel aushängen.
- Lagerbock für Kickdown-Schalter vom Bodenblech abschrauben und Leitungen vom Schalter abziehen.
- Kickdown-Schalter vom Lagerbock abschrauben.

Festbremstest (Stall-speed)

Der Festbremstest gibt Aufschluß über die Funktion des Drehmomentwandlers. Der Test ist dann durchzuführen, wenn trotz richtiger Motoreinstellung die Höchstgeschwindigkeit oder Beschleunigung nicht ausreichend ist.

- Drehzahlmesser an Motor anschließen.
- **Fahrzeug durch Hand- und Fußbremse sicher blockieren.**
- Motor starten.
- Mit dem Wählhebel in Stellung „D" **kurzzeitig** Vollgas geben. Der Motor stellt sich auf eine sogenannte Festbremsdrehzahl ein.

Achtung: Der Festbremstest muß bei betriebswarmem Motor und Getriebe durchgeführt werden und darf nicht länger, als zum Ablesen des Drehzahlmessers notwendig ist, dauern. Maximal 20 Sekunden, sonst treten Überhitzungsschäden auf.

Bei der Prüfung der Festbremsdrehzahl ist zu berücksichtigen, daß sie pro 1000 m Höhe um ca. 125 U/min abfällt. Darüberhinaus sinkt die Drehzahl noch geringfügig ab, weil die Motorfüllung verringert wird.

Festbremsdrehzahl

Modell	Motor	Drehzahl U/min
Passat	75/85 PS	1900 – 2200 U/min

Festbremsdrehzahl wird nicht erreicht:

	Ursache
ca. bis 200 U/min unter Soll	Schlechte Motorleistung (Zündung, Vergaser, Kompression)
ca. 400 U/min unter Soll	Freilauf für Leitrad defekt

Achtung: Nicht unnötig oft die Festbremsdrehzahl prüfen!

Die Abgasanlage

Die Abgasanlage besteht aus Abgasrohr, Haupt- und Nachschalldämpfer. Sämtliche Teile sind miteinander verschraubt und lassen sich einzeln auswechseln. Haupt- und Nachschalldämpfer sind in Gummihalterungen gelagert, das Abgasrohr ist zusätzlich am Getriebe angeschraubt. Falls die komplette Abgasanlage ausgebaut werden soll, ist vorher der Nachschalldämpfer auszubauen.

Motor/Getriebe/Schalldämpfer ausrichten

Falls Motor oder Getriebe ausgebaut waren, muß beim Einbau darauf geachtet werden, daß die Motor-Getriebe-Lagerung spannungsfrei eingebaut wird. Außerdem dürfen Schalldämpfer und Abgasrohr nicht durch die Gummihalterungen verspannt werden. Alle Teile des Motors und der Abgasanlage müssen ausreichend Abstand vom Aufbau haben. Nur so wird vermieden, daß Motorgeräusche in zu hohem Maß in den Fahrgastraum übertragen werden.

Achtung: Beim Ausrichten und Entspannen der Motor-Getriebe-Lager unbedingt die richtige Reihenfolge einhalten.

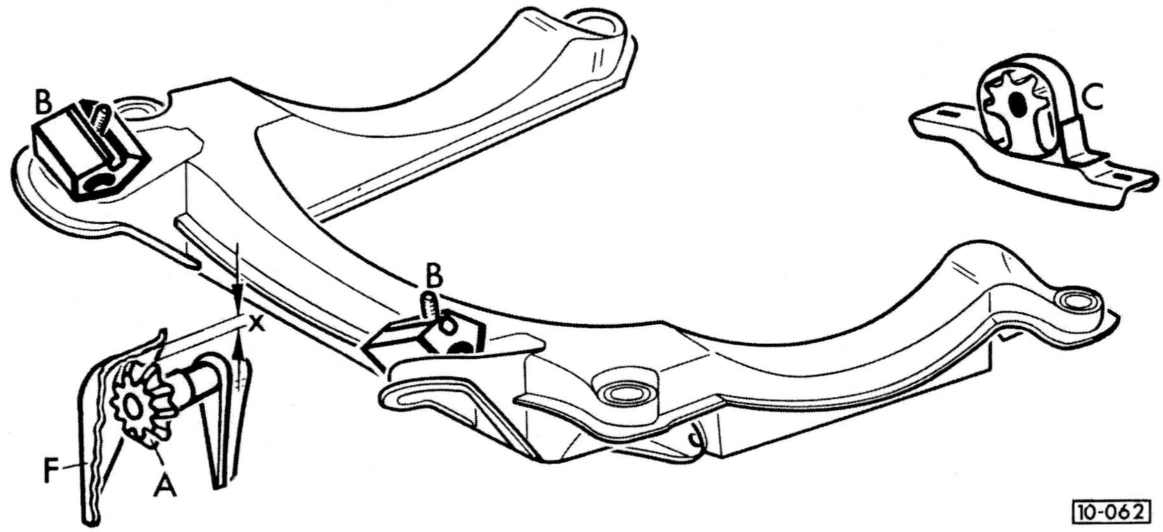

x = 0–1 mm

- 1. Befestigungsschrauben des Anschlagtopfes (F) für die Drehmomentstütze (A) am vorderen Abschlußblech lösen.
- 2. Befestigung der Motorlager (B) am Aggregateträger lösen.
- 3. Verbindungslasche (D) zwischen Getriebe und Abgasrohr lösen.
- 4. Hinteres Getriebe-Lager (C) lösen und entspannen.

Richtige Lage des Lagers

Verspannte Lage des Lagers

- Gummikern des hinteren Getriebe-Lagers muß genau mittig im Außenring des Lagers stehen. Prüfen: Durch Sichtkontrolle oder durch Abtasten mit den Fingerspitzen.
- Der Außenring des Lagers (C) muß am Winkelstück des Querträgers fest anliegen, siehe Pfeil E.

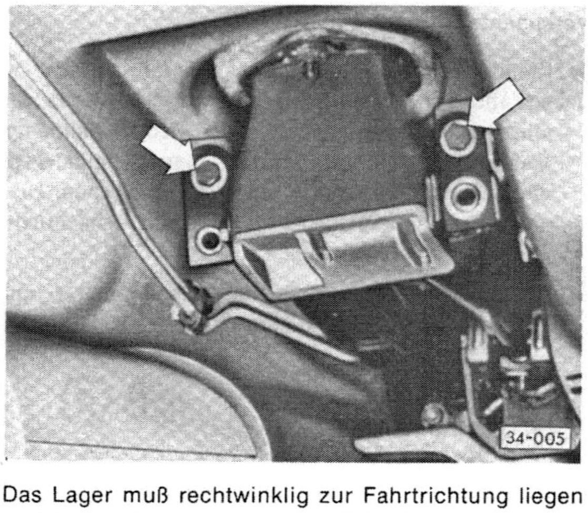

- Das Lager muß rechtwinklig zur Fahrtrichtung liegen und darf weder verdreht noch in Fahrtrichtung verschoben sein.

  Die Laschen (Pfeile) zwischen Schaltbetätigung und Aufbau müssen senkrecht hängen (nur Fahrzeuge bis Oktober 73).

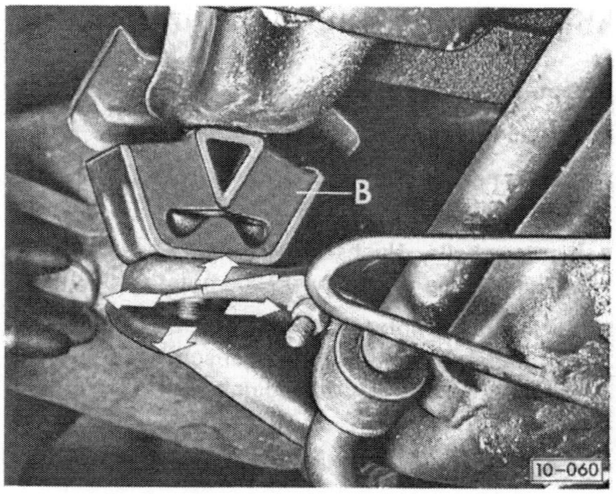

- Sollten die Ausgleichmöglichkeiten am Getriebelager nicht ausreichen, so können die Langlöcher der vorderen Motorlagerung (B) zum Ausrichten des Getriebelagers in Längs- und Querrichtung mit herangezogen werden.

- Motorlager (B) befestigen.
- Anschlagtopf (F) für Drehmomentstütze an der Karosserie so ausrichten, daß der Abstand (X) zwischen Topf und Anschlaggummi oben 0 bis maximal 1 mm beträgt und seitlich keine Berührung vorhanden ist (siehe Seite 92).

Achtung: Bei Fahrzeugen mit Schaltgetriebe muß nach dem Ausrichten die Schaltbetätigung neu eingestellt werden.

Abgasanlage aus- und einbauen

Ausbau

- Wagen aufbocken.
- Sämtliche Schrauben und Muttern sowie die Abgasrohrverbindungen mit rostlösendem Mittel einsprühen.
- Klemmschelle Nachschalldämpfer/Abgasrohr lösen, 2 Gummiringe am Nachschalldämpfer aushängen.
- Nachschalldämpfer herausnehmen. Gegebenenfalls Verbindung Abgasrohr/Nachschalldämpfer mit Schweißbrenner erhitzen, damit sich die Verbindung löst.
- 4 Schrauben bzw. 6 (85 PS) am Abgaskrümmer lösen. Verbindungslasche Getriebe/Abgasrohr abschrauben.
- 2 Gummiringe am Hauptschalldämpfer aushängen, Abgasanlage herausnehmen.

Einbau

- Abgasanlage mit Hilfsperson einsetzen. Halteringe am Hauptschalldämpfer einhängen, Abgasrohr am Abgaskrümmer anschrauben, noch nicht festziehen.
- Nachschalldämpfer aufschieben und beide Halteringe einhängen.
- Abgasanlage ausrichten.
- Verbindungslasche Getriebe/Abgasrohr anschrauben, nicht festziehen.
- Schrauben am Abgaskrümmer mit 2,3 mkg (23 Nm) festziehen.

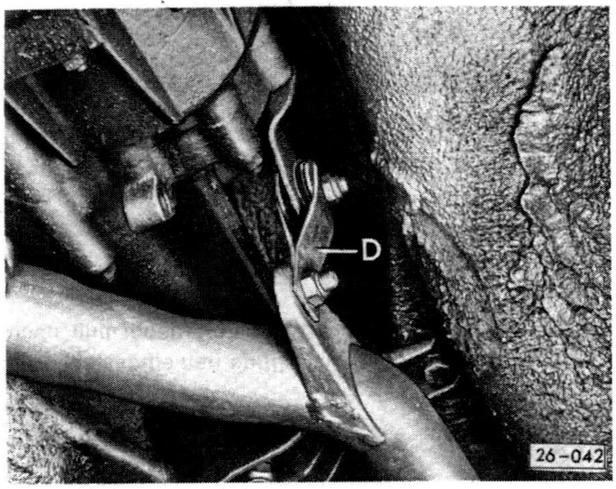

- Verbindungslasche (D) zwischen Getriebe und Abgasrohr spannungsfrei befestigen.

Achtung: Halteringe nicht vertauschen. Die Halteringe müssen entsprechend der Zeichnung angebracht werden, sonst kann es zu unerwünschten Geräuschen im Innenraum des Fahrzeugs kommen. Haltering – A – mit Schlitz, ET.-Nr. 823 253 147 A, Haltering – B – mit großer Öffnung, ET.-Nr. 817 253 147. Ab Fahrgestell-Nr. 92 059 848 sind für die Aufhängung der Abgasanlage nur die Halteringe mit Schlitz (A) zu verwenden.

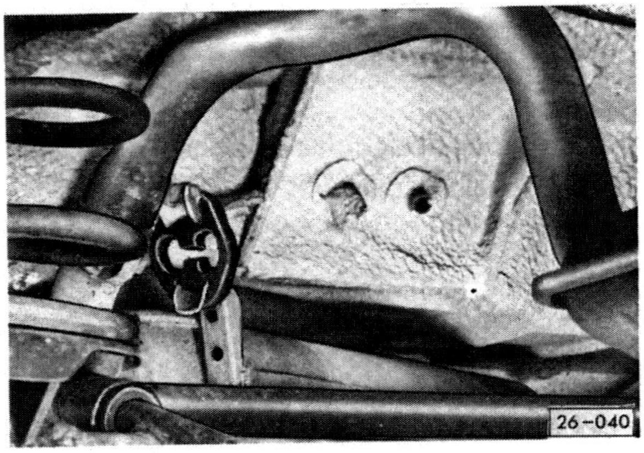

Richtige Lage des Halterings

Verspannte Lage des Halterings

- Klemmuffen Schalldämpfer/Abgasrohr durch Verschieben und Drehen so ausrichten, daß die Gummiringe vor und hinter dem Hauptschalldämpfer gleichmäßig belastet werden. Gegebenenfalls muß die Lage der Halteringe ausgemittelt werden. Hierzu die Befestigungshaken **vorsichtig** nachrichten. Klemmschelle festziehen.
- Abgasrohr hinter dem Hauptschalldämpfer spannungsfrei ausrichten. Klemmschelle festziehen.

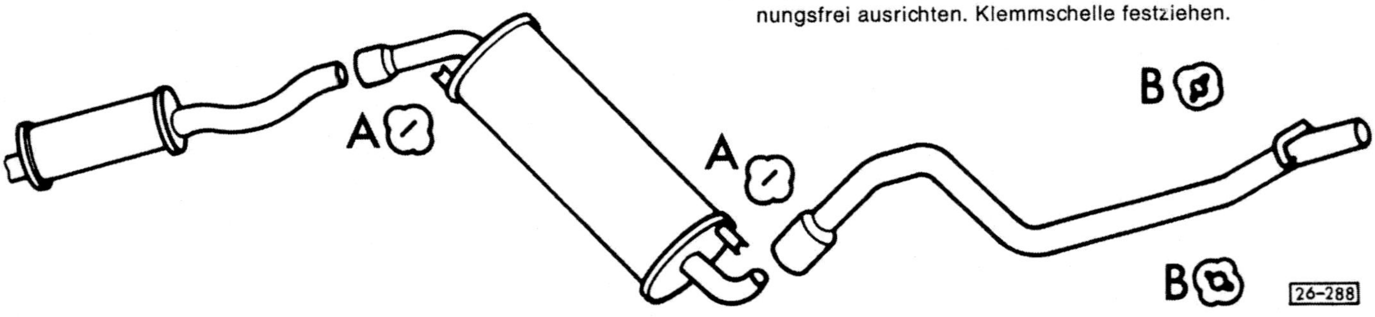

Die Schaltung

Die Schaltung wurde während der Passat-Produktionsjahre mehrmals geändert. Die verschiedenen Schaltungen lassen sich untereinander nicht austauschen. In der Explosionsdarstellung wird die Schaltung gezeigt, die seit August 1977 (Fahrgestell-Nr. 3 252 054 339) eingebaut wird.

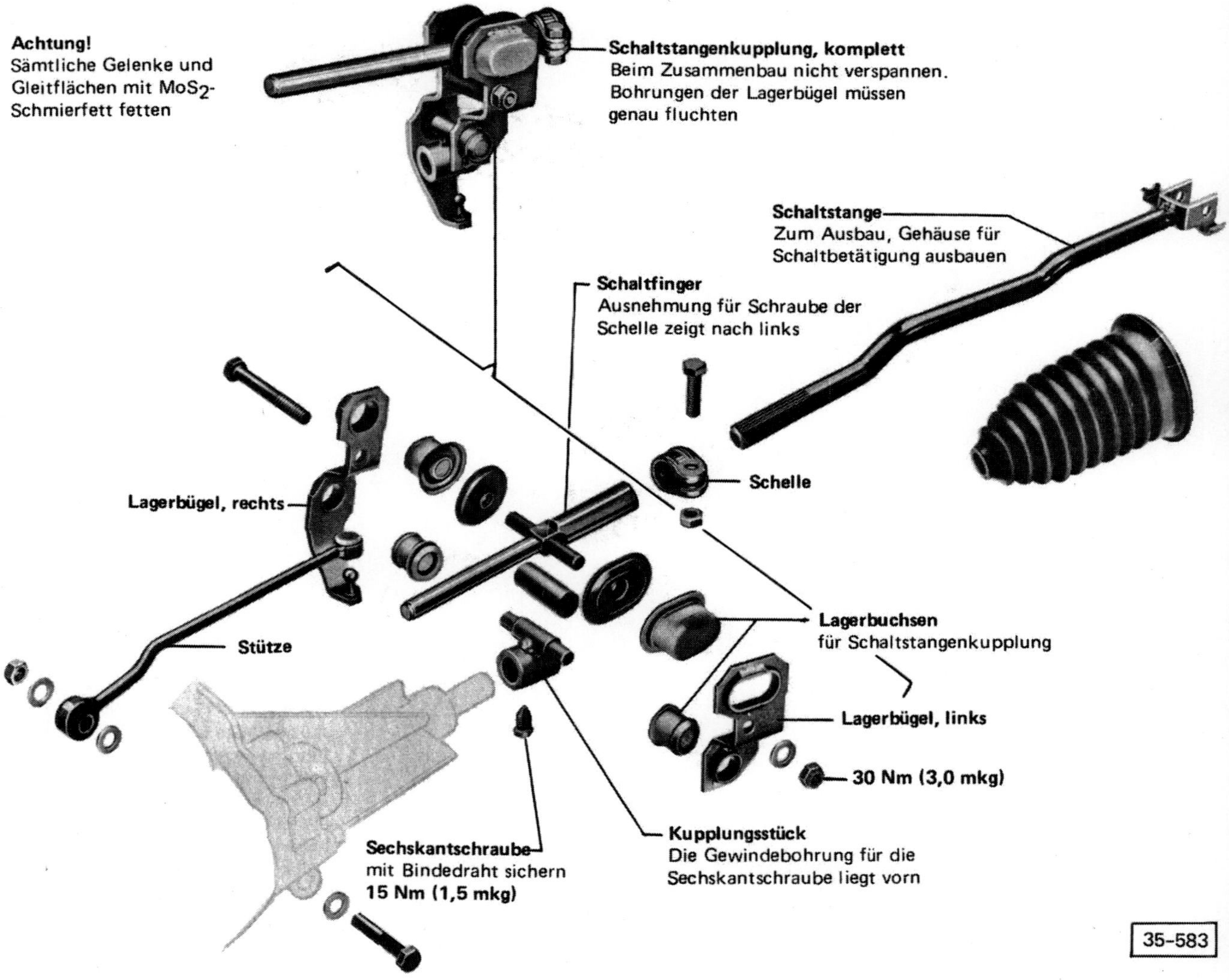

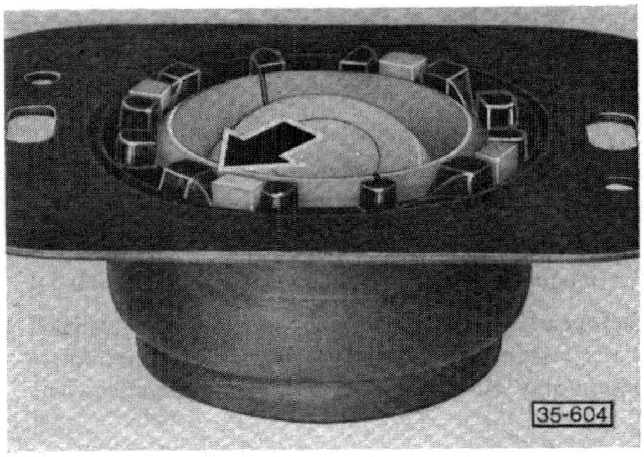

Sicherungsring: Noppen und Krallen auf gleicher Höhe.

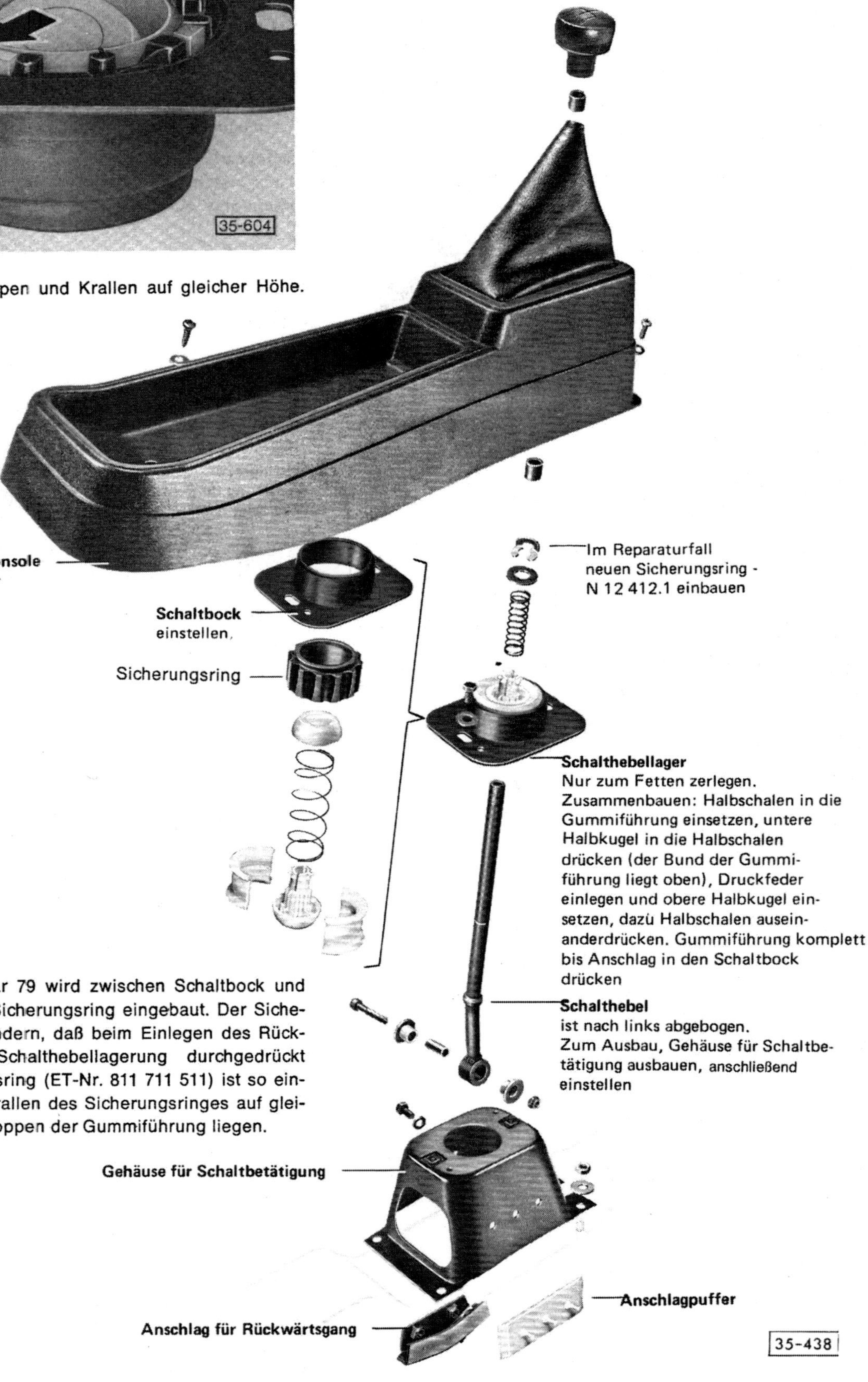

Achtung: Seit Januar 79 wird zwischen Schaltbock und Gummiführung ein Sicherungsring eingebaut. Der Sicherungsring soll verhindern, daß beim Einlegen des Rückwärtsganges die Schalthebellagerung durchgedrückt wird. Der Sicherungsring (ET-Nr. 811 711 511) ist so einzusetzen, daß die Krallen des Sicherungsringes auf gleicher Höhe wie die Noppen der Gummiführung liegen.

Schalthebel einstellen

(seit Oktober 1974)

Zum Einstellen der Schaltung wird eine Speziallehre (VW/Audi-Werkstatt, Lehren-Nr. 3014) benötigt.

- Gang herausnehmen, Getriebe in Leerlaufstellung.
- Fahrzeug aufbocken.

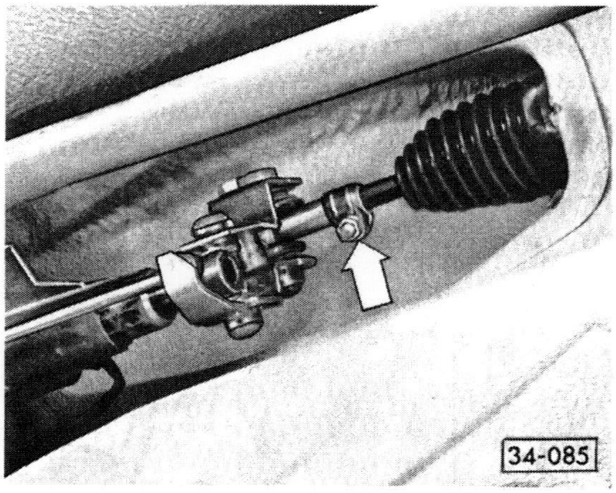

- Schelle (Pfeil) lösen. Die Verbindung Schaltstange/Schaltfinger muß leichtgängig sein.
- Im Wageninnern Schaltknopf abschrauben und Faltenbalg abnehmen. Die Konsole muß nicht herausgenommen werden.
- Schaltbock lösen und Zentrierbohrungen von Gehäuse und Schaltbock übereinanderstellen. Schrauben anziehen.

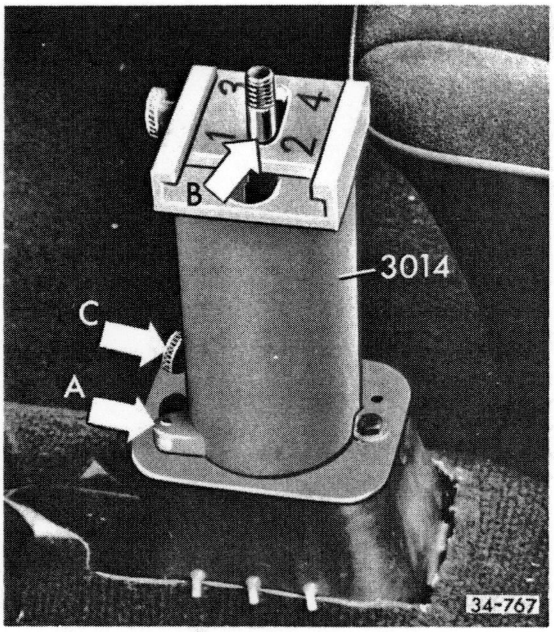

- Lehre für Schaltung aufsetzen. Arretierungsstift in vordere Zentrierbohrung (Pfeil A) einsetzen.
- Schalthebel in linke Rastierung des Schiebestückes (Schaltgasse 1/2, Pfeil B) schieben.
- Untere Rändelschraube (Pfeil C) anziehen.

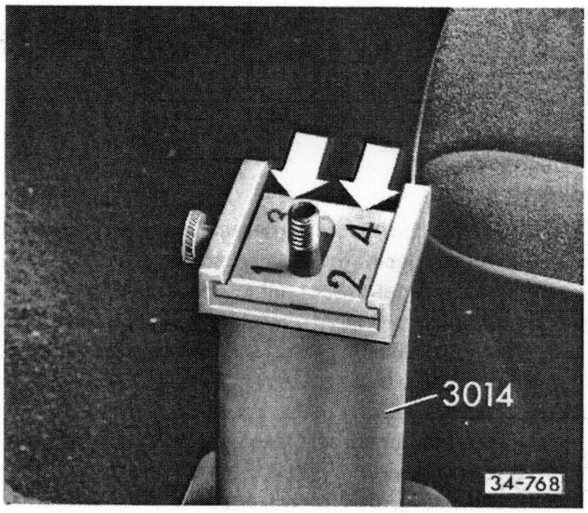

- Schiebestück mit Schalthebel nach links bis gegen den Anschlag drücken und obere Rändelschraube anziehen.

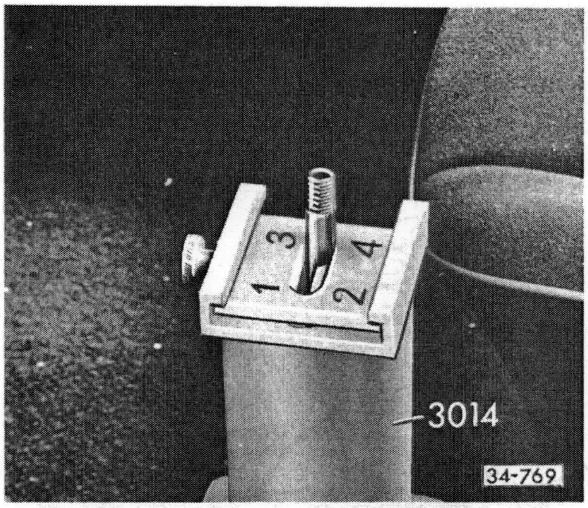

- Schalthebel in die rechte Rastierung des Schiebestückes (Schaltgasse 3/4) drücken.
- Unten Verbindung Schaltfinger/Schaltstange ausrichten (Getriebe in Leerlaufstellung). Klemmschelle festziehen.
- Lehre ausbauen.
- Ersten Gang einlegen. Schalthebel bis zum Anschlag nach links drücken.
- Schalthebel loslassen, dabei muß dieser von selbst ca. 5 bis 10 mm nach rechts zurückfedern. Falls nicht, kann durch seitliches Verschieben des Schaltbockes in den Langlöchern die Lage etwas korrigiert werden.
- Alle Gänge durchschalten. Sie müssen sich leicht und ohne zu haken einlegen lassen. Auf die Wirksamkeit der Rückwärtsgangsperre ist besonders zu achten.

Die Vorderachse

Aufbau

Tragendes Element der Vorderachse ist der Aggregateträger, der mit der Karosserie verschraubt ist, so daß der komplette Aggregateträger mit Motor und Getriebe ausgebaut werden kann. Dies ist allerdings nur in den allerwenigsten Reparaturfällen notwendig. Die Vorderräder sind durch Federbeine einzeln aufgehängt. Die Federbeine sind oben in der Karosserie verschraubt und unten über Radnaben und Querlenker mit dem Aggregateträger verbunden. Die Radlagerung erfolgt durch Schrägkugellager. Die Übertragung der Motor-Antriebskraft erfolgt über zwei Gelenkwellen, die über jeweils zwei Gleichlaufgelenke mit den Rädern und dem Achsantrieb verbunden sind.

Schmierung und Wartung

Die Vorderachse des Passat ist wartungsfrei.

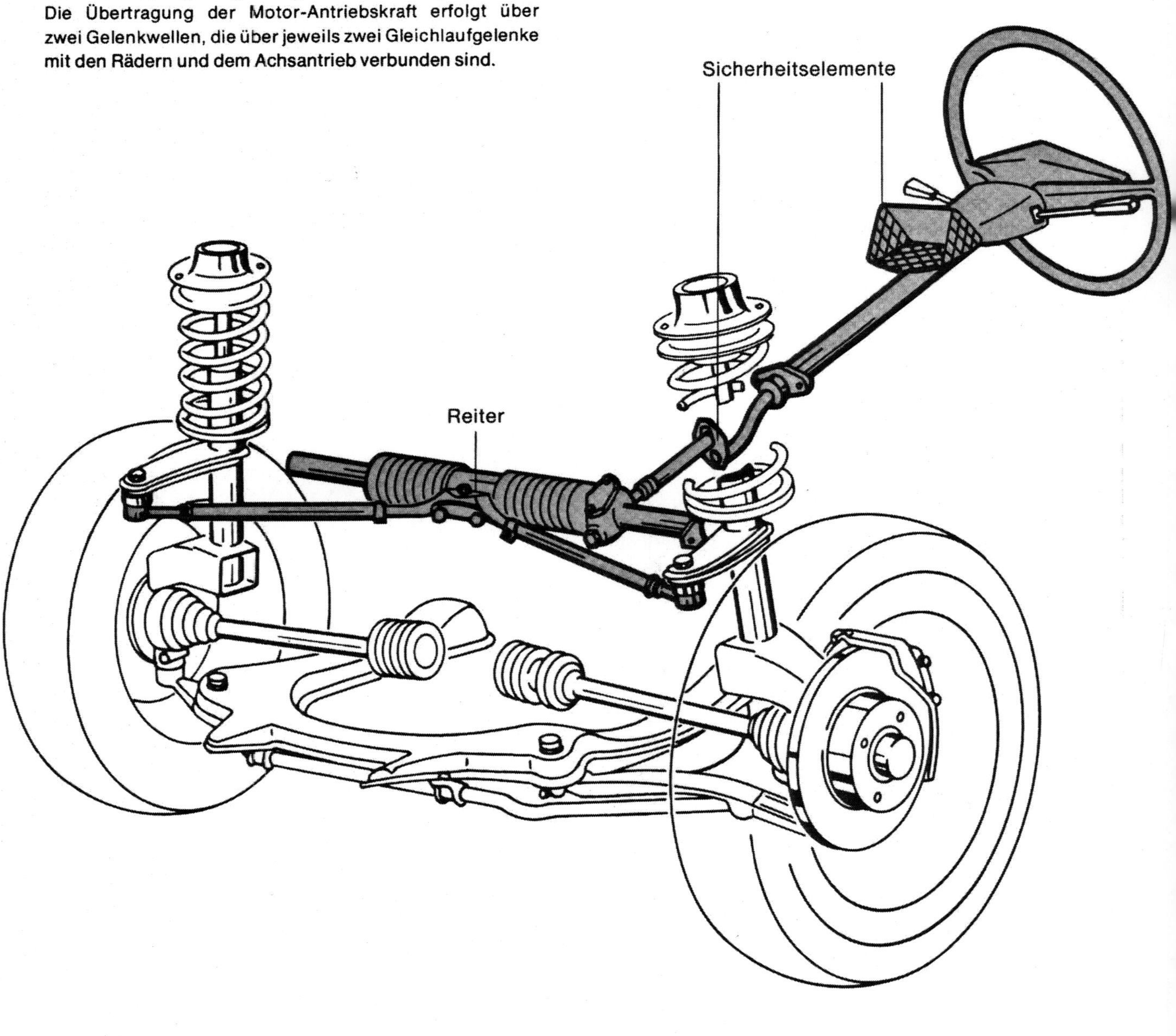

Das Federbein

Pos.	Benennung	Stück
1	Sechskantmutter selbstsichernd	1
2	Sechskantschraube	2
3	Federring	2
4	Schwimmrahmensattel	1
5	Unterlegscheibe	1
6	Senkkopfschraube	1
7	Bremsscheibe	1
8	Sechskantschraube	3
9	Federring	3
10	Deckblech	1
11	Sechskantmutter	2
12	Sechskantschraube	2
13	Unterblech	1
14	Gelenkwelle komplett	1
15	Splint	1
16	Kronenmutter	1
17	Spurstange	1
18	Sechskantschraube	2
19	Federring	2
20	Unterlegplatte	2
21	Radnabe	1
22	Sicherungsring	2
23	Schrägkugellager	1
24	Federbein	1

Rippschraube –A–
(M 10x30)
Anzugsdrehmoment 70 Nm

Achtung: Seit Oktober 1981 werden anstatt der Sechskantschrauben (2) als Ersatzteil nur noch Rippschrauben (A) geliefert. Bei nachträglichem Einbau ist an den Befestigungslöchern des Bremssattels eine 1 mm breite Fase (Abschrägung der Lochkante) im Winkel von 45° anzubringen. **Ein Bremssattel mit angefasten Bohrungen darf nicht mit Sechskantschrauben (2) befestigt werden.**

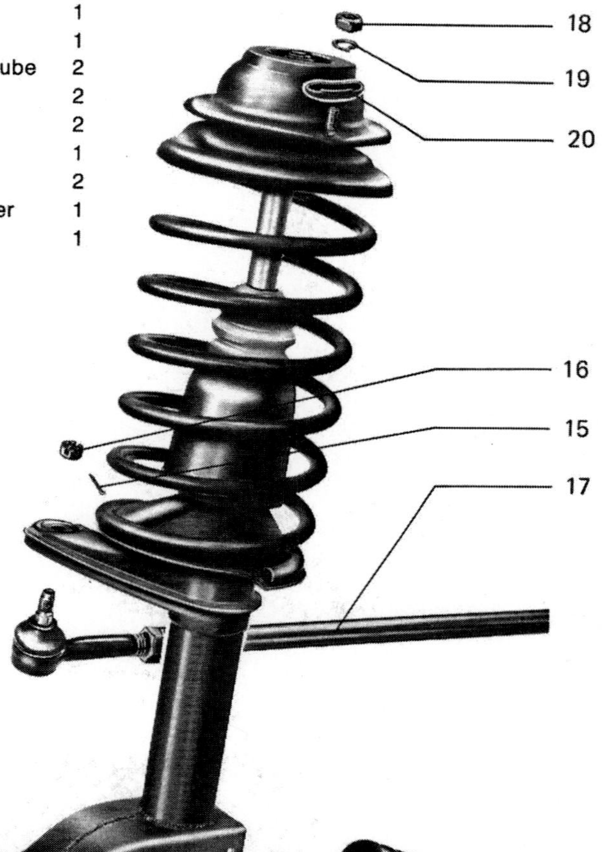

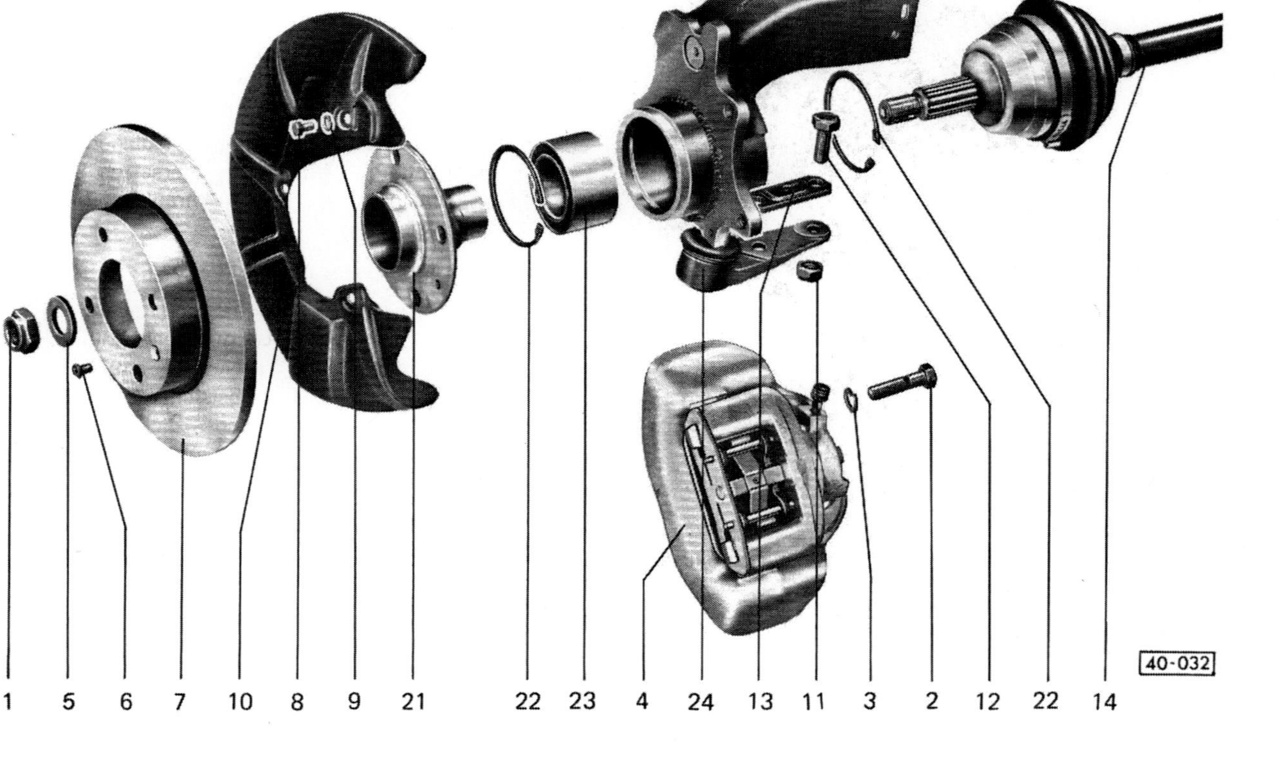

Federbein aus- und einbauen

Ausbau

- Sechskantmutter (1) bei auf dem Boden stehenden Rädern lösen (sonst Unfallgefahr!).
- Wagen aufbocken.
- Sechskantschrauben (2) für Schwimmrahmensattel (4) abschrauben. Halter für Bremsschlauch abziehen, Bremsschlauch nicht lösen, Schwimmrahmensattel mit Draht am Aufbau aufhängen.

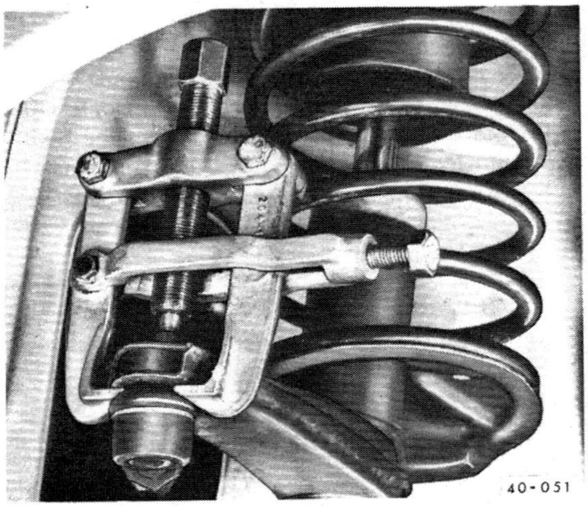

- Splint aus Spurstangenkopf herausziehen, Mutter lösen, Spurstangenkopf mit Abzieher ausdrücken.

- Befestigungsschraube Achsgelenk/Radlagergehäuse (unterer Pfeil) ausbauen.
- Stabilisator links und rechts lösen.
- Befestigungsmutter (1) abschrauben, Achslenker nach unten drücken.

- Gelenkwelle aus dem Radlagergehäuse herausziehen.

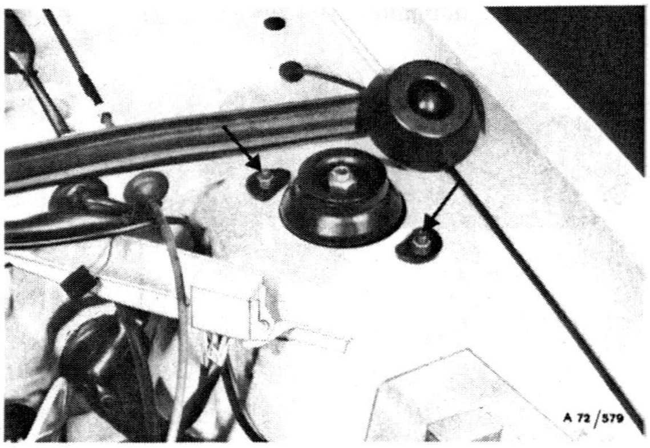

- Sechskantmutter (Pfeile) für Federbein am Aufbau abschrauben und Federbein abnehmen.

Einbau

- Federbein einsetzen und am Aufbau festschrauben. Sechskantmuttern (18) mit 25 Nm (2,5 mkg) festziehen.
- Gelenkwelle (14); Zapfen mit Molykotepaste einstreichen und in das Radlagergehäuse einsetzen.
- Sechskantmutter (1) für Gelenkwelle leicht aufschrauben. **Achtung:** Neue Mutter verwenden.
- Befestigungsschraube Achsgelenk/Radlagergehäuse einbauen. **Achtung:** Schraube immer ersetzen. Schraubenkopf zeigt in Fahrtrichtung. Schraube mit 35 Nm (3,5 mkg) festziehen.
- Stabilisator links und rechts anschrauben.
- Spurstange einsetzen, Kronenmutter (16) mit neuem Splint sichern. Falls Splint nicht durchgeht, Mutter weiter festziehen. Nicht lösen! Seit November 1977 werden die Spurstangenköpfe mit selbstsichernden Muttern festgezogen. Bei Reparatur grundsätzlich neue selbstsichernde Muttern verwenden. Anzugsmoment 30 Nm (3,0 mkg).
- Schwimmrahmensattel mit Sechskantschrauben befestigen, Schrauben (2) mit 60 Nm (6,0 mkg) festziehen, Bremsschlauch an Halter befestigen.
- Fahrzeug auf den Boden stellen und Sechskantmutter (1) für Gelenkwelle anziehen. Bei 18 mm Achszapfen mit 200 Nm (20 mkg); bei 20 mm Achszapfen mit 230 Nm (23,0 mkg).

Stoßdämpfer aus- und einbauen

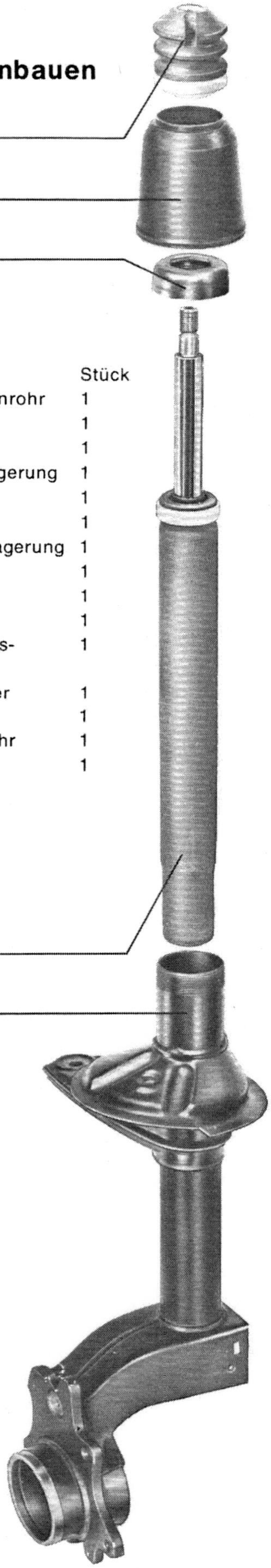

Pos.	Benennung	Stück
1	Radlagergehäuse mit Federbeinrohr	1
2	Sechskantmutter	1
3	Anschlag	1
4	Abstandshülse für Federbeinlagerung	1
5	Anschlagring	1
6	Topf für Dämpfungsring	1
7	Dämpfungsring für Federbeinlagerung	1
8	Federbeinlager	1
9	Federteller oben	1
10	Teller für Anschlagpuffer	1
11	Schraubenfeder mit Dämpfungsschläuchen	1
12	Anschlagpuffer für Stoßdämpfer	1
13	Schutzhülle	1
14	Schraubkappe für Federbeinrohr	1
15	Stoßdämpfer	1

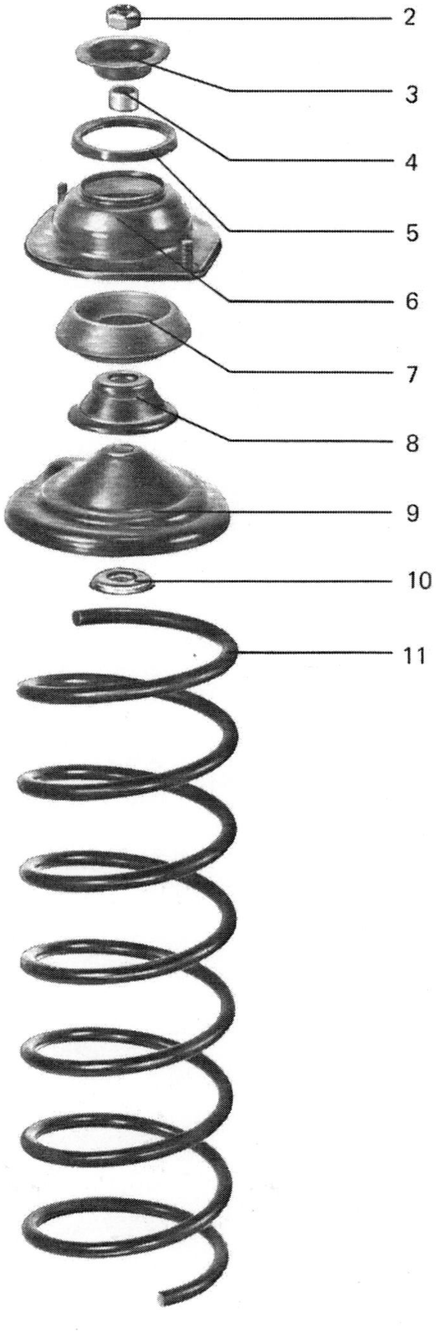

Seit Fahrgestell-Nummer 32 A 0000001 wird eine Schraubenfeder mit eingezogenen Enden verwendet. Durch die veränderte Federkontur mußten auch die Federteller oben und unten angepaßt werden. Federn neuer Ausführung können in Fahrzeuge vor der genannten Fahrgestell-Nr. nur in Verbindung mit neuen Federtellern und Radlagergehäusen eingebaut werden. Teile bisheriger Fertigung bleiben lieferbar. **Achtung:** Federn sind gegen Korrosion mit einem Schutzlack versehen. Vor dem Einbau Federn auf Lackschäden prüfen, ggf. ausbessern.

40-033

Ausbau

- Federbein komplett ausbauen, siehe Seite 100.
- Um den Stoßdämpfer ausbauen zu können, muß die Schraubenfeder (11) vorgespannt werden. Die Fachwerkstatt benutzt dazu eine Spezialvorrichtung.

Achtung: Auf keinen Fall Stoßdämpfermutter (2) lösen, wenn die Feder nicht gespannt ist. Falls der verwendete Federspanner in die Windungen der Feder eingesetzt wird, darauf achten, daß die Federwindungen sicher umfaßt werden und der Federspanner nicht abrutschen kann. Feder grundsätzlich an 2 gegenüberliegenden Seiten spannen. Die Schraubenfeder steht unter großer Vorspannung, deshalb nur stabiles Werkzeug verwenden. Keinesfalls Feder mit Draht zusammenbinden. Unfallgefahr!

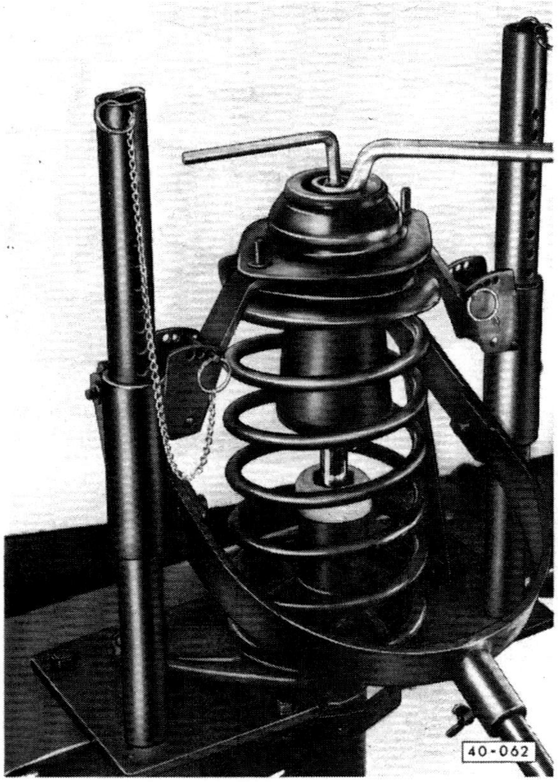

- Beim Lösen der Mutter Stoßdämpferstange mit Innensechskantschlüssel halten.
- Einzelteile 3 – 13 (siehe Abbildung 40-033) abnehmen.
- Schraubkappe (14) für Federbeinrohr mit Spezialschlüssel lösen.

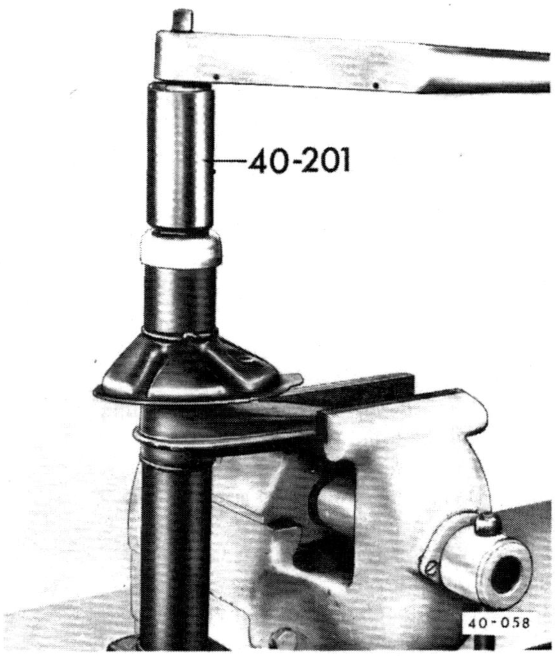

- Stoßdämpferinnenteil herausnehmen, dabei zunächst Schraubkappe ca. 2 Gewindegänge aufgeschraubt lassen und Kolbenstange mit einem Ruck lösen. So wird unnötiges Verschmutzen durch herausfließendes Stoßdämpferöl vermieden.
- Restliches Öl ausgießen.

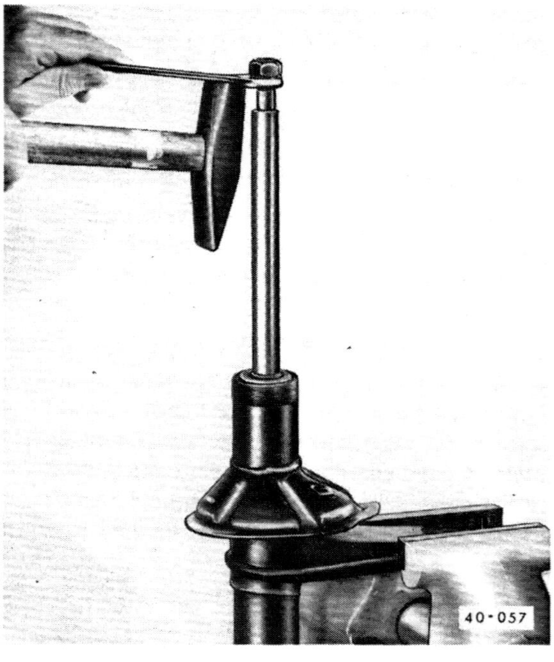

- Falls der Stoßdämpfer im Federbeinrohr korrodiert ist, Stoßdämpfer mit Hammer und Schraubenschlüssel heraustreiben.

Einbau

- Stoßdämpfer prüfen, siehe Seite 113.
- Stoßdämpfer (15) in Federbeinrohr einsetzen.
- Schraubkappe (14) für Federbeinrohr mit 150 Nm (15,0 mkg) festziehen.
- Sämtliche Einzelteile 13-2, wie in der Übersicht gezeigt, zusammenfügen. Dabei den Dämpfungsring (7) mit Talkum einsetzen.

- Kolbenstange beim Spannen der Schraubenfeder mit einem Innensechskantschlüssel durch den Federteller führen.
- Feder (11) spannen und Mutter (2) mit 60 Nm (6,0 mkg) festziehen.

Achtung: Es stehen Federn in 8 Toleranzgruppen zur Verfügung. Nur Federn mit gleicher Kennung (Farbkennzeichnung) verwenden.

Radaufhängung vorn

Achtung: Stabilisator nicht falsch einbauen. Der Stabilisator ist richtig eingebaut, wenn die Schenkel zwischen den beiden Befestigungspunkten nach unten durchgebogen sind (siehe Pfeil).
Bei richtiger Einbaulage lassen sich die Schellen um die äußeren Gummilager schwer umlegen. Es ist sinnvoll, die Schellen lose anzusetzen und dann eine kurze Probefahrt zu machen. Anschließend Schrauben mit 25 Nm (2,5 mkg) festziehen.

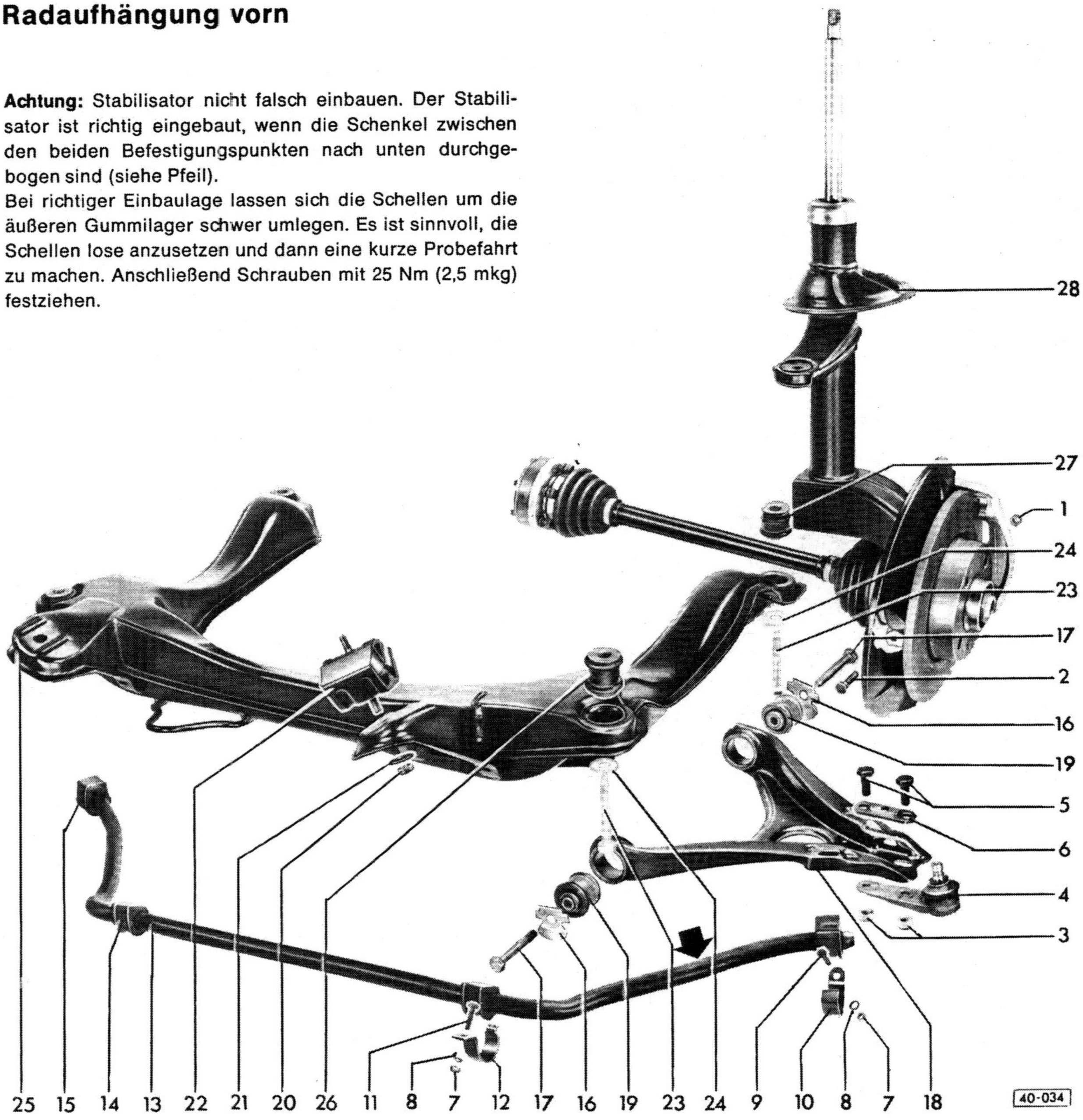

Pos.	Benennung	Stück	Pos.	Benennung	Stück
1	Sechskantmutter selbstsichernd	1	15	Gummilager außen	1
2	Sechskantschraube	1	16	Sicherungsblech	2
3	Sechskantmutter	2	17	Sechskantschraube	2
4	Führungsgelenk	1	18	Querlenker	1
5	Sechskantschraube	2	19	Gummi-Metallager für Querlenker	2
6	Unterlegblech	1	20	Sechskantmutter	1
7	Sechskantmutter	2	21	Scheibe	1
8	Federring	2	22	Gummi-Metallager für Stütze	1
9	Sechskantschraube	1	23	Sechskantschraube	2
10	Schelle für Gummilager außen	1	24	Scheibe	2
11	Sechskantschraube	1	25	Aggregateträger	1
12	Schelle für Gummilager innen	1	26	Gummi-Metallager	1
13	Stabilisator	1	27	Gummi-Metallager hinten	1
14	Gummilager innen	1	28	Federbein komplett mit Gelenkwelle	1

Stabilisator aus- und einbauen

Ausbau

- Befestigungsmuttern (7, 11) an Querlenker und an Aggregateträger abschrauben.
- Stabilisator abnehmen.

Einbau

- Gummilager (14, 15) auf Verschleiß kontrollieren und gegebenenfalls ersetzen.
- Stabilisator einsetzen und an Querlenker und Aggregateträger mit 25 Nm (2,5 mkg) anschrauben. Einbaulage siehe Seite 104.

Querlenker aus- und einbauen

Ausbau

- Befestigungsmutter Stabilisator an Querlenker abschrauben.
- Stellung des Führungsgelenks (4) am Querlenker (18) anreißen.
- Befestigungsmuttern (3, 5) – Führungsgelenk an Querlenker – abschrauben.
- An den Befestigungsschrauben (17) Sicherheitsblech zurückbiegen und Schrauben herausdrehen.
- Querlenker abnehmen.

Einbau

- Querlenker einsetzen. Für die Befestigungsschrauben (17) – Querlenker an Aggregateträger – neues Sicherungsblech verwenden und Schrauben mit 70 Nm (7,0 mkg) festziehen. Schrauben durch Umschlagen des Sicherungsbleches sichern.

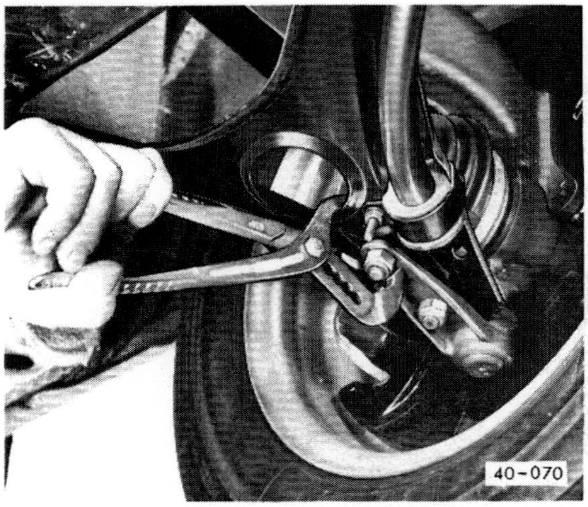
40-070

- Befestigungsmuttern (3, 5) – Führungsgelenk an Querlenker – mit 65 Nm (6,5 mkg) festziehen. Darauf achten, daß das Führungsgelenk wieder an der richtigen Stelle sitzt! Anriß beachten! Eventuell das Führungsgelenk mit einer Wasserpumpenzange in die richtige Lage ziehen.
- Befestigungsmuttern für den Stabilisator festziehen.

Gelenkwelle aus- und einbauen

Achtung: Bei demontierter Gelenkwelle darf das Fahrzeug nicht geschoben werden, da bei fehlender axialer Vorspannung die Wälzkörper des Radlagers beschädigt werden.

Ausbau

- Sechskantmutter (Pfeil) an der Radnabe lösen. Dabei muß das Fahrzeug auf dem Boden stehen.

40-019

- Innensechskantschrauben am inneren Gelenk herausschrauben (Pfeil).

40-020

- Gelenkwelle aus dem Radlagergehäuse herausziehen.

Hinweis: Beim Ausbau der **rechten** Gelenkwelle ist das Abgasrohr vorn am Abgaskrümmer und vom Befestigungsbügel am Getriebe abzuschrauben.

An Fahrzeugen mit automatischem Getriebe beim Ausbau der **linken** Gelenkwelle Führungsgelenk vom Querlenker abschrauben und Schwenklager nach außen drücken.

Achtung: Vor Ausbau des Führungsgelenkes ist die Einbaulage am Querlenker mit einer Reißnadel zu markieren. Dadurch wird anschließend Sturzeinstellung vermieden.

- Gelenkwelle am Achsantrieb abschrauben.
- Gelenkwelle herausnehmen.

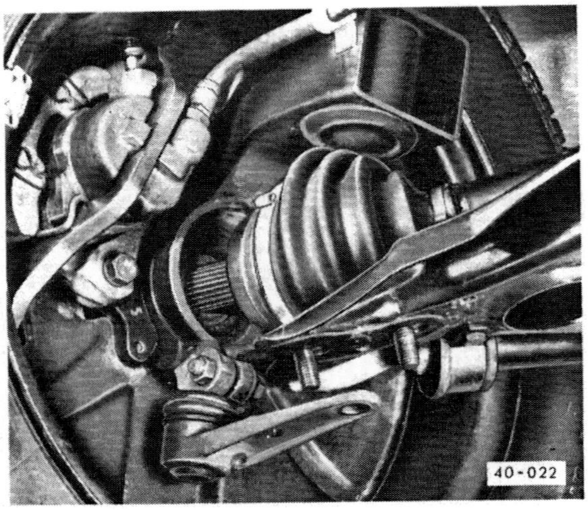

Einbau

- Gelenkwelle einsetzen.
- Führungsgelenk, wie auf der Abbildung ersichtlich, mit Wasserpumpenzange wieder in Einbaulage bringen und Muttern mit 65 Nm (6,5 mkg) anziehen. Anriß beachten.

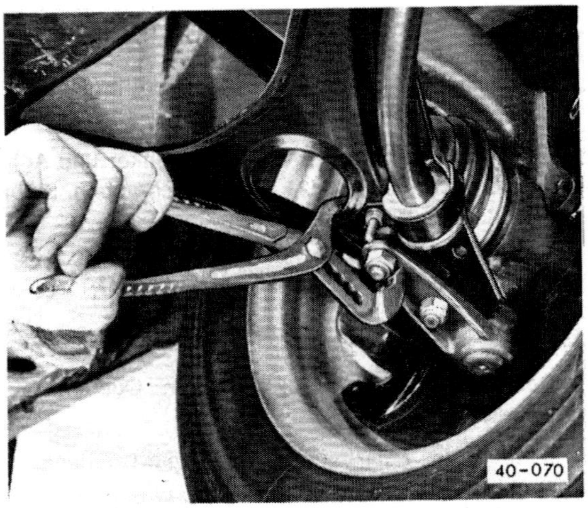

- Innensechskantschrauben am inneren Gelenk mit 35 Nm (3,5 mkg) anziehen. Federringe nicht vergessen.
- Sechskantschrauben für Gelenkwelle am Achsantrieb mit 35 Nm (3,5 mkg) anziehen.
- Sechskantmutter an Radnabe mit 250–300 Nm (25,0–30,0 mkg) anziehen. Dabei muß das Fahrzeug auf dem Boden stehen.

Gelenkwelle zerlegen

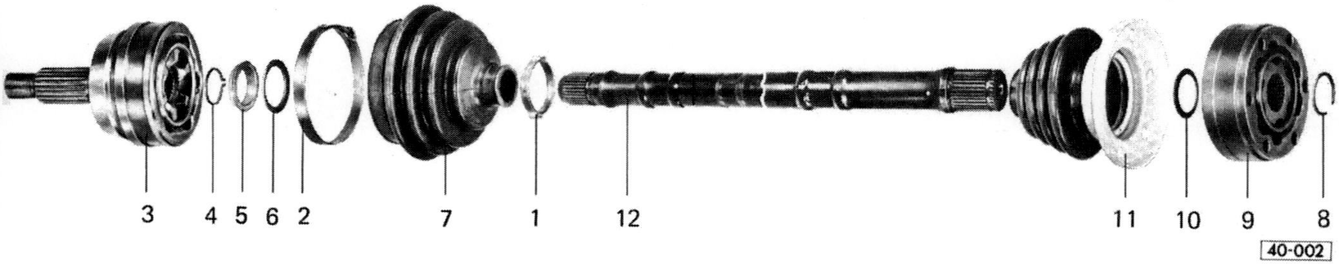

Pos.	Benennung	Stück
1	Klemme 34 mm Ø	1
2	Schlauchbinder 88 mm Ø	1
3	Gleichlaufgelenk außen	1
4	Sicherungsring	1
5	Abstandsscheibe	1
6	Tellerfeder	1
7	Gelenkschutzhülle	1
8	Sicherungsring	1
9	Gleichlaufgelenk innen	1
10	Tellerfeder	1
11	Gelenkschutzhülle	1
12	Welle	1

Zerlegen

- Klemme (1) mit Seitenschneider aufschneiden und abnehmen. Schlauchbinder (2) abnehmen. Gelenkschutzhülle zurückschieben.
- Sicherungsring (4) am Gleichlaufgelenk (3) mit Spitzzange spreizen (A), gleichzeitig mit Gummihammer auf Stirnseite des Gelenkes schlagen, damit Sicherungsring aus der Nut springt.

- Gelenk (3), Sicherungsring (4), Abstandsscheibe (5), Tellerfeder (6) abnehmen.
- Sicherungsring (8) mit Sicherungszange (oder Schraubenzieher) abnehmen.
- Schutzkappe vom Gelenk abdrücken.

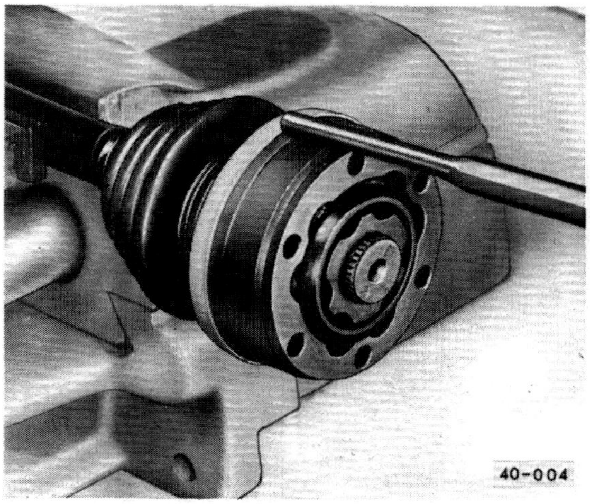

- Zum Abdrücken des Gelenkes (9) werden Spezialwerkzeuge (VW 402 und 408 a) benötigt.

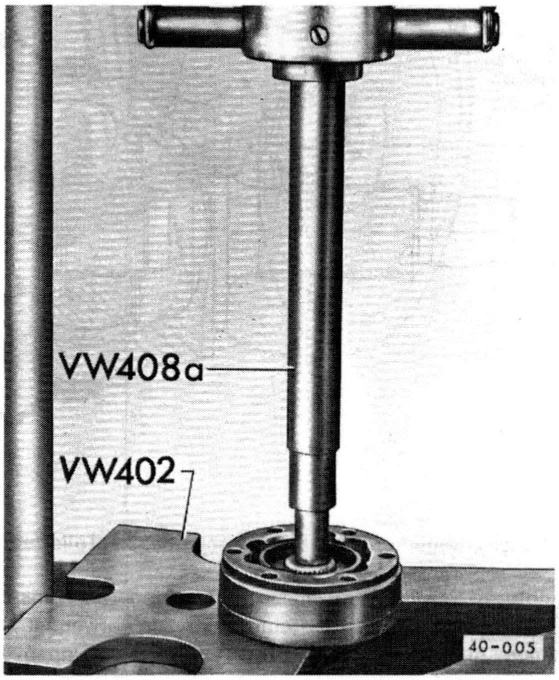

- Tellerfeder (10) und Gelenkschutzhülle (11) von der Welle abnehmen.

Zusammenbau

- Gelenkschutzhülle (11) auf Welle (12) schieben, Tellerfeder (10) auf Welle schieben. Der große Durchmesser der Tellerfeder stützt sich am Gelenk ab.

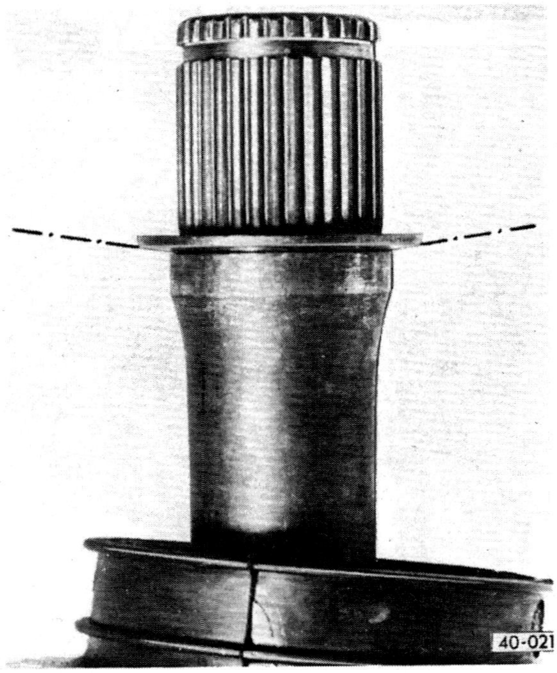

40-021

- Gleichlaufgelenk innen (9) mit Presse und VW-Spezialwerkzeugen (VW 412, VW 432, VW 522, 40-204, VW 402, VW 401) aufpressen.

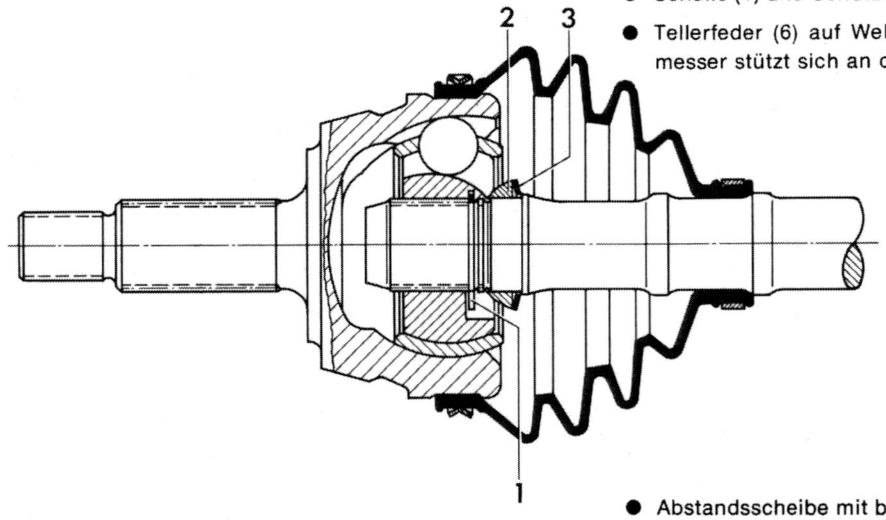

40-008

1 – Sicherungsring, 2 – Abstandsscheibe, 3 – Tellerfeder

Achtung: Es sind unterschiedliche Tellerfedern im Einsatz. Seit Mai 1980 werden gedrehte Vollwellen verwendet, bei denen die erforderlichen Tellerfedern eine Innenverzahnung aufweisen. Diese Tellerfedern dürfen an den anderen Wellen nicht verwendet werden.

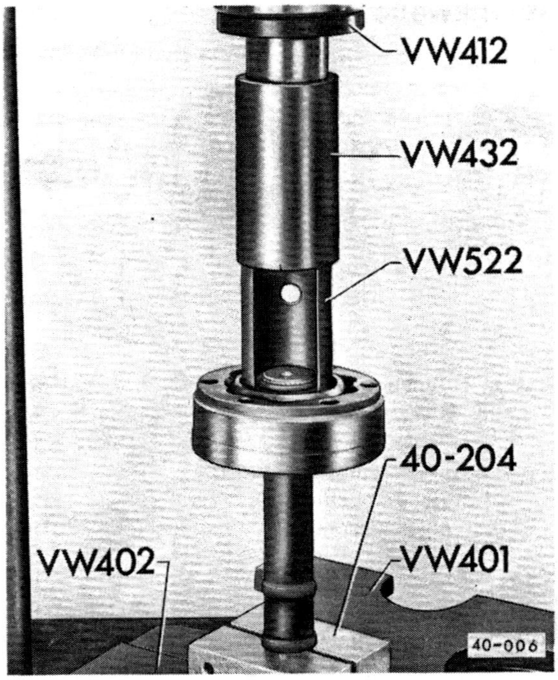

- Neues Gelenk muß von jeder Seite mit 45 g, insgesamt 90 g, MoS_2 geschmiert werden.
- Mit Presse und Spezialwerkzeugen Gelenk so weit auf die Welle pressen, daß neuer Sicherungsring (8) in die Nut der Welle gedrückt werden kann.
- Gelenkschutzhülle (11) über Gelenk stülpen.
- Schelle (1) und Schutzhülle (7) über Welle (12) stülpen.
- Tellerfeder (6) auf Welle schieben. Der große Durchmesser stützt sich an der Abstandsscheibe ab.
- Abstandsscheibe mit balliger Seite zum Gelenk auf die Welle schieben (siehe Abbildung 40-008).
- Sicherungsring (4) in Gelenk (3) einsetzen. Mit Gummihammer auf Welle treiben, bis Sicherungsring in die Nut einrastet.
- Gelenk nachfetten. Bei Wechsel muß 90 g MoS_2-Schmierfett in das Gelenk gedrückt werden.
- Schutzhülle (7) in richtige Lage bringen, Schlauchbinder festklemmen.

Die Hinterachse

Aufbau

Die Hinterachse des Passat besteht aus einem U-Rohr, in dem ein Torsionsrohr verschweißt ist. Das Torsionsrohr wirkt als Stabilisator und verringert die Kurvenneigung des Fahrzeugs. An dem U-Profil ist auf jeder Seite ein Längslenker angeschweißt, der die Bremskräfte abstützt. Die Längslenker sind in Gummimetallagern am Aufbau befestigt. Eine zusätzliche Diagonalstrebe, am Fahrzeugaufbau und am Hinterachskörper befestigt, übernimmt die seitliche Abstützung der Hinterachse. Die Abfederung der Hinterachse geschieht über zwei Schraubenfedern sowie zwei Stoßdämpfer.

Torsionsrohr
im U-Profil:
An beiden Enden des Achskörpers mit dem Flansch verschweißt.

Auswechselbarer Hinterachszapfen.

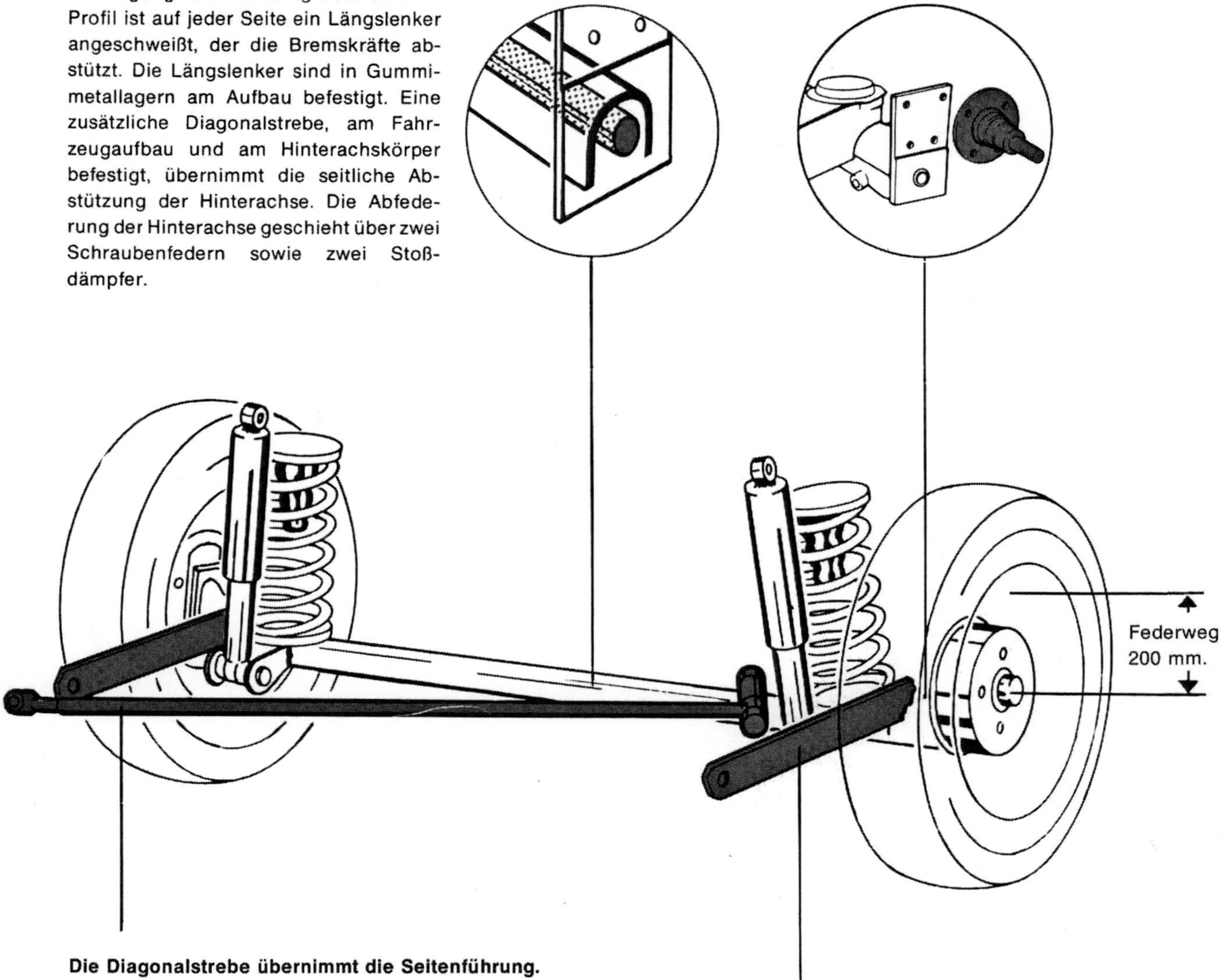

Die Diagonalstrebe übernimmt die Seitenführung.

Sie ist in Gummimetallagern am Hinterachskörper und am Aufbau befestigt.

Die mit dem U-Profil der Hinterachse verschweißten **Längslenker übernehmen die Bremskräfte.**

Die Längslenker sind in Gummimetallagern am Aufbau befestigt.

Radaufhängung hinten

Pos.	Benennung	Stück
1	Kappe	1
2	Splint	1
3	Kronensicherung	1
4	Sechskantmutter M 16 x 1	1
5	Druckscheibe	1
6	Radlager außen	1
7	Bremstrommel	1
8	Dichtring	1
9	Radlager innen	1
10	Sicherungsring	1
11	Sechskantschraube	4
12	Federring	4
13	Bremsträger komplett	1
14	Achszapfen	1
15	Hinterachskörper	1

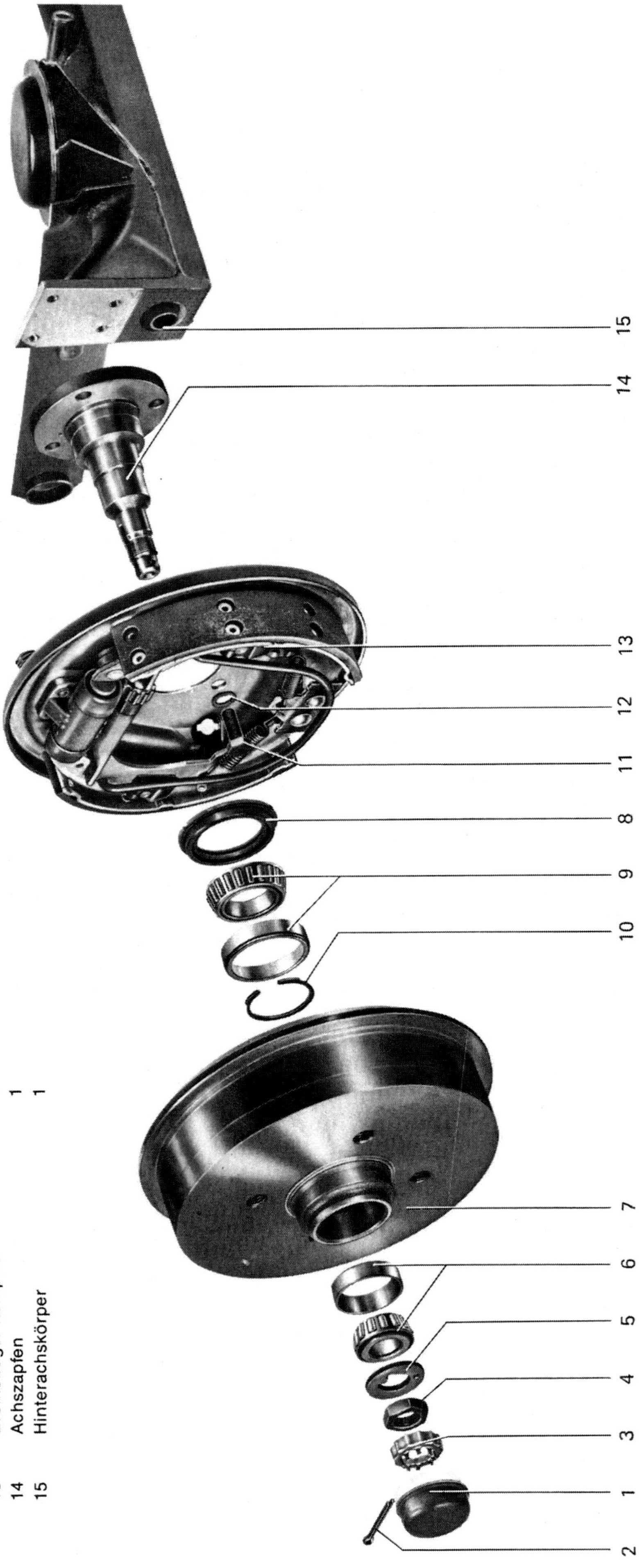

Bremstrommel/Bremsträger/ Achszapfen aus- und einbauen

Ausbau

- Radmuttern lösen, Wagen aufbocken, Rad abnehmen.
- Schutzkappe (1) abdrücken. Das Abdrücken der Schutzkappe kann mit unterschiedlichen Werkzeugen erfolgen, dabei ist jedoch besonders darauf zu achten, daß die Kappe nicht beschädigt wird. Durch eine schadhafte Fettkappe kann Wasser in das Radlager eindringen wodurch dieses in kürzester Zeit zerstört wird. Daher verbeulte oder verzogene Fettkappe immer ersetzen.
- Splint (2) an den Enden geradebiegen und herausziehen.
- Kronensicherung (3) abnehmen, Mutter (4) abschrauben, Druckscheibe (5) abnehmen.
- Bremsbacken zurückstellen, siehe Seite 133.
- Radlager (6) mit Bremstrommel abnehmen. Falls erforderlich, Bremstrommel mit einem Universalabzieher vom Achszapfen ziehen.

- Dichtring (8) und Radlager (9) herausnehmen, falls es nicht mit der Bremstrommel herausgezogen wurde.
- Die Radlager-Außenlaufringe können, wenn nötig, mit einem Kupferdorn herausgetrieben werden.
- Wenn der Achszapfen ausgebaut wird: Bremsleitung vom Radbremszylinder abschrauben.
- Sechskantschrauben (11) abschrauben, Bremsseil aushängen, Bremsträger komplett mit Achszapfen abnehmen.

Einbau

- Achszapfen an mindestens 3 Punkten am Umfang messen. Unterschied der gemessenen Werte darf 0,25 mm nicht überschreiten, sonst Achszapfen ersetzen.

- Achszapfen (14) und Bremsträger (13) an Hinterachskörper (15) anschrauben. Schrauben (11) mit 65 Nm (6,5 mkg) festziehen. Federringe nicht vergessen!
- Handbremsseil einhängen.
- Radlager (9) mit Fett in Bremstrommel einsetzen, Dichtring (8) mit Gummihammer über Kreuz einschlagen.
- Bremstrommel auf Verschleiß, Beschädigungen, Maßhaltigkeit, Gewinde für die Radschrauben und einwandfreie Bremsfläche prüfen. Nabe mit Mehrzweckfett füllen. Bremstrommel aufsetzen.
- Radlager (6) mit Universalfett einfetten und auf Achszapfen schieben, Druckscheibe (5) mit Sechskantmutter (4) aufschrauben.
- Radlagerspiel einstellen. Dazu Sechskantmutter (4) fest anziehen. **Achtung:** Rad beim Anziehen der Mutter drehen, damit sich das Radlager nicht verklemmt.

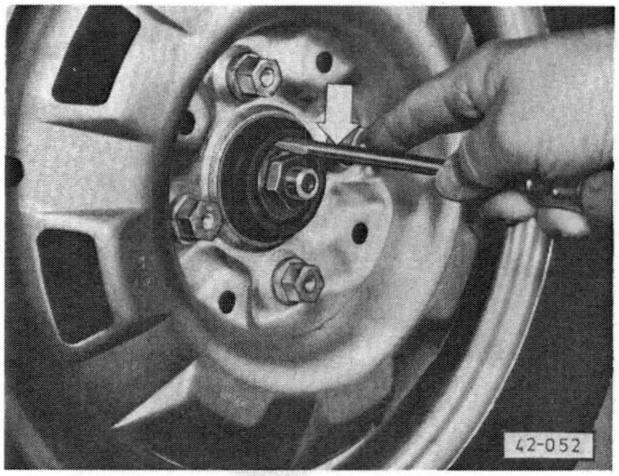

- Sechskantmutter leicht lösen. Das Radlagerspiel ist richtig eingestellt, wenn sich die Druckscheibe (5) mit einem Schraubenzieher durch Fingerdruck (Pfeil) noch verschieben läßt. Dabei darf auf keinen Fall der Schraubenzieher durch Dreh- oder Hebelbewegung abgestützt werden.
- Kronensicherung (3) so aufsetzen, daß sich der Splint einstecken läßt.
- Neuen Splint (2) einsetzen und an den Enden umbiegen.
- Fettkappe mit geeignetem Rohr aufdrücken. Der Innendurchmesser des Rohres muß dabei am Wulst der Fettkappe anliegen. **Achtung:** Verbeulte oder verzogene Fettkappe immer ersetzen.
- Handbremse und Fußbremse einstellen, Bremse entlüften, siehe Seite 137.

Federung hinten

Pos.	Benennung	Stück
1	Sechskantmutter	1
2	Sechskantschraube	1
3	Sechskantschraube	1
4	Federring	1
5	Stoßdämpfer	1
6	Gummilager oben	1
7	Buchse für Gummilager oben	1
8	Buchse für Gummilager unten	1
9	Gummilager unten	1
10	Schraubenfeder	1
11	Anschlagpuffer	1
12	Dämpfungsring	1
13	Sechskantmutter	1
14	Sechskantschraube	1
15	Sechskantmutter	1
16	Scheibe	2
17	Sechskantschraube	1
18	Gummi-Metallager	2
19	Diagonalstrebe	1
20	Sechskantschraube	1
21	Federring	1
22	Hinterachskörper	1
23	Gummi-Metallager	1

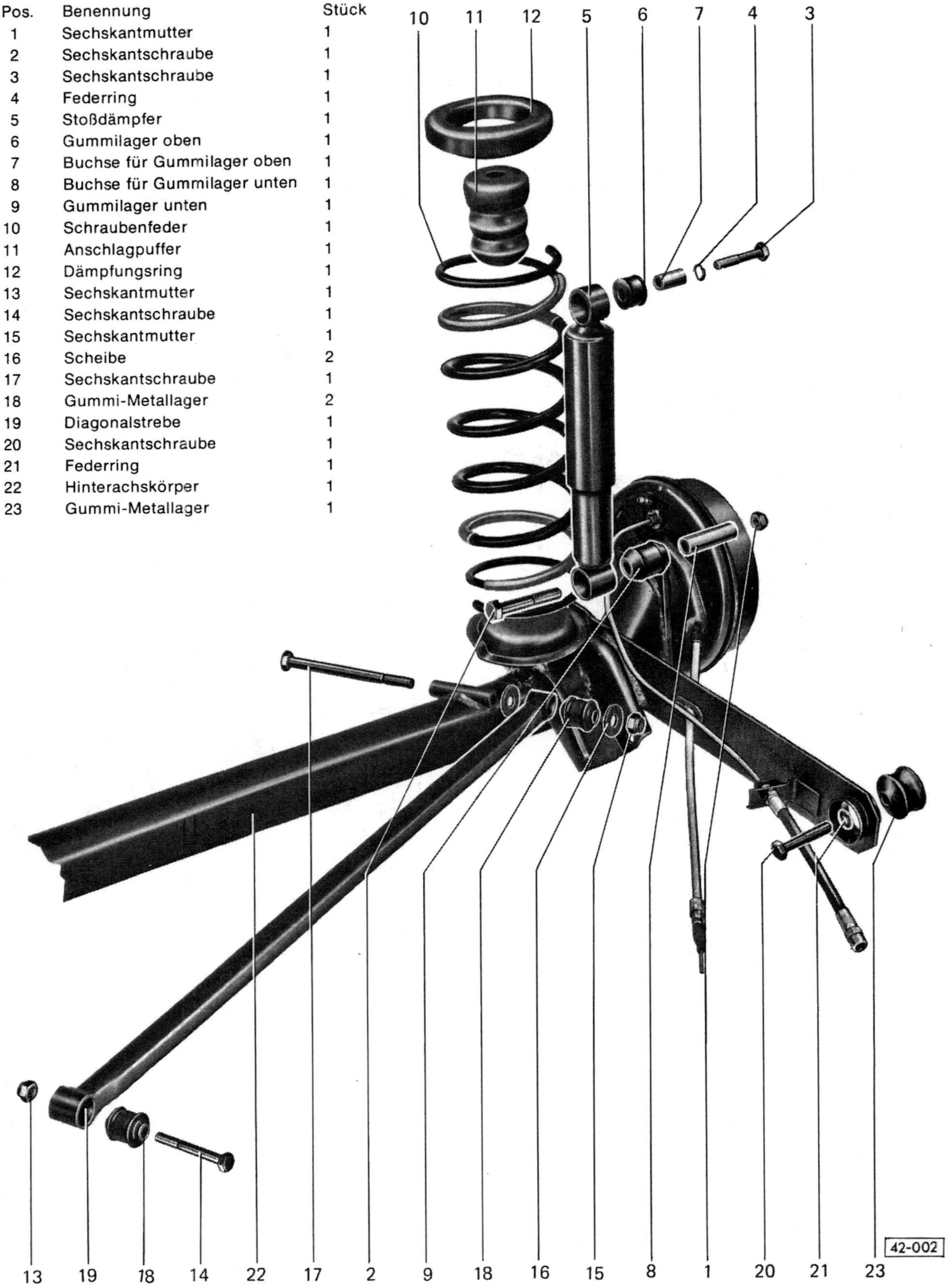

Diagonalstrebe aus- und einbauen

Ausbau

- Muttern (13, 15) abschrauben, Schrauben (14, 17) aus Diagonalstrebe herausziehen, Diagonalstrebe (19) abnehmen.
- Strebe auf Verbiegung prüfen, Gummi-Metallager (18) bei Verschleiß ersetzen.

Einbau

- Strebe ansetzen, Muttern (13, 15) mit 85 Nm (8,5 mkg) festziehen.

Stoßdämpfer prüfen

Der Stoßdämpfer kann von Hand geprüft werden.

- Stoßdämpfer ausbauen.
- Stoßdämpfer in Einbaulage halten, Stoßdämpfer auseinanderziehen und zusammendrücken.
- Der Stoßdämpfer muß sich über den gesamten Hub gleichmäßig schwer und ruckfrei bewegen lassen.
- Defekte Dämpfer erkennt man auch während der Fahrt an Poltergeräuschen.
- Bei einwandfreier Funktion sind geringe Spuren von Stoßdämpferöl kein Grund zum Austausch.
- Bei starkem Ölverlust Stoßdämpfer austauschen.

Stoßdämpfer aus- und einbauen

Ausbau

- Wenn der Wagen aufgebockt ist, muß der Hinterachskörper angehoben werden, sonst Wagen auf dem Boden stehen lassen.
- Sechskantschraube (2) abschrauben und herausziehen.
- Sechskantschraube (3) herausschrauben, Stoßdämpfer herausnehmen.
- Gummilager (6, 9) bei Verschleiß mit Presse aus Stoßdämpferauge drücken und erneuern.

Einbau

- Stoßdämpfer ansetzen und zuerst mit Schraube (2) anziehen, Sechskantschraube (3) mit 60 Nm (6,0 mkg) festziehen.

Die Lenkung

Die Lenkung besteht praktisch aus der Lenksäule mit dem Lenkrad und dem Lenkgetriebe mit den Spurstangen und dem Lenkungsdämpfer. Die mittig angelenkten Spurstangen verursachen nur sehr geringe Spurveränderungen beim Einfedern der Vorderräder. Dadurch wird eine stabile Radführung in allen Stellungen erreicht, die geringen Reifenverschleiß garantiert.

Die Zahnstangenlenkung ist leichtgängig und spielfrei von Anschlag zu Anschlag. Sie ist wartungsfrei, doch ist auf einwandfreie Abdichtung der Manschetten zu achten.

Die Lenkung ist als Sicherheitslenkung ausgebildet. Hierzu befindet sich hinter dem Armaturenbrett ein Knautschbock, der sich bei Aufprall des Fahrers gegen das Lenkrad verformt. Gleichzeitig klinkt am Lenkgetriebe die Sicherheitskupplung aus. Die Lenksäule schiebt sich dann im Bereich der Sicherheitskupplung zusammen.

Lenkrad aus- und einbauen

Ausbau

- Abdeckkappe mit den Händen vom Lenkrad abziehen.
- Sechskantmutter von Lenksäule abschrauben. Lenkrad mit den Handballen von Lenksäule abschlagen.

Einbau

- Räder in Geradeausstellung bringen, Auslösezunge am Lenkrad zeigt nach rechts. Darauf achten, daß der Blinkerhebel in Mittelstellung steht, da sonst beim Aufsetzen des Lenkrades der Auslösenocken durch die am Lenkrad angebrachte Zunge beschädigt werden kann.
- Beim Aufsetzen des Lenkrades von Hilfsperson Verbindung Lenksäule/Flanschrohr (A) mit Wasserpumpenzange zusammenhalten.
- Fächerscheibe auf Lenksäule setzen, Mutter mit 50 Nm (5,0 mkg) festziehen.
- Abdeckkappe auf Lenkrad setzen.
- Zwischen Lenkrad und Lenkstockschalter muß der Abstand a = 2–3 mm betragen.
- Falls der Abstand nicht vorhanden ist, mit Schraubenzieher im Punkt E Lenksäule so weit nach unten drükken, bis der Abstand a = 2–3 mm erreicht ist. Entsprechend starkes Blech zwischenlegen. Gleichzeitig das Sicherheitselement (A) mit einer Wasserpumpenzange zusammenhalten.
- In dieser Lage der Lenksäule von Hilfsperson Befestigungsmutter (B) für Flanschrohr (D) am Lenkgetriebe (C) lösen. Dabei verschiebt sich das Flanschrohr auf dem Lenkritzel nach unten. Befestigungsmutter wieder festziehen. Zwischenblech entfernen.

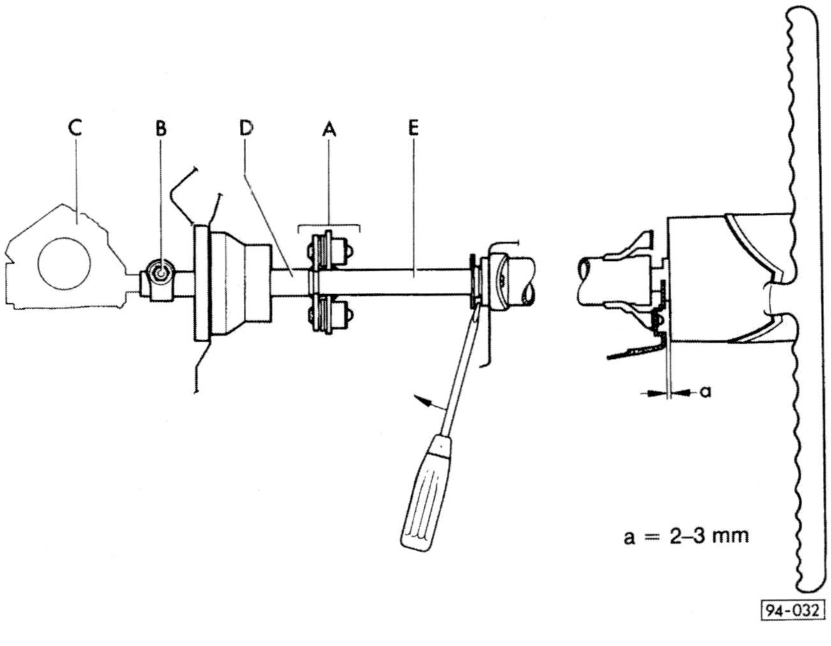

Lenksäule mit Mantelrohr

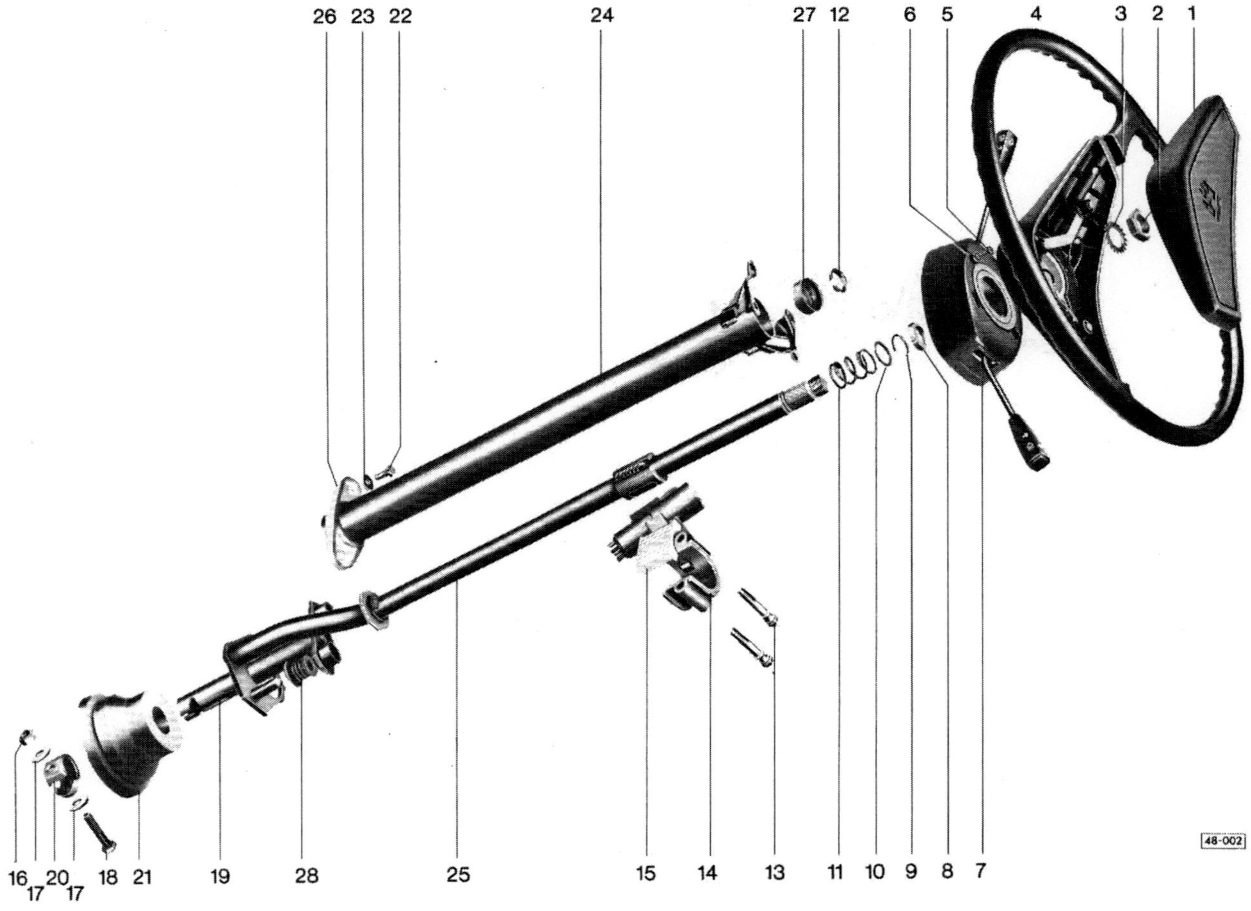

Pos.	Bennung	Stück	Pos.	Benennung	Stück
1	Abdeckkappe	1	15	Beilage	1
2	Sechskantmutter	1	16	Sechskantmutter	1
3	Fächerscheibe	1	17	Scheibe	2
4	Lenkrad	1	18	Sechskantschraube	1
5	Linsenblechschraube	4	19	Flanschrohr	1
6	Scheibe	4	20	Schelle	1
7	Gehäuse für Lenkstockschalter	1	21	Tülle	1
8	Anschlagring	1	22	Sechskantschraube	2
9	Sprengring	1	23	Scheibe	2
10	Scheibe	1	24	Mantelrohr	1
11	Druckfeder für Lenksäule	1	25	Lenksäule	1
12	Stützring	1	26	Lager	1
13	Abreißschraube	2	27	Kugellager für Lenksäule	1
14	Lenkschloß	1	28	Buchse für Flanschrohr	2

Lenkgetriebe/Lenkungsdämpfer/Spurstangen

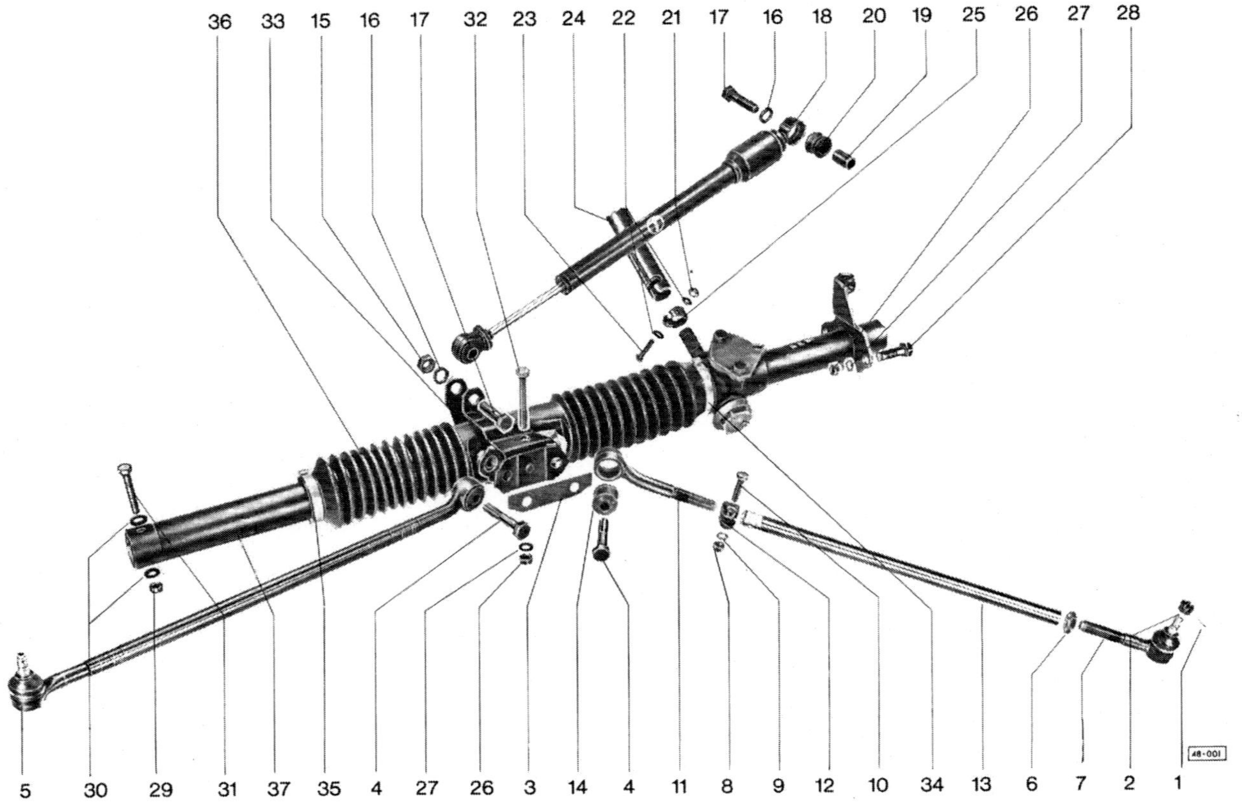

Pos.	Benennung	Stück
1	Splint	1
2	Kronenmutter	1
3	Sicherungsblech	1
4	Sechskantschraube	2
5	Spurstange rechts, einstellbar	1
6	Sechskantmutter	1
7	Spurstangenkopf außen	1
8	Sechskantmutter	1
9	Federring	1
10	Sechskantschraube	1
11	Spurstangenkopf innen	1
12	Klemmschelle	1
13	Spurstangenrohr	1
14	Gummi-Metallager	2
15	Sechskantmutter	1
16	Federring	2
17	Sechskantschraube	2
18	Lenkungsdämpfer	1
19	Buchse für Gummilager	2
20	Gummilager	2
21	Sechskantmutter	1
22	Scheibe	2
23	Sechskantschraube	1
24	Flanschrohr	1
25	Schelle	1
26	Sechskantmutter	2
27	Federring	2
28	Sechskantschraube	2
29	Sechskantmutter	2
30	Scheibe	2
31	Sechskantschraube	2
32	Sechskantschraube	1
33	Lasche mit Reiter	1
34	Klemme für Schutzhülle	1
35	Klemme für Schutzhülle	1
36	Schutzhülle für Lenkgetriebe	1
37	Lenkgetriebe	1

Spurstange erneuern

Ausbau

- Vorderrad lösen, Wagen aufbocken.

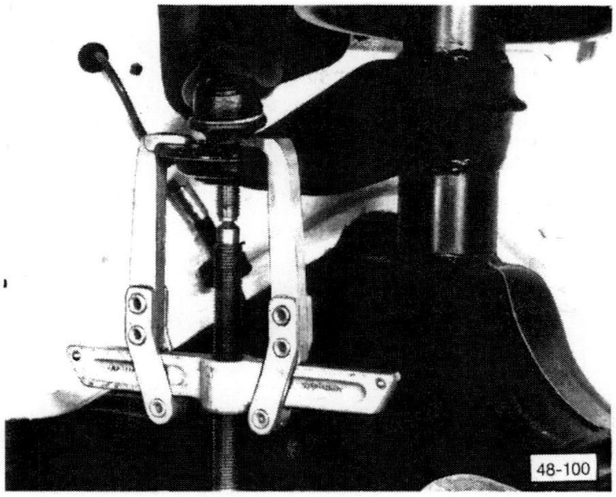

- Mutter am Spurstangenkopf abschrauben, Spurstangengelenk mit Ausdrücker für Spurstangenköpfe ausdrücken.
- Am Lenkgetriebe Sicherungsblech aufbiegen, Schraube herausdrehen, Spurstange abnehmen.

Einbau

Achtung: Als Ersatzteil wird nur eine einstellbare Spurstange geliefert. Diese Spurstange ist auf die Länge 542 ± 1 mm einzustellen. Gemessen wird von Mitte Spurstangenkopf bis Mitte Spurstangenkopfauge. Diese Einstellanweisung gilt nur für die nicht einstellbare Spurstange.

- Die rechte, serienmäßige Spurstange – in Fahrtrichtung – ist nicht einstellbar. Eingestellt wird die neue Spurstange, indem die Kontermutter am Spurstangenkopf und die Schelle auf der anderen Seite gelöst wird. Sodann kann die Spurstange verdreht – und dadurch die Länge verändert werden. Spurstangenkopf mit Kontermutter und auf der anderen Seite mit Schelle sichern.
- Falls die einstellbare, linke Spurstange ausgewechselt wird, ist die neue Spurstange auf das Maß der alten einzustellen.
- Spurstange einsetzen. **Neues Sicherungsblech** verwenden. Schraube für Spurstange am Lenkgetriebe mit 55 Nm (5,5 mkg) anziehen, Sicherungsblech umschlagen.
- **Neue selbstsichernde Mutter** für Spurstangenkopf verwenden, Mutter mit 30 Nm (3,0 mkg) festziehen bzw. Mutter mit neuem Splint sichern. Falls Splint nicht durch das Loch geht, Mutter weiter anziehen, nicht lösen.
- Vorderrad aufsetzen, Wagen abbocken. Radschrauben mit 90 Nm (9,0 mkg) festziehen.
- Spureinstellung überprüfen, siehe Seite 118.

Zahnstangenlenkung einstellen

Die Lenkung soll von Anschlag zu Anschlag spielfrei sein. Fahrzeug auf dem Boden stehen lassen, Lenkrad langsam nach links und rechts drehen. Dabei muß die Lenkung sofort greifen, sonst Lenkung einstellen.

Einstellen

- Lenkung in Mittelstellung bringen.

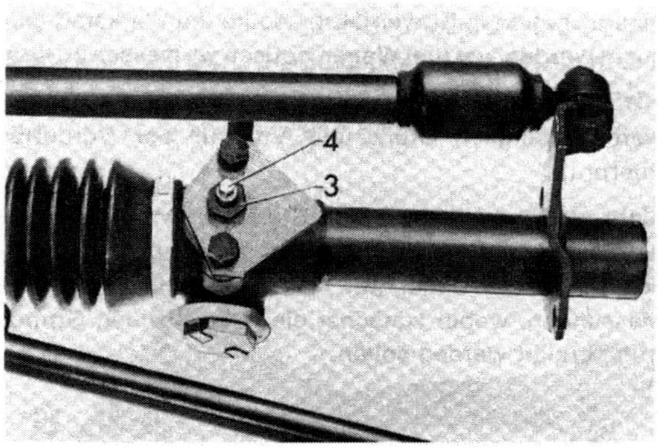

- Kontermutter (3) lösen, Einstellschraube (4) mit Maulschlüssel festhalten.
- Einstellschraube von Hand so weit einschrauben, bis sie fühlbar an der Druckscheibe zur Anlage kommt.
- Einstellschraube (4) mit Mutter (3) kontern, beim Kontern Einstellschraube (4) mit Maulschlüssel festhalten.

Einstellkontrolle

Fahrzeug auf dem Boden stehen lassen. Lenkung hin- und herbewegen.

- Lenkung schwergängig und schlechter Rücklauf: Lenkung zu fest eingestellt.
- Lenkung klappert weiterhin: Lenkung zu lose eingestellt oder Schaden im Lenkgetriebe.

Lenkungsdämpfer aus- und einbauen

Ausbau

- Sechskantmutter (15) abschrauben, Schraube herausziehen.
- Schraube (17) herausschrauben, Lenkungsdämpfer herausnehmen.

Einbau

Gummilager des Lenkungsdämpfers prüfen. Verschlissene Gummilager erneuern. Lenkungsdämpfer auf Wirksamkeit prüfen. Der Dämpfer muß sich über den gesamten Hub gleichmäßig schwer bewegen lassen. Zug- und Druckdämpfung muß bis zur Endstellung deutlich spürbar sein.

- Dämpfer einsetzen und mit Schrauben (17) anschrauben. Mutter (15) festziehen.

Die Wagenvermessung

Optimale Fahreigenschaften und geringster Reifenverschleiß sind nur dann zu erzielen, wenn die Stellung der Räder einwandfrei ist. Bei anomaler Reifenabnutzung sowie mangelhafter Straßenlage – bei schlechter Richtungsstabilität in Geradeausfahrt sowie schlechten Lenkeigenschaften in Kurvenfahrt – sollte die Werkstatt aufgesucht werden, um den Wagen optisch vermessen zu lassen.

Wo solch eine Gesamtvermessung nicht möglich ist, werden lediglich Sturz und Vorspur der Vorderräder überprüft.

Mehr als diese Prüfung von Sturz und Vorspur ist auch außerhalb der Werkstätten kaum durchzuführen. Wir beschränken uns daher auf die Beschreibung nur dieser Messungen, wobei zunächst die theoretischen Grundbegriffe erklärt werden sollen.

Die Spur

In der Regel müssen Vorderräder Vorspur haben, weil sie – veranlaßt durch Sturz und Rollwiderstand – in Geradeausfahrt etwas nach außen laufen, da Spiel in den Radlagern, Radaufhängungen und Spurstangengelenken vorhanden ist. Die Vorspur kompensiert das Bestreben der Vorderräder, nach außen zu laufen. Für die Vorspur werden die Räder so eingestellt, daß sie – in Höhe des Radmittelpunktes gemessen – vorn etwas enger zusammenstehen als hinten.

Beim Passat kann, durch Ausnutzen der Toleranzen, sowohl Nach- als auch Vorspur eintreten.

Sturz und Spreizung

Sturz und Spreizung vermindern die Übertragung von Fahrbahnstößen auf die Lenkung und halten bei Kurvenfahrt die Reibung möglichst gering.

Sturz ist der Winkel, um den die Radebene von der Senkrechten abweicht. Die Vorderräder stehen also schräg, und zwar im Radaufstandspunkt mehr zusammen als oben.

Spreizung ist der Winkel zwischen der Schwenkachse des Achsschenkels und der Senkrechten im Reifenaufstandspunkt, in Längsrichtung des Wagens gesehen.

Durch den Sturz- und Spreizungswinkel werden die Berührungspunkte der Räder auf der Fahrbahn näher an die Schwenkachse des Achsschenkels herangebracht. Damit wird der sogenannte Lenkrollhalbmesser klein gehalten. Je kleiner der Lenkrollhalbmesser ist, desto leichtgängiger ist die Lenkung. Auch die Fahrbahnstöße wirken sich wesentlich schwächer auf das Lenkgestänge aus.

Beim PASSAT ist der Lenkrollradius negativ. Dadurch wird größte Richtungsstabilität erreicht, wenn ungleiche Bremswirkung an den Vorderrädern auftritt.

Nachlauf

Der Nachlauf beeinflußt maßgeblich die Geradeausführung der Vorderräder. Zu geringer Nachlauf begünstigt ein Abweichen aus der Fahrtrichtung auf schlechten Straßen und bei Seitenwind, läßt überdies nach der Kurvenfahrt die Lenkung weit genug zur Mittelstellung zurücklaufen. Der Nachlauf wird konstruktiv durch das Anwinkeln des Achsschenkels erreicht und ist nicht einstellbar, muß jedoch nach einer Reparatur des Vorderwagens oder des Vorderachskörpers kontrolliert werden (Werkstattarbeit).

Spur prüfen/einstellen

- Wagen aufbocken.
- An der einstellbaren, linken Spurstange Kontermuttern lösen.
- Wagen abbocken.
- Spurmeßgerät vorn an den Felgenhörnern ansetzen und Meßstellen mit Kreide markieren. Meßskala des Gerätes auf Null stellen.
- Wagen um eine halbe Radumdrehung nach vorn rollen und Meßgerät an die jetzt hintenliegenden Kreidemarkierungen anlegen. Meßwert ablesen. Meßwert = Gesamtspur.
- Spur durch Verdrehen der Gewindehülse an der Spurstange einstellen.
- Wird die Spureinstellung auf einem optischen Achsmeßstand vorgenommen, dann ist zu prüfen, ob das Lenkrad bei geradeausstehenden Rädern in Mittelstellung steht (Lenkradspeiche waagerecht). Gegebenenfalls Lenkrad entsprechend umsetzen.
- Wird die Spur mit einem mechanischen Spurmeßgerät eingestellt, anschließend Probefahrt durchführen. Wird dabei festgestellt, daß das Lenkrad bei Geradeausfahrt nicht in Mittelstellung steht, muß es entsprechend umgesetzt werden.
- Kontermuttern an der Gewindehülse festziehen.

Das Einstellen

Die Fahrzeugvermessung ist zweckmäßig mit einem optischen Achsmeßgerät, das wagenunabhängig arbeitet, durchzuführen. Falls ein optisches Achsmeßgerät nicht zur Verfügung steht, kann der Sturz auch mit dem Winkelmeßgerät VW 261 und der Spurwinkel mit einem mechanischen Spurmaß geprüft werden. Für jede Vermessung müssen folgende Voraussetzungen erfüllt sein:

- Vorschriftsmäßiger Reifendruck.
- Genau ebene, waagerechte Meßfläche.
- Fahrzeug bei Leergewicht (mit Reserverad und möglichst mit gefülltem Kraftstoffbehälter).
- Richtig eingestellte Lenkung.
- Kein unzulässiges Spiel im Lenkgestänge.
- Fahrzeug richtig durchgefedert.

Sturz prüfen und einstellen

Zur Sturzprüfung wird entweder ein optischer Vermessungsprüfstand oder ein Winkelmeßgerät benötigt. Der Sturz wird an jedem Rad einzeln geprüft und eingestellt.

Prüfen

- Wagen auf ebene Fläche fahren, Vorderräder genau in Geradeausstellung bringen.
- Winkelmeßgerät an Felge anlegen und Anlagepunkt mit Kreide markieren.

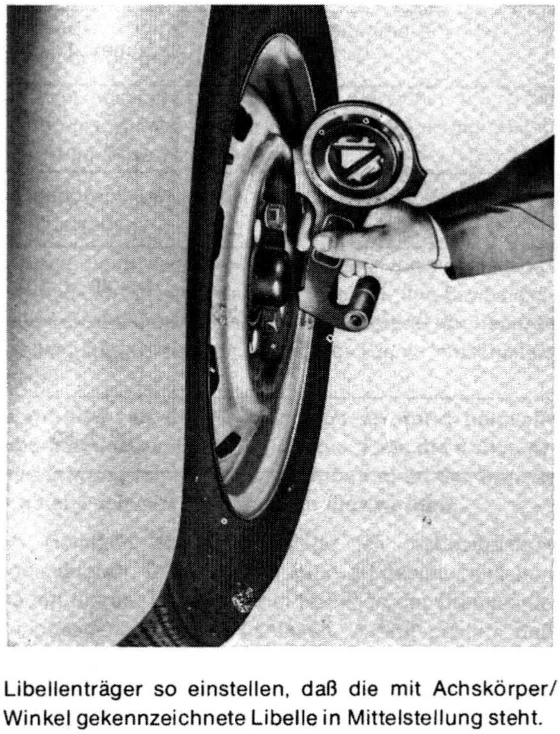

- Libellenträger so einstellen, daß die mit Achskörper/Winkel gekennzeichnete Libelle in Mittelstellung steht.
- Sturzwert ablesen und markieren.
- Wagen um eine halbe Radumdrehung nach vorn rollen.
- Winkelmeßgerät wieder an die mit Kreide markierten Punkte anlegen und Messung wiederholen.
- Der mittlere Sturzwert ergibt sich aus der ersten und zweiten Messung.

Einstellen

Der Sturz kann an jedem Rad einzeln geprüft und eingestellt werden, und zwar durch seitliches Verschieben des Führungsgelenkes innerhalb der Langlöcher des Querlenkers (Fahrzeug steht auf den Rädern).

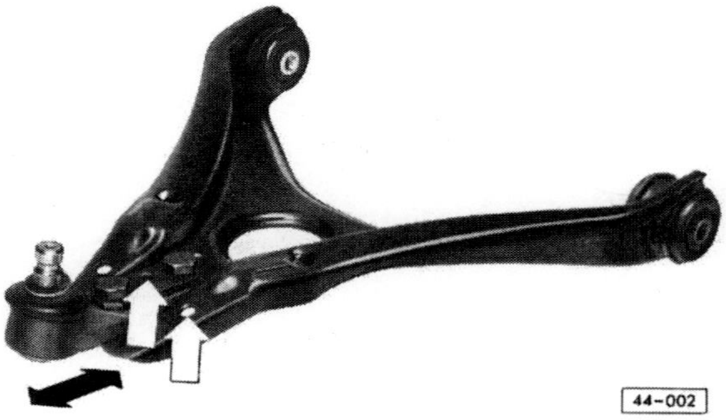

- Befestigungsmuttern für Führungsgelenk an Querlenker lösen.
- Führungsgelenk mit geeignetem Hebel seitlich verschieben, bis der erforderliche Sturzwert erreicht ist.

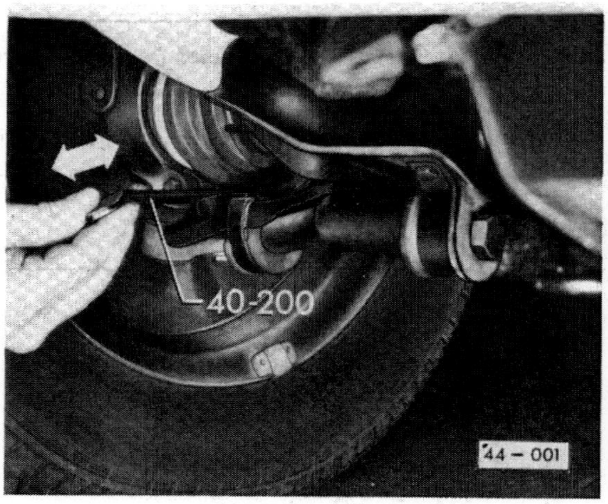

- Befestigungsmuttern festziehen und Sturz noch einmal prüfen. Falls erforderlich, korrigieren.
- Spur prüfen, gegebenenfalls einstellen.

Einstellwerte für Spur und Sturz

Die folgenden Werte gelten für alle Modelle, sie sind auf das Leergewicht bezogen.

Vorderachse

10 Winkelminuten entsprechen einem Spurmaß beim 13"-Reifen von 1,0 mm

Gesamtspur der Vorderräder ungedrückt	+ 10′ ± 15′ oder – 0,5 bis + 2,5 mm
Gesamtspur der Vorderräder gedrückt (hierbei werden in der Werkstatt die Räder mit einer Feder hinten auseinandergedrückt, um das Lagerspiel in den Spurstangengelenken und der Lenkübertragung auszuschalten)	+ 25′ ± 15′
Größe der Kraft zum Drücken der Vorderräder	10 ± 2 kg
Höchstzulässiger Unterschied zwischen Gesamtspur ungedrückt und gedrückt	15′
Sturz der Vorderräder in Geradeausstellung	+ 25′ ± 30′
Höchstzulässiger Unterschied zwischen beiden Seiten	30′
Spurdifferenzwinkel bei 20° Lenkeinschlag nach links und rechts (ungedrückt)	– 1° 15′
Versatz der Radlagerzapfen zueinander in Fahrtrichtung	max. 5 mm
Nachlaufwinkel eines Rades	+ 10′ ± 30′
entspricht dem Sturzunterschied eines Rades beim Lenkeinschlag von 20° links nach 20° rechts	+ 5′ ± 20′
Höchstzulässiger Unterschied zwischen links und rechts	max. 1°

Hinterachse

Die Hinterachse ist nicht einstellbar	
Sturz der Hinterräder	– 40′ ± 40′
Höchstzulässiger Unterschied zwischen beiden Seiten	30′
Gesamtspur der Hinterräder	0° ± 50′

Die Bremsanlage

Das hydraulische Fußbremssystem besteht aus dem Hauptbremszylinder, den Scheibenbremsen für die Vorderräder und den Trommelbremsen für die Hinterräder. Das hydraulische Bremssystem ist in zwei Kreise aufgeteilt, die diagonal wirken. Ein Bremskreis arbeitet vorn rechts/hinten links, der zweite vorn links/hinten rechts. Dadurch bremst bei Ausfall eines Bremskreises ein Vorderrad und das entgegengesetzte Hinterrad.

Seit dem August 1978 stellt sich die Hinterradbremse automatisch nach, es muß also nur noch in den vorgeschriebenen Intervallen die Belagdicke geprüft werden.

Wie auch bei der manuellen Bremsbackennachstellung erfolgt die automatische Nachstellung auch über eine in der Länge veränderliche Druckstange. Doch während bei der manuellen Einstellung ein Ritzel verdreht wird, ist bei dem automatischen System zwischen Primärbacke und Druckstange ein Keil mit einer Zugfeder angeordnet, der die Druckstange verlängert.

Durch die Anordnung der Druckstange ist nach einmaligem Betätigen der Fußbremse ein Lüftspiel zwischen Bremsbacken und Bremstrommel vorgegeben. Ist die Backenbewegung aufgrund von Belagverschleiß größer als das vorgegebene Lüftspiel, wird der Keil durch die Anordnung der Druckstange und der Federn nach unten gezogen. Dadurch verändert sich die Länge der Druckstange, und die Bremsbacken sind automatisch nachgestellt.

Der negative Lenkrollradius sorgt dafür, daß auch nur bei einem funktionsfähigen Bremskreis die Richtungsstabilität des Fahrzeugs gewährleistet ist. Der Druck in beiden Bremskreisen wird im Hauptbremszylinder über das Bremspedal aufgebaut.

Die Bremsflüssigkeit für das ganze System erhält der Hauptbremszylinder aus dem Bremsflüssigkeitsbehälter, der vorn im Motorraum untergebracht ist.

Die Handbremse wirkt über Seilzüge auf die Bremsbacken der Hinterräder.

Achtung: Beim nachträglichen Einbau von zusätzlichen Bremsleuchten ist ein Entlastungsrelais für den Bremslichtschalter einzubauen. Sonst kann es aufgrund der höheren Belastung zum vorzeitigen Ausfall des Bremslichtschalters kommen.

Das Arbeiten an der Bremsanlage erfordert peinliche Sauberkeit und exakte Arbeitsweise. Falls die nötige Arbeitserfahrung fehlt, sollten die Arbeiten an der Bremse von einer Fachwerkstatt durchgeführt werden.

Beim Reinigen der Bremsanlage fällt asbesthaltiger Bremsstaub an. Dieser Staub kann zu gesundheitlichen Schäden führen. Deshalb beim Reinigen der Bremsanlage, insbesondere beim Ausblasen, darauf achten, daß der Bremsstaub nicht eingeatmet wird.

Scheibenbremse vorn

Alle Passat-Modelle können wahlweise mit Bremssätteln der Firma Teves oder der Firma Girling ausgerüstet sein. Der Ausbau der Scheibenbremsbeläge sowie die Kontrolle der Belagstärke ist bei beiden Bremsen unterschiedlich, die Bremsbeläge für die beiden Bremsanlagen dagegen nicht. Seit Ende 79 ist für alle Modelle ein neuer VW-Einheits-Bremssattel im Einsatz. Dieser Bremssattel erfordert spezielle Bremsbeläge.

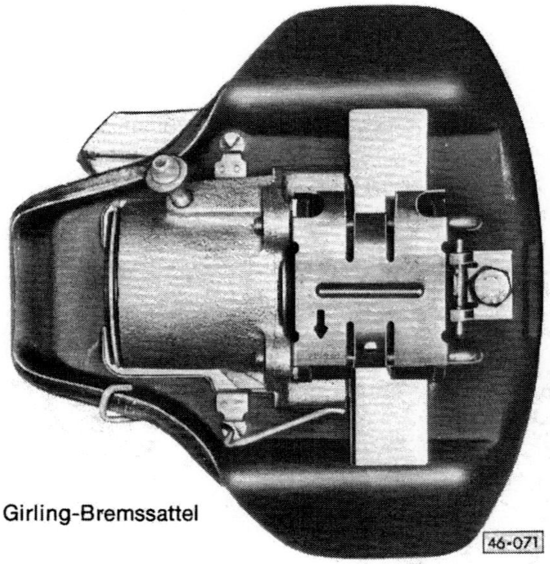

Girling-Bremssattel

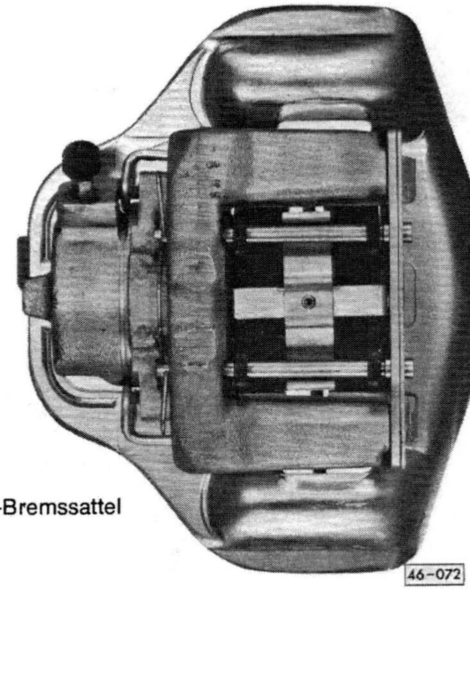

Teves-Bremssattel

Die Girling-Bremse
Bremsbeläge prüfen

- Zum Prüfen der Belagstärke müssen die Vorderräder nicht abgenommen werden.
- Wagen vorn aufbocken, mit Lampe in den Bremssattel leuchten, eventuell Spreizfeder heraushebeln.
- Die Belagstärke darf 2 mm **nicht** unterschreiten.

Scheibenbremsbeläge aus- und einbauen

Ausbau

- Wagen vorn aufbocken, Vorderräder abnehmen.

Achtung: Sollen die Bremsbeläge wieder verwendet werden, so müssen sie beim Ausbau gekennzeichnet werden. Ein Wechsel der Beläge von der Außen- zur Innenseite und umgekehrt oder auch vom rechten zum linken Rad ist nicht zulässig. Der Wechsel kann sonst zu ungleichmäßiger Bremswirkung führen.

46-157

- Belaghaltefeder mit Schraubenzieher abhebeln.

46-158

- Schraube für Belaghaltebügel herausschrauben, Belaghaltebügel mit Zange herausziehen.

46-159

- Bremsbeläge mit Zange oder Haken herausziehen.
- Kolben des Bremssattels vor dem Einbau der neuen Bremsbeläge zurückdrücken. Die Werkstatt benutzt dazu eine Kolbenrücksetzzange. Man kann die Kolben auch mit einem Hartholzstab zurückdrücken. **Achtung:** Beim Zurückdrücken der Kolben wird Bremsflüssigkeit aus dem Bremszylinder in den Ausgleichzylinder gedrückt. Flüssigkeitsstand im Behälter beobachten, eventuell Bremsflüssigkeit mit einem Saugheber absaugen. Vorsicht! Bremsflüssigkeit ist giftig und zerstört den Lack. Bremsflüssigkeit auf keinen Fall mit dem Mund über einen Schlauch absaugen.
- Bremsbeläge einsetzen.

46-161

● Vor dem Einbau Belaghaltebügel auf Verschleiß prüfen, eventuell erneuern. Belaghaltebügel einsetzen und mit Schraube (Pfeil) sichern.

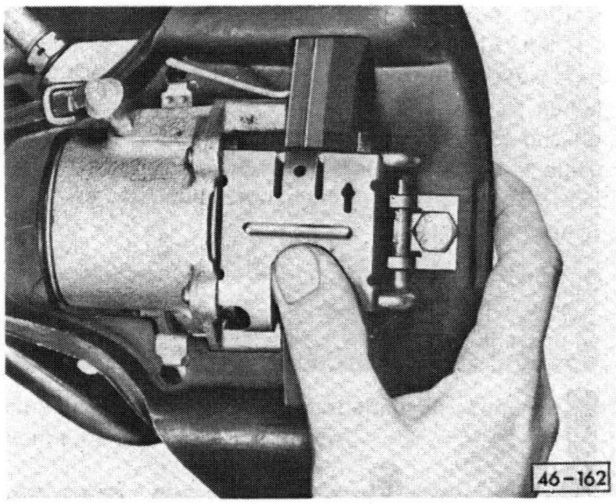

● Belaghaltefeder vor dem Einbau auf Verschleiß prüfen, gegebenenfalls ersetzen. Spreizfeder aufsetzen. Der Pfeil zeigt nach oben = Drehrichtung der Bremsscheibe bei Vorwärtsfahrt.

Achtung: Bremspedal im Stand mehrmals kräftig durchtreten, damit sich die Bremsbeläge entsprechend dem Betriebszustand einpassen.

Die Teves-Bremse
Scheibenbremsbeläge prüfen

● Mit Taschenlampe durch einen Durchbruch der Radscheibe in den Bremssattel strahlen, eventuell Vorderrad abnehmen.

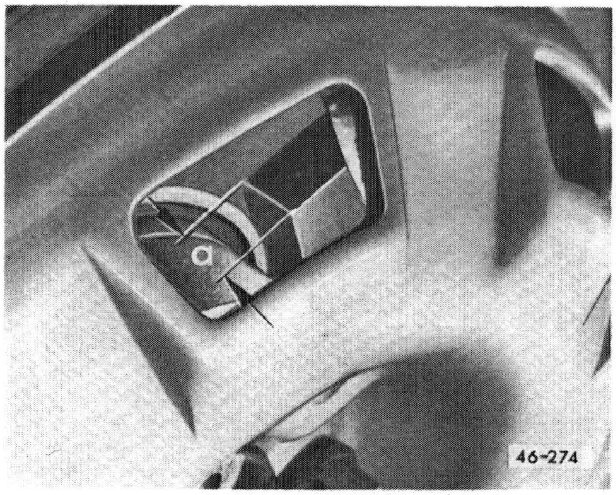

Passat Stahlscheibenrad

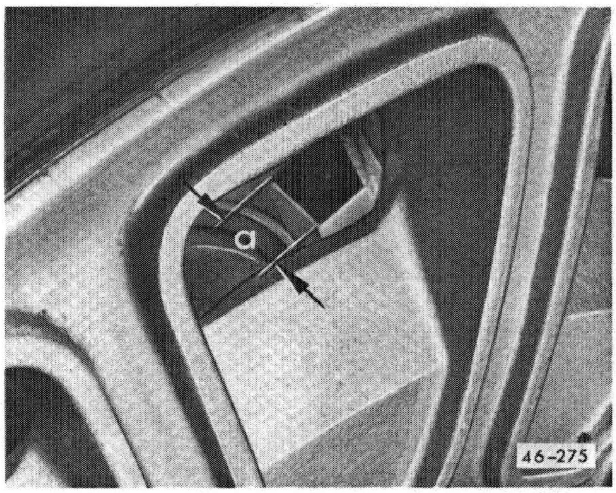

Passat Aluminium-Scheibenrad

Achtung: Bei einer Belagdicke von a = **6 mm** (einschließlich Rückenplatte) ist die Verschleißgrenze erreicht, die Scheibenbremsbeläge müssen ausgewechselt werden.

Hinweis: Nach einer Faustregel entspricht 1 mm Bremsbelag einer Fahrleistung von mindestens 1000 km. Diese Faustregel gilt unter ungünstigen Bedingungen. Im Normalfall halten die Beläge sehr viel länger. Bei einer Belagdicke von 9 mm beträgt die Restnutzbarkeit der Bremsbeläge also noch mindestens 3000 km.

Scheibenbremsbeläge aus- und einbauen

Hinweis

Die Scheibenbremsbeläge sind unterschiedlich gesichert.

Bei der 10-mm-Bremsscheibe (Belagstärke 10 mm) wird der Haltestift mit Spannhülse gesichert.

Bei der 12-mm-Bremsscheibe (Belagstärke 14 mm) wird der Haltestift mit Klemmfeder gesichert.

Ausbau

- Vorderräder lösen, Wagen vorn aufbocken, Räder abnehmen.

Achtung: Sollen die Bremsbeläge wieder verwendet werden, so müssen sie beim Ausbau gekennzeichnet werden. Ein Wechsel der Beläge von der Außen- zur Innenseite und umgekehrt oder auch vom rechten zum linken Rad ist nicht zulässig. Der Wechsel kann zu ungleichmäßiger Bremswirkung führen. Grundsätzlich sollte man nur Original VW/Audi-Bremsbeläge verwenden. **Grundsätzlich Scheibenbremsbeläge an beiden Achsen erneuern.**

- Falls vorhanden, Klemmfeder für Haltestifte entfernen. Haltestifte für Bremsbeläge mit einem Durchschlag herausschlagen.

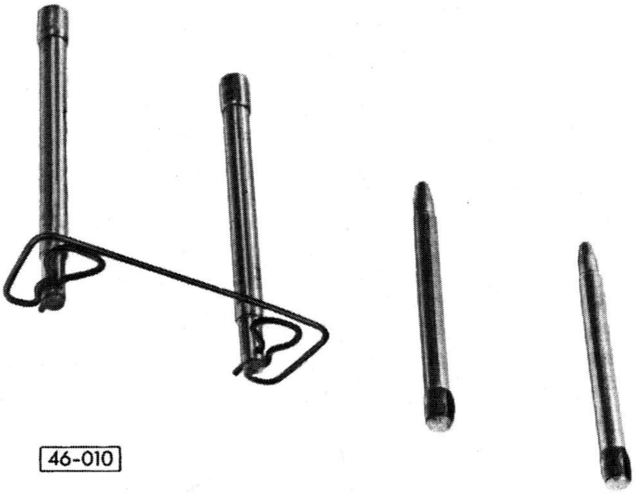

A – Haltestifte mit Bohrung für Klemmfeder

B – Haltestifte mit Spannhülse

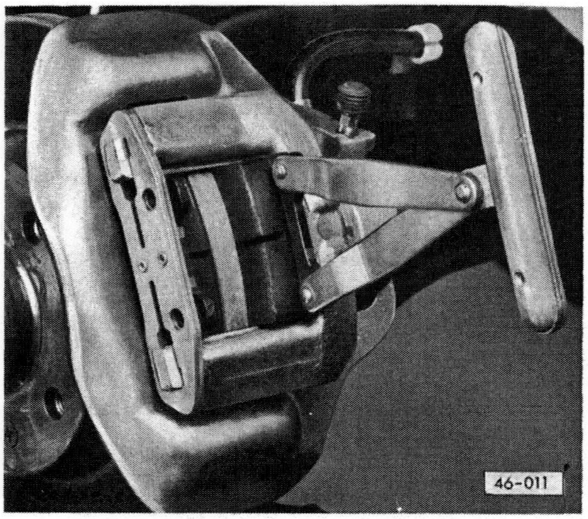
46-011

- Inneren Bremsbelag mit Ausziehhaken, Zange oder Schraubenzieher herausziehen.

46-012

Achtung: Der äußere Bremsbelag ist durch eine Nase des Schwimmrahmens geführt. Zum Ausziehen Schwimmrahmen mit Bremszylinder nach außen drücken.

Einbau

Führungsfläche bzw. Sitz im Gehäuseschacht, wenn möglich, mit Preßluft reinigen, sonst mit einem Lappen. Keine mineralölhaltigen Lösungsmittel oder scharfkantigen Werkzeuge verwenden. Schutzkappe und Klemmring in Bremssattel auf einwandfreien Sitz kontrollieren. Beschädigte, spröde bzw. hartgewordene Schutzkappen müssen erneuert werden (Werkstattarbeit!).

Vor Einbau der Scheibenbremsbeläge ist die Bremsscheibe zu prüfen. Die Bremsscheibe wird mit den Fingern abgetastet. Bei spürbaren Riefen muß die Bremsscheibe ausgebaut und abgedreht bzw. erneuert werden (Werkstattarbeit).

- Kolben in die Bremszylinder zurückdrücken. Die Werkstatt benutzt dazu eine Kolbenrücksetzvorrichtung.

Man kann die Kolben auch mit einem glatten Hartholzstab zurückdrücken. Darauf achten, daß die Schutzkappe nicht beschädigt wird. **Achtung:** Beim Zurückdrücken der Kolben wird Bremsflüssigkeit aus den Bremszylindern in den Ausgleichsbehälter gedrückt. Flüssigkeit im Behälter beobachten, eventuell Bremsflüssigkeit mit einem Saugheber absaugen. Vorsicht! Bremsflüssigkeit ist giftig und zerstört den Lack. Auf keinen Fall Bremsflüssigkeit über einen Schlauch mit dem Mund absaugen.

- 20°-Kolbenstellung prüfen. Die Werkstatt benutzt dazu eine 20°-Lehre.

- Die lange Seite der Lehre muß im Bremssattel anliegen. Der Bremskolben hat einen Absatz. Dieser Absatz muß an der schrägen Fläche der Lehre anliegen, sonst Bremskolben verdrehen.

46-014

- Die Kolbenstellung ist richtig, wenn die Lehre unten in den Schacht des Festsattels angelegt (entgegen der Drehrichtung der Bremsscheibe bei Vorwärtsfahrt) und mit ihrer 20°-Neigung nach innen ansteigend mit den Kolbenabsätzen übereinstimmt.

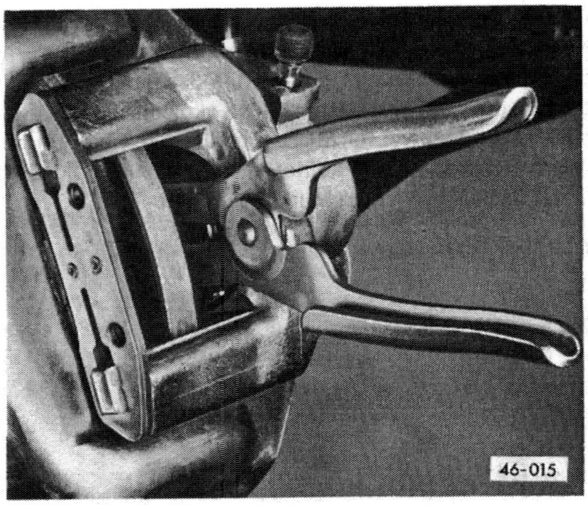

● Eventuell Kolben mit Kolbenverdrehzange oder einem Hartholzstab einstellen. **Achtung: In aller Regel verstellt sich der Kolben beim Wechsel der Beläge nicht, so daß eine Einstellung selten notwendig ist.**

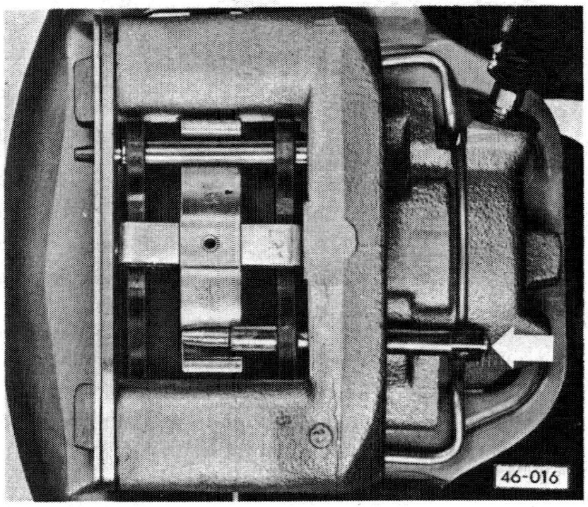

Haltestifte Ausführung B

● Bremsbeläge einsetzen. Neue Kreuzfeder verwenden und neue Belaghaltestifte eintreiben.

Haltestifte Ausführung A

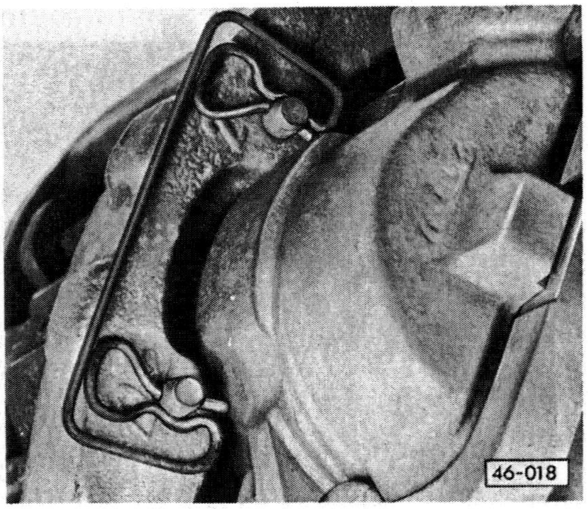

● Haltestifte der Ausführung A mit neuer Klemmfeder sichern.

● Bremspedal im Stand mehrmals kräftig durchtreten, damit die Bremsbeläge den richtigen Sitz einnehmen.

Bremskolbenlehre herstellen

● Lehre nach Zeichnung aus Blech oder Pappe anfertigen.

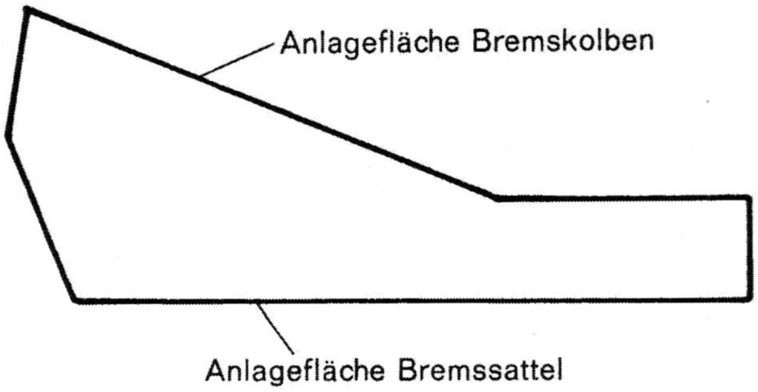

VW-Scheibenbremse

Seit Ende 1979 sind neue Bremssättel mit größerer Belagfläche im Einsatz.

Belagdicke prüfen

- Mit einer Lampe durch einen Durchbruch in der Radscheibe in den Bremssattel leuchten.

a = Belagdicke

- Bei einer Belagdicke einschließlich der Rückenplatte von 7 mm haben die Bremsbeläge ihre Verschleißgrenze erreicht und müssen ausgewechselt werden.

Bremsbeläge aus- und einbauen

(VW-Bremse)

Ausbau

- Vorderräder lösen, Wagen vorn aufbocken, Räder abnehmen.

Achtung: Sollen die Bremsbeläge wieder verwendet werden, so müssen sie beim Ausbau gekennzeichnet werden. Ein Wechsel der Beläge von der Außen- zur Innenseite und umgekehrt oder auch vom rechten zum linken Rad ist nicht zulässig. Der Wechsel kann zu ungleichmäßiger Bremswirkung führen. Grundsätzlich sollte man nur Original VW/Audi-Bremsbeläge verwenden. **Grundsätzlich Scheibenbremsbeläge an beiden Achsen erneuern.**

- Haltefeder oben und unten von Hand aushängen.

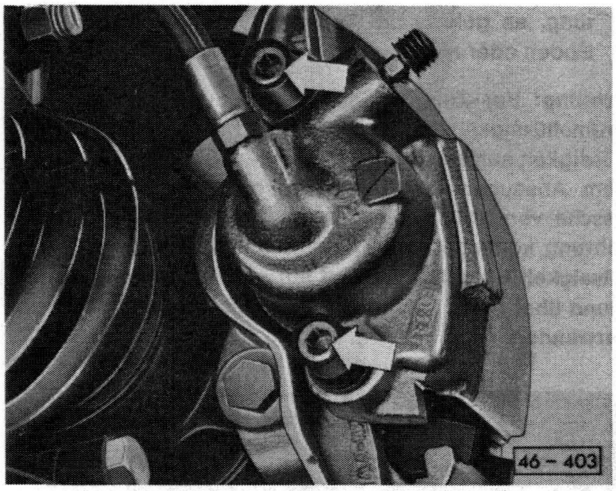

- Führungsbolzen, Innensechskant, oben und unten herausschrauben.
- Bremssattelgehäuse abnehmen.
- Bremsbeläge am Bremsträger abnehmen.

Einbau

Führungsfläche bzw. Sitz im Gehäuseschacht, wenn möglich, mit Preßluft reinigen, sonst mit einem Lappen. Keine mineralölhaltigen Lösungsmittel oder scharfkantigen Werkzeuge verwenden. Schutzkappe und Klemmring in Bremssattel auf einwandfreien Sitz kontrollieren. Beschädigte, spröde bzw. hartgewordene Schutzkappen müssen erneuert werden (Werkstattarbeit!).

Vor Einbau der Scheibenbremsbeläge ist die Bremsscheibe zu prüfen. Die Bremsscheibe wird mit den Fingern abgetastet. Bei spürbaren Riefen muß die Bremsscheibe ausgebaut und abgedreht bzw. erneuert werden (Werkstattarbeit).

● Kolben in Bremssattelgehäuse zurückdrücken. Die Werkstätten benutzen dazu eine besondere Vorrichtung, es geht auch mit einem Hammerstiel der am Boden oder Fahrzeug abgestützt wird.

Achtung: Vor Zurückdrücken Bremsflüssigkeit aus dem Bremsflüssigkeitsbehälter absaugen. Sonst kann Bremsflüssigkeit auslaufen und zu Schäden führen.
Zum Absaugen die Entlüfterflasche oder eine Plastikflasche verwenden, die nur mit Bremsflüssigkeit in Berührung kommt. Keine Trinkflaschen verwenden! **Bremsflüssigkeit ist giftig und darf auf gar keinen Fall mit dem Mund über einen Schlauch abgesaugt werden. Saugheber verwenden.**

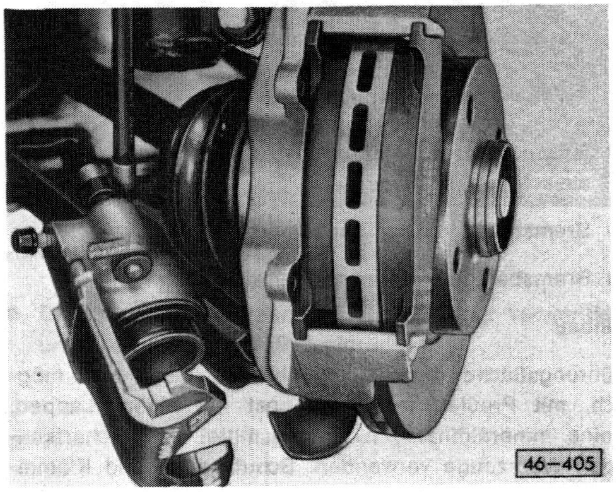

● Bremsbeläge einsetzen.

● Bremssattelgehäuse einbauen, Führungsbolzen mit 40 Nm festziehen.

● Haltefeder oben und unten einhängen.

● Rad anschrauben, Fahrzeug abbocken, Radschrauben mit 90 Nm (9,0 mkg) anziehen.

Hinterradbremse 180 mm Durchmesser

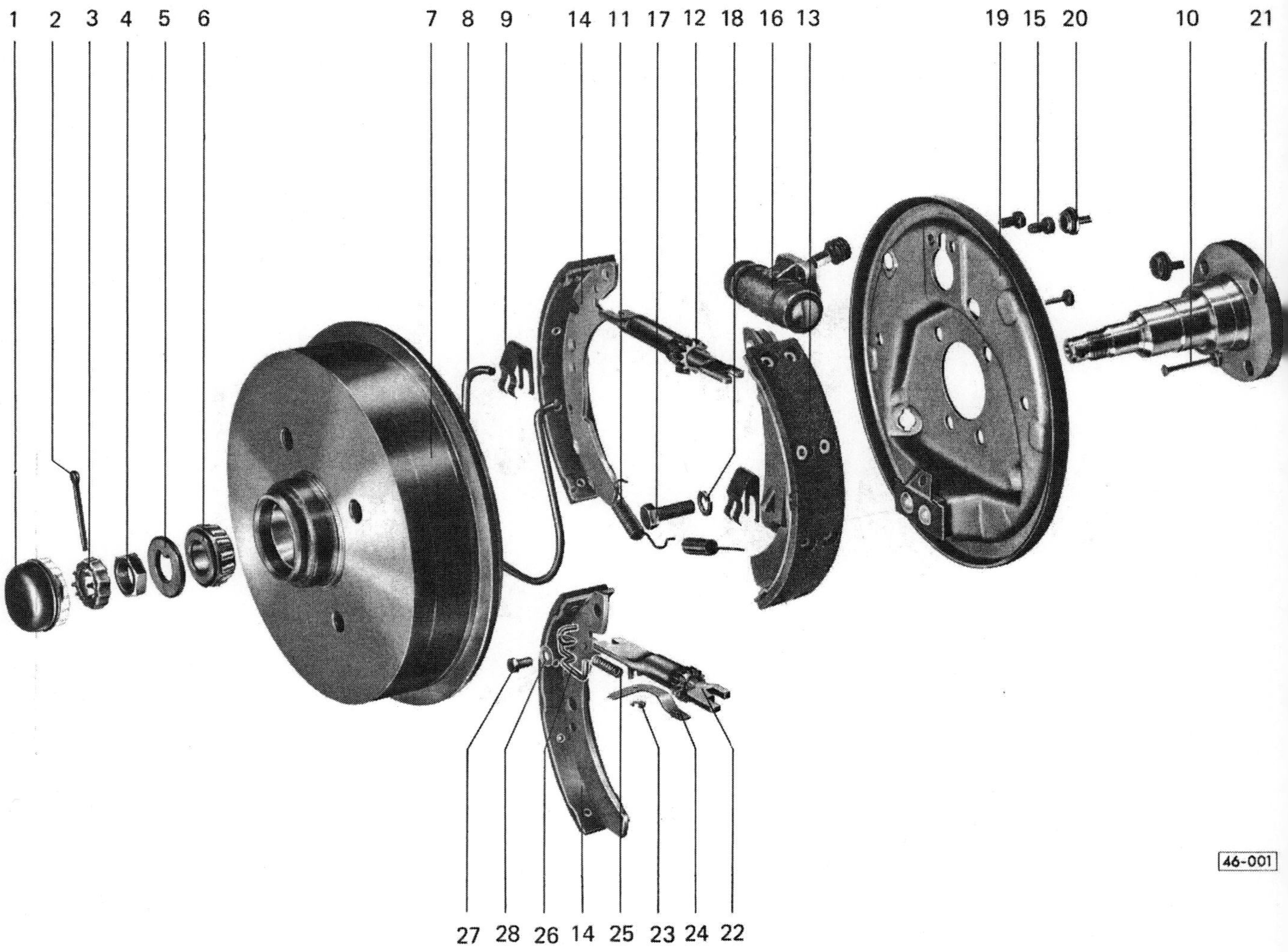

Pos.	Benennung	Stück	Pos.	Benennung	Stück
1	Kappe für Bremstrommel	1	16	Radbremszylinder 14,29 mm ∅	1
2	Splint	1	17	Sechskantschraube	4
3	Kronensicherung	1	18	Federring	4
4	Sechskantmutter	1	19	Bremsträger	1
5	Druckscheibe	1	20	Stopfen	2
6	Hinterradlager außen	1	21	Achszapfen	1
7	Bremstrommel 180 mm ∅	1	22	Druckstange, automatische Nachstellung	1
8	Haltefeder	1			
9	Blattfeder	2	23	Sicherung	1
10	Spannstift	2	24	Mitnehmer	1
11	Rückzugfeder	2	25	Druckfeder	1
12	Druckstange mit Nachstellritzel	1	26	Nachstellhebel	1
13	Bremsbacke mit Bremshebel	1	27	Sechskantschraube	1
14	Bremsbacke	1	28	Unterlegscheibe	1
15	Innensechskantschraube	2			

Hinterradbremse 200 mm Durchmesser

Passat mit Automatic/Passat Variant

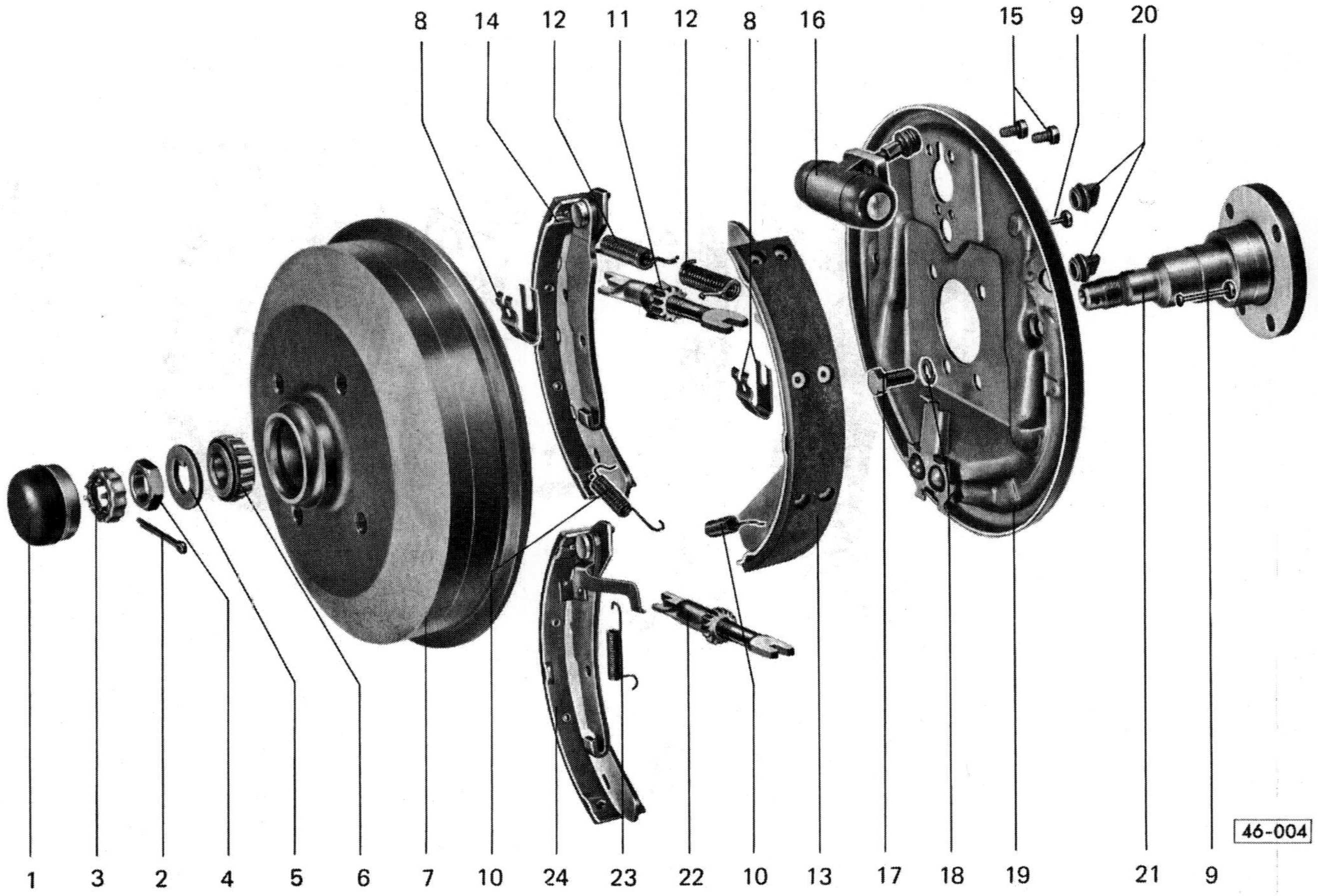

Pos.	Benennung	Stück
1	Kappe für Bremstrommel	1
2	Splint	1
3	Kronensicherung	1
4	Sechskantmutter	1
5	Druckscheibe	1
6	Hinterradlager außen	1
7	Bremstrommel 200 mm Ø	1
8	Blattfeder	2
9	Spannstift	2
10	Rückzugfeder	2
11	Druckstange, manuelle Nachstellung	1
12	Rückzugfeder	2
13	Bremsbacke	1
14	Bremsbacke mit Bremshebel	1
15	Innensechskantschraube	2
16	Radbremszylinder 17,46 mm Ø	1
17	Sechskantschraube	4
18	Federring	4
19	Bremsträger	1
20	Stopfen	2
21	Achszapfen	1

Bremsbacken aus- und einbauen

Achtung: Grundsätzlich Bremsbeläge auf beiden Achsseiten erneuern. Auf gleiche Qualität achten.

180-mm-∅-Bremse

Ausbau

- Bremstrommel ausbauen, siehe Seite 111.
- Haltefeder (8) und Blattfedern (9) mit Wasserpumpenzange aushängen.

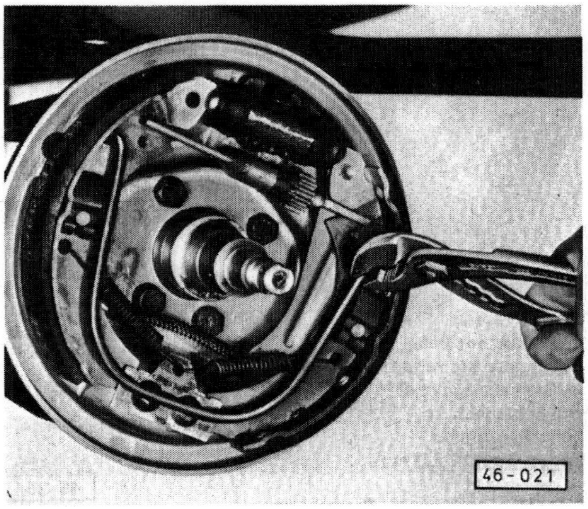

46-021

- Untere Rückzugfeder (11) mit Zange aushängen.
- Handbremsseil am Bremsbacken-Hebel (13) aushängen.
- Bremsbacken (13, 14) abnehmen.

Einbau

- Handbremsseil in Bremsbackenhebel (13) einhängen, Bremsbacken einsetzen. Auf richtigen Sitz der Druckstange (12) achten.
- Untere Rückzugfeder (11) mit Zange einhängen.
- Blattfedern (9) mit der Hand und Haltefeder (8) mit Zange einhängen.
- Bremstrommel einbauen, siehe Seite 111.
- Bremse einstellen.

200-mm-∅-Bremse

Ausbau

- Bremstrommel ausbauen, siehe Seite 111.
- Blattfedern (8) mit Zange abziehen, Spannstifte (9) herausnehmen, Rückzugfedern (10) mit Zange aushängen.
- Druckstange (11) abnehmen, dabei eine Bremsbacke vom unteren Lager abheben.
- Bremsbacken mit der Hand vom unteren Lager abheben und dabei obere Rückzugfedern (12) aushängen.
- Bremsbacken abnehmen, Bremsseil aushängen.

Einbau

- Handbremsseil in Bremsbacken-Hebel einhängen, Bremsbacken einsetzen.
- Obere Rückzugfedern (12) einhängen, Druckstange einsetzen (auf richtige Lage achten!).
- Rückzugfedern (10) mit Zange einhängen, Spannstifte (9) einsetzen und Blattfedern (8) von Hand einsetzen.
- Bremstrommel aufsetzen, siehe Seite 111.
- Bremse einstellen.

Hinterradbremse mit automatischer Nachstellung

(seit August 1978)

Alle Limousinen mit Schaltgetriebe

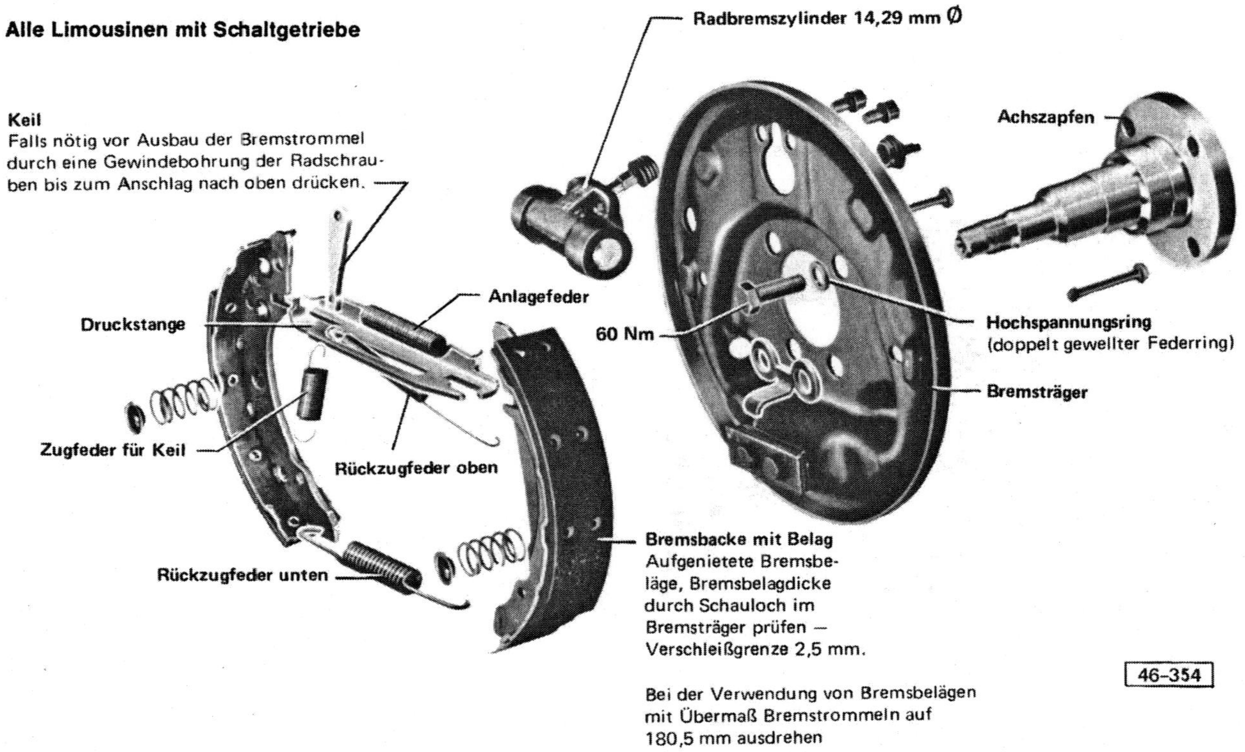

Limousinen mit Automatic / Variant-Fahrzeuge

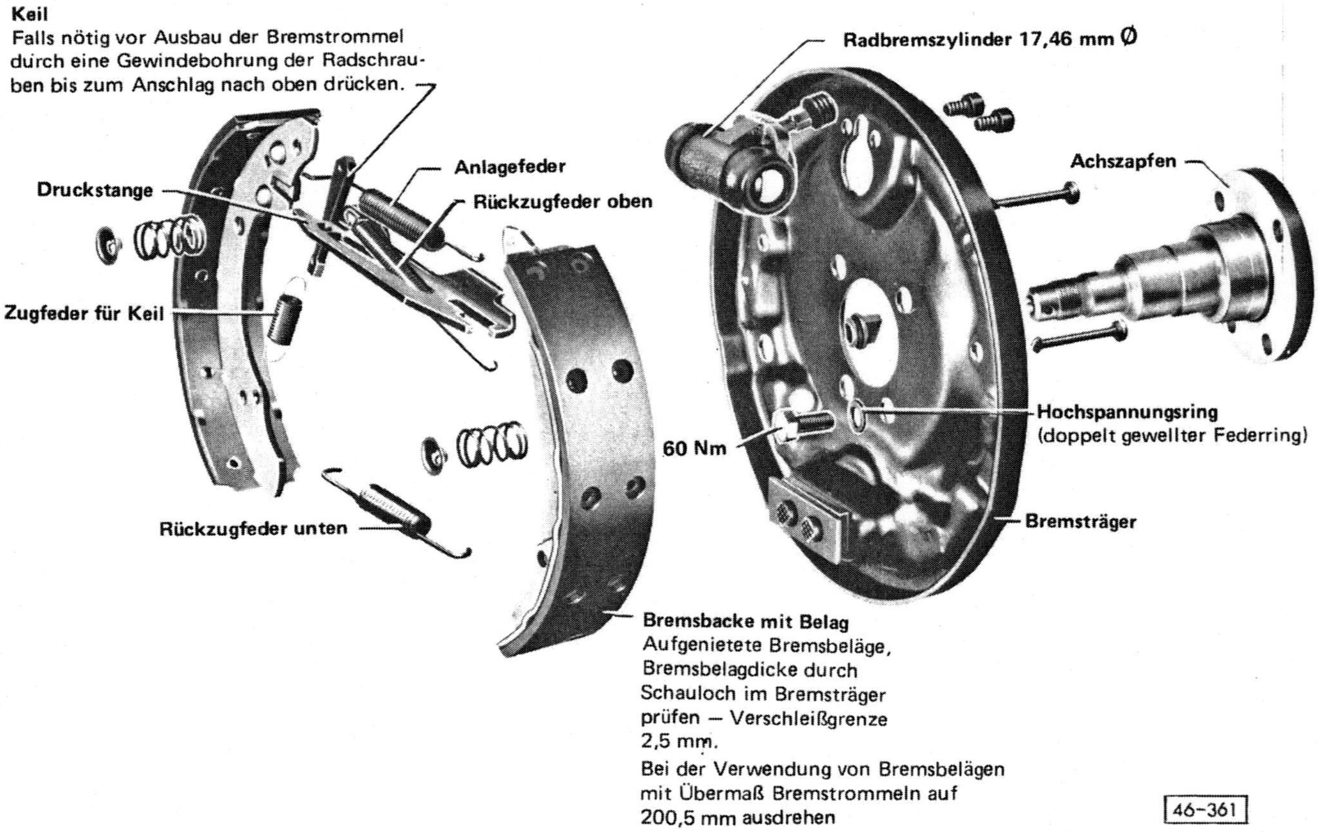

Bremsbacken aus- und einbauen

(seit August 1978)

Ausbau

- Schutzkappe von Nabe abziehen.
- Radschrauben lösen, Fahrzeug aufbocken.
- Rad abnehmen.

46-306

- Durch eine Bohrung der Radschraube Keil mit einem Schraubenzieher nach oben drücken.
- Bremstrommel ausbauen, siehe Seite 111.

46-307

- Federteller für Druckfedern mit Kombizange nach hinten drücken und so verdrehen, daß der Federteller abgenommen werden kann. Beim Verdrehen des Federtellers mit einer Hand von hinten am Bremsträger den Stift nach vorn drücken.
- Bremsbacken von Hand aus der unteren Abstützung heben. Rückzugfeder unten herausnehmen.
- Handbremsseil am Handbremshebel aushängen.
- Zugfeder für Keil und Rückzugfeder oben mit einer Kombizange aushängen.
- Bremsbacken abnehmen.

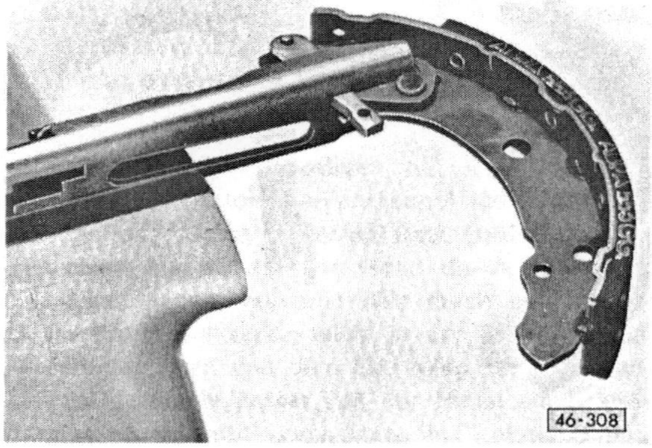

46-308

- Bremsbacke mit Druckstange in einen Schraubstock einklemmen und Anlagefeder aushängen.

Einbau

Grundsätzlich nur Bremsbacken gleicher Qualität verwenden, Bremstrommel und Bremsträger mit Preßluft ausblasen. Während die Bremsbacken ausgebaut sind, nicht auf die Bremse treten, da sonst die Bremskolben aus dem Radbremszylinder rutschen. Falls der Radbremszylinder feucht ist, Radbremszylinder überholen. Gewinde der Druckstange gangbar machen und leicht einfetten. Riefige Bremstrommeln ausdrehen lassen.

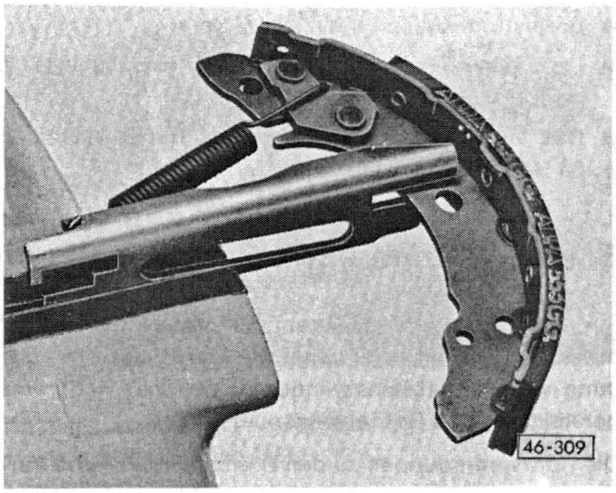

46-309

- Anlagefeder einhängen und Bremsbacke auf die Druckstange setzen.
- Keil einsetzen. Der Keil lagert zwischen Bremsbacke und Bremsträger.
Achtung: Nase zeigt zum Bremsträger.

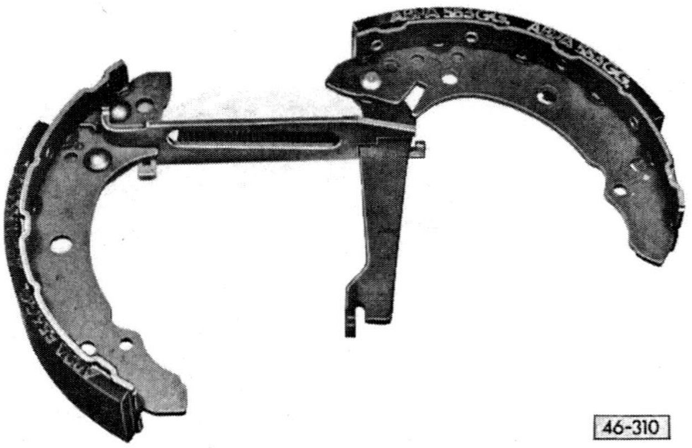

46-310

- Bremsbacke mit Bremshebel in Druckstange einsetzen.
- Rückzugfeder oben einhängen.
- Handbremsseil am Bremshebel einhängen.
- Bremsbacken auf die Kolben des Radbremszylinders setzen.
- Rückzugfeder unten einsetzen und Bremsbacken auf die untere Abstützung heben.
- Zugfeder für Keil einhängen.
- Stift – linke und rechte Bremsbacke – durch Bremsträger und Bremsbacke schieben, Druckfeder aufsetzen, Federteller mit Kombizange aufdrücken und um 90° verdrehen.
- Bremstrommel einbauen, siehe Seite 111.
- Fußbremse einmal kräftig durchtreten. Damit ist die Hinterradbremse eingestellt.
- Rad aufsetzen, Wagen abbocken, Radschrauben mit 90 Nm (9,0 mkg) festziehen.

Bremsleitungen und Bremsschläuche

Für das Bremsleitungssystem, das zusammen mit den druckfesten Bremsschläuchen für die Räder die Verbindung vom Hauptbremszylinder zu den vier Radbremsen herstellt, werden Rohre verwendet.

Die Rohrverbindungen zu den Bremszylindern und Verteilerstücken sind als sogenannte Kegelkupplungen ausgebildet.

Die Rohrenden sind vorn gestaucht und haben dann eine kegelförmige Anlagefläche für die ebenfalls mit einem kegeligen Grund versehenen Gewindeöffnungen in den Bremszylindern bzw. Verteilerstücken. Bevor die Rohrenden gestaucht werden, wird eine Rohrmutter auf das Rohr gesteckt, die dann später nach dem Einschrauben die kegelige Anlagefläche des Rohres gegen den kegeligen Grund der Gewindeöffnung drückt und damit zuverlässig abdichtet.

Die Bremsschläuche stellen die flexiblen Verbindungen zwischen den starren und beweglichen Fahrzeugteilen her.

Bremsleitungen auswechseln

Die Bremsleitungen sollen etwa alle 10 000 km auf einwandfreien Zustand geprüft werden.

Hierbei ist vor allem auf Rostansatz und mechanische Beschädigungen sowie auf Steinschläge zu achten.

- Beschädigte Bremsleitungen vorsorglich ersetzen, da die gefährdete Stelle bei einer Gewaltbremsung platzen kann.
- Bremsleitungen ausbauen und möglichst an gleicher Stelle verlegen.
- Beim Anschließen der Bremsleitung die kegelige Anlagefläche mit einigen Tropfen Bremsflüssigkeit benetzen und mit 15–20 Nm (1,5–2,0 mkg) festziehen.
- Anschließend Bremssystem entlüften.

Bremsschlauch auswechseln

- Rad abnehmen.
- Rohranschlußmutter lösen und Schlauchhalter am Haltewinkel entfernen.
- Bremsschlauch vom Schwimmrahmensattel lösen.
- Neuen Bremsschlauch so einbauen, daß er ohne Drall durchhängt (Anzugsdrehmoment 15–20 Nm (1,5–2,0 mkg).
- Nach dem Einbau bei entlastetem Rad prüfen (Wagen angehoben), ob der Schlauch allen Radbewegungen folgt, ohne irgendwo anzuscheuern.

Achtung: Bremsschläuche nicht mit Öl oder Petroleum in Berührung bringen, nicht lackieren oder mit Unterbodenschutz besprühen.

- Bremsanlage entlüften.

Bremsbelagdicke kontrollieren

Die Bremsbacken der Hinterradbremse sollen alle 7500 km geprüft und gegebenenfalls ausgewechselt werden.

- Schutzkappe hinten am Bremsträgerblech vom Schauloch abnehmen.
- Mit Taschenlampe in Schauloch strahlen.

- A = aufgenietete Beläge (erkennbar an der ebenen Bremsbacke) haben eine Gesamtdicke von 7,5 mm (5 mm Belagdicke, 2,5 mm Dicke der Bremsbacke). Verschleißgrenze mit Bremsbacke gemessen: **5 mm.**
- B = aufgepreßte Beläge (erkennbar an der gewellten Bremsbacke) haben eine Gesamtdicke von 6,5 mm (4 mm Belagdicke, 2,5 mm Dicke der Bremsbacke). Verschleißgrenze mit Bremsbacke gemessen **3,5 mm.**

Hinterradbremse einstellen

Alle 7500 km, beziehungsweise dann, wenn der Leerweg am Bremspedal größer als etwa 3 cm ist, soll die Hinterradbremse eingestellt werden (gilt nur für Fahrzeuge bis August 1978).

Achtung: Bei Passat-Fahrzeugen mit lastabhängigem Bremskraftregler (Automatic-Fahrzeuge) läßt sich unter Umständen das rechte Hinterrad trotz zurückgestellter Bremsbacken nur schwer von Hand durchdrehen. Die Bremsbacken liegen, hervorgerufen durch einen Restdruck im Bremskraftregler, leicht in der Bremstrommel an. Vor Reparaturen und dem Einstellen der Hinterradbremse ist darum **in jedem Fall** der Hebel am Bremskraftregler einmal kräftig von Hand in Richtung Hinterachse zu drücken, damit der Restdruck im Bremskraftregler abgebaut wird.

- Wagen aufbocken, Gummistopfen von Nachstellöffnung abziehen.
- Nachstellritzel der Druckstange mit einem Schraubenzieher durch das Loch im Bremsträger drehen, bis die Bremsbeläge an der Bremstrommel anliegen. Beim Einstellen ständig mit einer Hand das Rad drehen.

- Nachstellritzel wieder zurückdrehen, bis sich das Rad frei von Hand drehen läßt.
- Gummistopfen einsetzen.

Radbremszylinder aus- und einbauen

Ausbau

- Bremstrommel ausbauen, siehe Seite 111.
- Bremsleitung am Radbremszylinder lösen.
- Befestigungsschrauben für Radbremszylinder herausdrehen.
- Bremsbacken mit 2 Schraubenziehern etwas nach außen drücken und Radbremszylinder herausnehmen.

Einbau

- Bremsbacken mit Schraubenziehern zurückdrücken, Radbremszylinder einsetzen, Befestigungsschrauben für Radbremszylinder festschrauben.
- Bremsleitung in den Radbremszylinder schrauben.
- Bremstrommel einbauen, siehe Seite 111.
- Bremse einstellen.
- Bremse entlüften.

Radbremszylinder instandsetzen

Falls der Radbremszylinder nicht erneuert werden soll, kann er auch im eingebauten Zustand zerlegt werden. Dann müssen allerdings die Bremsbacken ausgebaut werden.

Ausbau

- Mit Schraubenzieher Kappen (1) von Radbremszylinder abhebeln.
- Kolben (2), Manschetten (3) und Feder (4) aus Radbremszylinder nehmen.
- Radbremszylinder innen mit staubfreiem Lappen auswischen. Bei Riefen oder Rostnaben Radbremszylinder erneuern.
- Entlüfterschraube gangbar machen.

Einbau

- Schutzkappen (1) und Manschetten (3) erneuern, auf richtige Größe der Manschetten achten.
- Manschette (3) auf Kolben (2) stecken, linken Kolben in den Radbremszylinder einführen.

Achtung: Manschetten und Kolben vor dem Einbau leicht mit Original-VW-Bremszylinderpaste einstreichen.

- Entlüfterschraube (6) durch Linksdrehen öffnen.
- Linke Schutzkappe auf Radbremszylinder setzen.
- Feder (4) von rechts in den Radbremszylinder einführen.
- Rechten Kolben mit Manschette in den Radbremszylinder einführen, Staubkappe auf Radbremszylinder drücken.
- Entlüfterschraube zudrehen.
- Bremse komplettieren.
- Bremsbacken einstellen.
- Bremse entlüften.

Pos.	Benennung	Stück
1	Schutzkappe	2
2	Kolben	2
3	Manschette	2
4	Feder	1
5	Gehäuse	1
6	Entlüfterschraube	1
7	Staubkappe	1

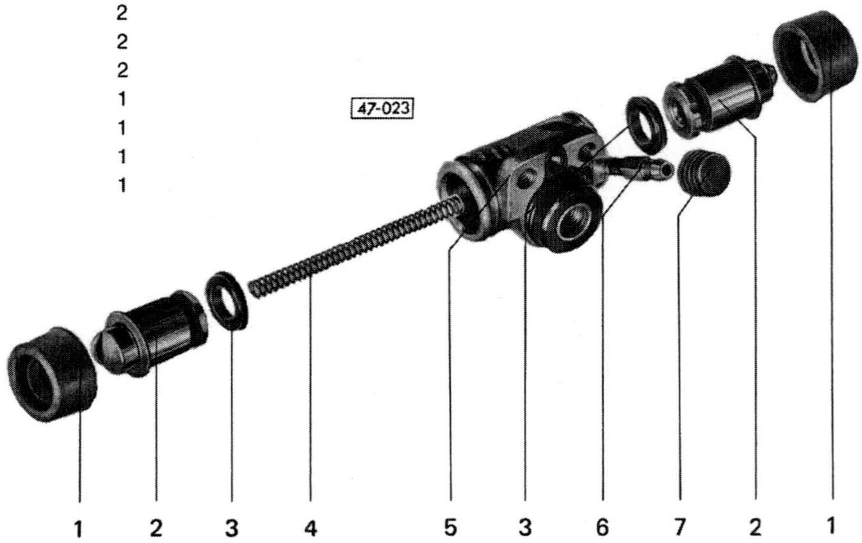

Bremsflüssigkeitsbehälter

Der Vorratsbehälter für die Bremsflüssigkeit befindet sich im Motorraum. Er hat zwei Kammern, je eine für jeden Bremskreis. Der Schraubverschluß hat eine Belüftungsbohrung, die nicht verstopft sein darf.

Der Vorratsbehälter ist durchscheinend, so daß der Bremsflüssigkeitsstand jederzeit von außen überwacht werden kann. Der Flüssigkeitsstand soll immer zwischen der „min."-Markierung und der umlaufenden Kante liegen. Nur neue Original-VW-Bremsflüssigkeit nachfüllen.

- Durch die Abnutzung der vorderen Scheibenbremsen entsteht ein geringfügiges Absinken der Bremsflüssigkeit. Das ist normal.
- Sinkt die Bremsflüssigkeit jedoch innerhalb kurzer Zeit stark ab, ist das ein Zeichen für Bremsflüssigkeitsverlust.
- Die Leckstelle muß dann sofort ausfindig gemacht werden. In der Regel liegt es an verschlissenen Manschetten in den Radbremszylindern. Sicherheitshalber sollte die Überprüfung der Anlage von einer Fachwerkstatt durchgeführt werden.

Bremsanlage entlüften

Nach jeder Reparatur an der Bremse, bei der die Anlage geöffnet wurde, kann Luft in die Druckleitungen eingedrungen sein. Dann ist das Bremssystem zu entlüften. Luft ist auch dann in den Leitungen, wenn beim Treten auf das Bremspedal der Bremsdruck sich schwammig anfühlt. In diesem Fall muß die Undichtigkeit beseitigt und die Bremsanlage entlüftet werden.

Die Bremsanlage wird durch Pumpen mit dem Bremspedal entlüftet, dazu ist eine zweite Person notwendig.

Beim Umgang mit Bremsflüssigkeit ist zu beachten:

- Bremsflüssigkeit ist giftig und ätzend. Sie darf deshalb nicht mit dem Autolack in Berührung kommen.
- Bremsflüssigkeit ist hygroskopisch, das heißt, sie nimmt aus der Luft Feuchtigkeit auf. Bremsflüssigkeit deshalb nur in geschlossenen Behältern aufbewahren.
- Bremsflüssigkeit, die schon einmal im Bremssystem verwendet wurde, darf nicht wieder verwendet werden. Auch beim Entlüften der Bremsanlage nur neue Original-VW-Bremsflüssigkeit verwenden.
- Die Bremsflüssigkeit in der Anlage soll alle zwei Jahre gewechselt werden.

Entlüften

Muß die ganze Anlage entlüftet werden, jeden Radbremszylinder (bzw. Schwimmrahmensattel) einzeln entlüften. Das ist immer dann der Fall, wenn Luft in jeden einzelnen Bremszylinder gedrungen ist. Falls nur ein Radbremszylinder erneuert bzw. überholt wurde, genügt das Entlüften des betreffenden Radzylinders.

Die Reihenfolge der Entlüftung: 1. Radbremszylinder hinten rechts, 2. Radbremszylinder hinten links, 3. Schwimmrahmensattel vorn rechts, 4. Schwimmrahmensattel vorn links.

- Staubkappe vom Entlüfterventil des Bremszylinders abnehmen, sauberen Schlauch aufstecken, anderes Schlauchende in eine mit Bremsflüssigkeit halbvoll gefüllte Flasche stecken.
- Von einer Hilfsperson Bremspedal so oft niedertreten lassen („pumpen"), bis sich im Bremssystem Druck aufgebaut hat. Zu spüren am wachsenden Widerstand beim Betätigen des Pedals.
- Ist genügend Druck vorhanden, Bremspedal ganz durchtreten. Fuß auf dem Bremspedal halten.
- Entlüfterventil am Bremszylinder etwa eine halbe Umdrehung mit Maulschlüssel öffnen. Ausfließende Bremsflüssigkeit in der Flasche sammeln. Darauf achten, daß sich das Schlauchende in der Flasche ständig unterhalb des Flüssigkeitsspiegels befindet.
- Sobald der Flüssigkeitsdruck nachläßt, sofort Entlüfterventil schließen.
- Pumpvorgang wiederholen, bis sich Druck aufgebaut hat. Bremspedal niedertreten, Fuß auf dem Bremspedal lassen, Entlüfterschraube öffnen, bis der Druck nachläßt, Entlüfterschraube schließen.
- Entlüftungsvorgang an einem Bremszylinder so lange wiederholen, bis sich in der Bremsflüssigkeit, die in die Entlüfterflasche strömt, keine Luftblasen mehr zeigen.
- Nach dem Entlüften Schlauch von Entlüfterschraube abziehen, Staubkappe auf Ventil stecken.
- Die anderen Zylinder auf die gleiche Weise entlüften.

Achtung: Während des Entlüftens ab und zu den Ausgleichbehälter beobachten. Der Flüssigkeitsspiegel darf nicht zu weit sinken, sonst wird über den Ausgleichbehälter Luft angesaugt. **Immer nur neue Bremsflüssigkeit nachgießen!**

- Nach dem Entlüften ist der Ausgleichbehälter bis zur Markierung „max" aufzufüllen.

Die Handbremse

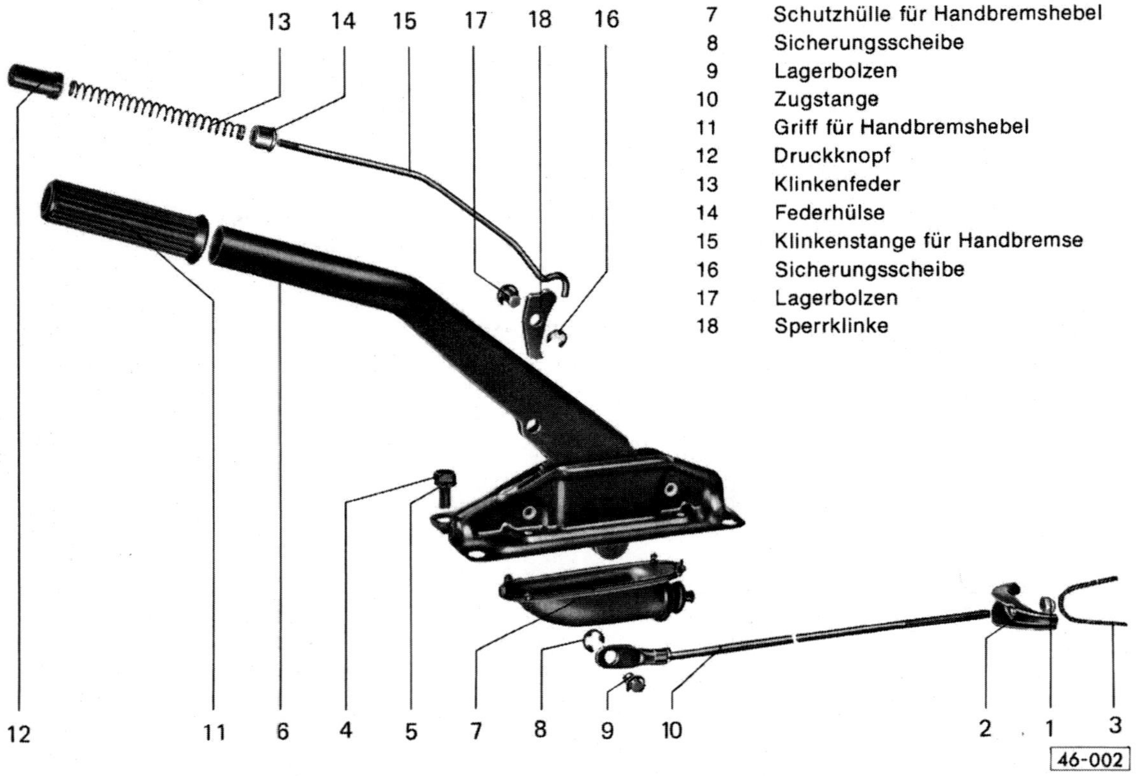

Pos.	Benennung	Stück
1	Sechskantmutter	1
2	Ausgleichbügel	1
3	Handbremsseil	1
4	Sechskantschraube	4
5	Federring	4
6	Handbremshebel mit Lagerbock	1
7	Schutzhülle für Handbremshebel	1
8	Sicherungsscheibe	2
9	Lagerbolzen	1
10	Zugstange	1
11	Griff für Handbremshebel	1
12	Druckknopf	1
13	Klinkenfeder	1
14	Federhülse	1
15	Klinkenstange für Handbremse	1
16	Sicherungsscheibe	2
17	Lagerbolzen	1
18	Sperrklinke	1

Handbremsseil aus- und einbauen

Ausbau

- Hinterradbremsen ausbauen, Handbremsseil aushängen.
- Sechskantmutter (1) lösen, Handbremsseil (3) aushängen.
- Handbremsseil herausnehmen.

Einbau

- Handbremsseil in die Bremshebel der Hinterradbremse einhängen, Hinterradbremse komplettieren, siehe Seite 129.
- Handbremsseil in Ausgleichbügel (2) einhängen, Sechskantmutter (1) aufschrauben.
- Handbremse einstellen, Handbremsausgleich einfetten.

Handbremse einstellen

Achtung: Bei Fahrzeugen mit automatischer Nachstellung muß die Handbremse nur nach dem Auswechseln des Handbremshebels oder der Handbremsseile eingestellt werden.

- Wagen hinten aufbocken.
- Bremspedal einmal kräftig durchtreten.
- Hinterrad-Bremsbacken einstellen, siehe Seite 135.
- Handbremshebel um 2 Zähne anziehen.
- Sechskantmutter (1) so weit anziehen, daß sich beide Räder nicht mehr von Hand durchdrehen lassen.
- Handbremshebel lösen und prüfen, ob beide Räder frei drehen, eventuell Handbremseinstellung etwas lockern.

Störungstabelle Bremse

Störung	Ursache	Abhilfe
Leerweg des Bremspedals zu groß	Bremsbacken teilweise oder völlig abgenutzt	■ Bremsbeläge nachstellen oder Beläge erneuern
	Ein Bremskreis ausgefallen	■ Bremskreise auf Flüssigkeitsverlust prüfen
	Speziell bei Scheibenbremse: Lüftspiel der Bremsbeläge zu groß (nur bei neuen Bremssätteln bzw. nach längerem Stillstand des Wagens möglich)	■ Bremsbeläge ausbauen. Etwas dünnere Beläge einsetzen. Am Bremspedal pumpen, hierdurch Kolben herausdrücken. Dann Kolben mit Rücksetzvorrichtung zurückdrücken. Bremsanlage wieder einbauen
Bremspedal läßt sich weit und federnd durchtreten	Luft im Bremssystem	■ Bremse entlüften
	Zu wenig Bremsflüssigkeit im Ausgleichbehälter	■ Neue Original-VW/Audi-Bremsflüssigkeit nachfüllen, Bremse entlüften
Bremswirkung läßt nach, und Bremspedal läßt sich durchtreten	Undichte Leitung	■ Leitungsanschlüsse nachziehen oder Leitung erneuern
	Beschädigte Manschette im Haupt- oder Radbremszylinder	■ Manschette erneuern. Beim Hauptbremszylinder Innenteile ersetzen
	Speziell bei Scheibenbremse: Stationärer Gummidichtring beschädigt	■ Bremssattel überholen
Schlechte Bremswirkung trotz hohen Fußdrucks	Bremsbeläge verölt	■ Bremsbeläge erneuern
	Ungeeigneter Bremsbelag	■ Beläge erneuern. Original-VW/Audi-Beläge verwenden
	Speziell bei Scheibenbremse: Bremsbeläge abgenutzt. Belagplatten stehen an der Spreizfeder an	■ Bremsbeläge erneuern
Bremse zieht einseitig	Unvorschriftsmäßiger Reifendruck, Bereifung ungleichmäßig abgefahren	■ Reifendruck prüfen und berichtigen Abgefahrene Reifen ersetzen
	Bremsbeläge verölt	■ Bremsbeläge erneuern
	Verschiedene Bremsbelagsorten auf einer Achse	■ Beläge erneuern. Original-VW/Audi-Beläge verwenden
	Schlechtes Tragbild der Bremsbeläge	■ Bremsbeläge austauschen

Störung	Ursache	Abhilfe
	Speziell bei Scheibenbremse:	
	Verschmutzte Bremssattelschächte	■ Sitz- und Führungsflächen der Bremsbeläge im Bremssattel reinigen
	Korrosion in den Bremssattelzylindern	■ Bremssattel erneuern
	Bremsbelag ungleichmäßig verschlissen	■ Bremsbeläge erneuern (beide Räder)
	Speziell bei Trommelbremse:	
	Kolben in den Radbremszylindern schwergängig	■ Radbremszylinder instandsetzen
Bremse zieht von selbst an	Ausgleichsbohrung im Hauptbremszylinder verstopft	■ Hauptbremszylinder reinigen und Innenteile erneuern lassen
	Spiel zwischen Betätigungsstange und Hauptbremszylinderkolben zu gering	■ Spiel prüfen
Bremsen erhitzen sich während der Fahrt	Ausgleichsbohrung im Hauptbremszylinder verstopft	■ Hauptbremszylinder reinigen und Innenteile erneuern lassen
	Spiel zwischen Betätigungsstange und Hauptbremszylinder zu gering	■ Spiel prüfen
	Speziell bei Scheibenbremse:	
	Drosselbohrung im Spezial-Bodenventil verstopft	■ Hauptbremszylinder reinigen, Innenteile ersetzen und Bremsflüssigkeit erneuern
	Speziell bei Trommelbremse:	
	Bremsbacken-Rückzugfedern erlahmt	■ Rückzugfeder erneuern
Bremsen rattern	Ungeeigneter Bremsbelag	■ Beläge erneuern. Original-VW/Audi-Beläge verwenden
	Speziell bei Scheibenbremse:	
	Radlagerspiel zu groß	■ Spiel richtig einstellen
	Bremsscheibe stellenweise korrodiert	■ Scheibe mit Schleifklötzen sorgfältig glätten
	Bremsscheibe hat Seitenschlag	■ Scheibe nacharbeiten oder ersetzen
	Speziell bei Trommelbremse:	
	Bremsbeläge verschlissen, Nieten stehen vor	■ Beläge erneuern. Original-VW/Audi-Beläge verwenden
	Bremstrommel unrund	■ Bremstrommel ausdrehen, gegebenenfalls ersetzen
Bremsbeläge lösen sich nicht von der Bremsscheibe	**Speziell bei Scheibenbremse:**	
	Korrosion in den Bremssattelzylindern	■ Bremssattel überholen, eventuell austauschen
Bremse quietscht	Oft auf atmosphärische Einflüsse (Luftfeuchtigkeit) zurückzuführen	■ Keine Abhilfe erforderlich, und zwar dann wenn Quietschen nach längerem Stillstand des Wagens bei hoher Luftfeuchtigkeit auftrat, aber nach den ersten Bremsungen sich nicht wiederholt

Störung	Ursache	Abhilfe
	Speziell bei Scheibenbremse:	
	Ungeeigneter Bremsbelag	■ Beläge erneuern. Original-VW/Audi-Beläge verwenden
	Bremsscheibe läuft nicht parallel zum Bremssattel	■ Anlagefläche des Bremssattels prüfen
	Verschmutzte Schächte im Bremssattel	■ Bremssattelschächte reinigen
	Kolbenstellung falsch	■ 20°-Kolbenstellung prüfen
	Spreizfedern ausgeleiert	■ Spreizfedern erneuern
	Speziell bei Trommelbremse:	
	Ungeeigneter Bremsbelag	■ Beläge erneuern
	Lose Belagniete, Belag liegt nicht satt auf	■ Beläge erneuern
	Bremse verschmutzt	■ Radbremsen reinigen
	Rückzugfedern zu schwach	■ Rückzugfedern erneuern
Ungleichmäßiger Belag-Verschleiß	**Speziell bei Scheibenbremse:**	
	Ungeeigneter Bremsbelag	■ Belag erneuern, Original-VW/Audi-Belag verwenden
	Bremssattel verschmutzt	■ Bremssattelschächte reinigen
	Kolben verdreht	■ 20°-Kolbenstellung prüfen
	Kolben nicht leichtgängig	■ Kolbenstellung (Kolbenring) prüfen
	Bremssystem undicht	■ Bremssystem auf Dichtigkeit prüfen
Keilförmiger Bremsbelag-Verschleiß	**Speziell bei Scheibenbremse:**	
	Bremsscheibe läuft nicht parallel zum Bremssattel	■ Anlagefläche des Bremssattels prüfen
	Kolben verdreht	■ 20°-Kolbenstellung prüfen
	Korrosion in den Bremssätteln	■ Verschmutzung beseitigen
	Kolben arbeitet nicht richtig	■ Kolbennachstellung (Kolbenring) prüfen
Bremse pulsiert	**Speziell bei Scheibenbremse:**	
	Radlagerspiel zu groß	■ Radlager auswechseln
	Seitenschlag oder Dickentoleranz der Bremsscheibe zu groß	■ Schlag und Toleranz prüfen. Scheibe nacharbeiten oder ersetzen
	Bremsscheibe läuft nicht parallel zum Bremssattel	■ Anlagefläche des Bremssattels prüfen
	Speziell bei Trommelbremse:	
	Bremstrommeln durch ungleichmäßiges Anziehen der Radschrauben verzogen	■ Radschrauben mit vorgeschriebenem Drehmoment anziehen
	Anlagefläche des Scheibenrades an der Bremstrommel nicht plan, dadurch Verzug der Bremstrommel	■ Es kann versucht werden, die Scheibenräder untereinander auszutauschen. Besser: Bremstrommel mit angeschraubtem Rad auf einer geeigneten Drehbank ausdrehen

Räder und Reifen

Der Passat ist je nach Modell und Ausstattung mit unterschiedlichen Reifen- und Felgengrößen ausgestattet.

Alle Scheibenräder haben eine Einpreßtiefe von 45 mm. Die Einpreßtiefe ist das Maß von der Felgenmitte bis zur Anlagefläche der Radschüssel an die Bremstrommel bzw. Bremsscheibe.

Alle Scheibenräder sind als sogenannte Hump-Felgen ausgestattet. Der Hump ist ein in die Felgenschulter eingepreßter Wulst, der auch bei extrem scharfer Kurvenfahrt nicht zuläßt, daß der schlauchlose Reifen von der Felge gedrückt wird.

Achtung: Die Radschrauben für die Stahlscheibenräder und Leichtmetallscheibenräder haben eine unterschiedliche Länge. Werden mit den langen Radschrauben für die Leichtmetallfelgen Stahlscheibenräder befestigt, kommt es zu Beschädigungen an der Hinterrad-Bremse. Das Anzugsdrehmoment beträgt für alle Radschrauben 110 Nm (11,0 mkg).

Reifen-Scheibenrad-Abmessung

Modell	Serienausstattung		Mehrausstattung	
	Reifengröße	Scheibenrad	Reifengröße	Scheibenrad
Passat / L / S / LS	155 SR 13	$4\frac{1}{2}$ J x 13	175/70 SR 13	5 J X 13[1]
Passat Variant L	165/70 SR 13	$4\frac{1}{2}$ J x 13	175/70 SR 13	5 J X 13[1]
Passat TS	175/70 HR 13	5 J x 13		

[1] Stahl- oder Leichtmetall-Scheibenrad

Störungstabelle Reifen

Abnutzung	**Ursache**
Stärkerer Reifenverschleiß auf beiden Seiten der Lauffläche	Zu niedriger Luftdruck
Stärkerer Reifenverschleiß in der Mitte der Lauffläche, über den gesamten Umfang	Zu hoher Luftdruck
Auswaschungen der Profilseite	Statische und dynamische Unwucht des Rades. Eventuell zu großer Seitenschlag der Felge, zu großes Spiel im Radlager oder in den Traggelenken.
Auswaschungen in der Mitte des Reifenprofils	Statische Unwucht des Rades. Eventuell Folge von zu großem Höhenschlag
Starke Abnutzung an einzelnen Stellen in der Mitte der Lauffläche	Blockierspuren von Vollbremsungen. Eventuell unrunde Bremstrommel, die ein Blockieren bei stets derselben Radstellung begünstigt
Schuppenförmige oder sägezahnähnliche Abnutzung des Profils. In krassen Fällen mit Gewebebrüchen verbunden, die nach einiger Zeit nach außen sichtbar werden	Überbelastung des Wagens. Innenseite der Reifen auf Gewebebrüche untersuchen!
Gummizungen an den seitlichen Profilkanten	Fehlerhafte Radeinstellung. Reifen radiert. Bei Hinterrädern auch Zustand der Stoßdämpfer prüfen!
Gratbildung an einer Profilseite des Vorderrades	Falsche Radeinstellung. Reifen radiert. Häufiges Fahren auf stark gewölbter Fahrbahn. Schnelle Kurvenfahrt
Stoßbrüche im Reifenunterbau. Anfangs nur im Inneren des Reifens sichtbar	Überfahren von kantigen Steinen, Schienenstößen und ähnlichem bei hohen Geschwindigkeiten

Auswuchten der Räder

Die serienmäßigen Räder werden im Werk ausgewuchtet. Das Auswuchten ist notwendig, um unterschiedliche Gewichtsverteilung und Materialungenauigkeiten auszugleichen.

Im Fahrbetrieb macht sich die Unwucht durch Trampel- und Flattererscheinung bemerkbar.

Solche Unwuchterscheinungen können mit der Zeit Achslagerschäden hervorrufen, außerdem kann es zum Aufschwingen der ganzen Karosserie kommen. Das macht sich vor allem durch eine Unruhe am Lenkrad bemerkbar. Die Räder grundsätzlich alle 15 000 km und nach jeder Reifenreparatur auswuchten lassen, da sich durch Abnutzung und Reparatur die Gewichts- und Materialverteilung am Reifen ändert.

Reifenverschleiß

Die Reifen ausgewuchteter Räder nutzen sich bei gewissenhaftem Einhalten des vorgeschriebenen Luftdrucks und bei fehlerfreier Radeinstellung und Stoßdämpferfunktion auf der gesamten Lauffläche annähernd gleichmäßig ab. Im übrigen läßt sich keine generelle Aussage über die Lebensdauer bestimmter Reifenfabrikate machen, denn die Lebensdauer hängt von sehr unterschiedlichen Faktoren ab:

- Fahrbahnoberfläche
- Reifenluftdruck
- Fahrweise und
- Witterung

Vor allem sportliche Fahrweise, scharfes Anfahren und starkes Bremsen fördern den schnellen Reifenverschleiß.

Achtung: Die Rechtsprechung verlangt, daß Reifen lediglich bis zu einer Profiltiefe von 1,6 mm abgefahren werden dürfen, und zwar müssen die Profilrillen auf der gesamten Lauffläche noch mindestens 1,6 mm Tiefe aufweisen.

Ungewöhnlicher Reifenverschleiß

Ungleichmäßiger Reifenverschleiß ist zumeist die Folge zu geringen oder zu hohen Luftdrucks und kann auf Fehler in der Radeinstellung oder Radauswuchtung sowie auf mangelhafte Stoßdämpfer, Felgen oder Bremstrommeln zurückzuführen sein.

In erster Linie ist auf vorschriftsmäßigen Luftdruck zu achten, wobei spätestens alle vier Wochen eine Prüfung vorgenommen werden sollte.

Achtung: Luftdruck nur bei kühlen Reifen prüfen. Der Luftdruck steigt nämlich mit zunehmender Erhitzung bei schneller Fahrt an. Dennoch ist es völlig falsch, aus erhitzten Reifen Luft abzulassen.

Bei zu hohem Luftdruck wird die Laufflächenmitte mehr abgenutzt, da der Reifen an der Lauffläche durch den hohen Innendruck mehr gewölbt ist.

Bei zu niedrigem Luftdruck liegt die Lauffläche an den Reifenschultern stärker auf, und die Laufflächenmitte wölbt sich nach innen durch – dadurch stärkerer Reifenverschleiß der Reifenschultern.

Falsche Radeinstellung und Unwucht ergeben jeweils typische Reifenverschleißbilder, auf die in der Reifenverschleißtabelle hingewiesen wird.

Achtung: Reifen auf Schnittstellen untersuchen und mit kleinem Schraubendreher Tiefe der Schnitte feststellen. Wenn die Schnitte bis zur Karkasse reichen, korrodiert durch eindringendes Wasser der Stahlgürtel. Dadurch löst sich unter Umständen die Lauffläche von der Karkasse, der Reifen platzt. Deshalb: bei tiefen Einschnitten im Profil aus Sicherheitsgründen Reifen austauschen.

Der richtige Reifen-Luftdruck

	Reifenfülldruck in bar (atü) vorne	hinten
Limousine		
bis zur halben Nutzlast	1,7	1,7
bis zur vollen Nutzlast	1,8	2,2
Variant		
bis zur halben Nutzlast	1,7	1,7
bis zur vollen Nutzlast	1,8	2,4

Bei Winterreifen: Reifenfülldruck um 0,2 bar (atü) erhöhen. Reifenfülldruck nur an kalten Reifen prüfen.

Reserverad 2,5 bar (atü).

Austauschen der Räder

Es ist nicht ratsam, Räder ohne zwingenden Grund zu wechseln, da bei häufigem An- und Abschrauben der Räder (in der Praxis zumeist ohne Drehmomentschlüssel und somit ohne Gewähr für gleichmäßig festes Anziehen der Schraubenbolzen) Verspannungen der Bremstrommeln auftreten können. Ich empfehle, den Wagen so lange zu fahren, bis sich die vorderen Räder der Verschleißgrenze nähern. Dann:

- Vorn zwei neue Reifen aufziehen bzw. Ersatzrad montieren und einen neuen Reifen aufziehen;
- hinten die besten alten Reifen montieren (unter Beibehaltung der bisherigen Drehrichtung).

Es ist nicht zweckmäßig, bei einem Austausch der Räder die Drehrichtung der Reifen zu ändern, da sich die Reifen nur unter vorübergehend stärkerem Verschleiß der veränderten Drehrichtung anpassen.

Achtung: Das Anzugsdrehmoment beträgt für alle Schrauben 110 Nm (11,0 mkg).

Die Karosserie

Der VW Passat hat eine selbsttragende Karosserie. Bodengruppe, Seitenteile, Dach und hintere Kotflügel sind miteinander verschweißt. Deshalb können größere Karosserieschäden nur von einer Fachwerkstatt durchgeführt werden.

Stoßfänger vorn aus- und einbauen

Ausbau

(bis August 1977)

- Steckverbindungen zu den Blinkleuchten trennen.
- Motorhaube öffnen, obere Verkleidung für den Wasserkühlerschacht abnehmen.
- Seitlich an beiden Kotflügeln von innen je eine Sechskantschraube bzw. 2 (bei Kunststoffecken) herausdrehen.
- An beiden Längsträgern je eine Sechskantschraube herausdrehen.
- Stoßstange herausziehen.

(seit August 1977)

- Motorhaube öffnen, Verkleidung für Wasserkühlerschacht ausklipsen.
- Je eine Sechskantschraube an den Längsträgern vom Motorraum aus herausdrehen, Stoßstange herausziehen.

Einbau

- Beim Einsetzen der Stoßstange darauf achten, daß die Stoßstange nicht die Kotflügel zerkratzt.
- Sechskantschrauben an den Längsträgern und Kotflügeln, wo vorhanden, fest anschrauben.
- Obere Verkleidung für den Wasserkühlerschacht einsetzen.
- Steckverbindungen zu den Blinkern, wo vorhanden, herstellen.

Kotflügel vorn aus- und einbauen

(seit August 1977)

Ausbau

- Entsprechendes Vorderrad lösen, Wagen vorn aufbokken, Rad abnehmen.
- Stoßfänger lösen und nach vorn ziehen.
- Zierleiste unten an der Wagenunterseite und am Kotflügel mit Schraubenzieher vorsichtig abdrücken.
- Falls vorhanden, Antenne ausbauen.
- Tür öffnen, oben an der Scharniersäule Kreuzschlitzschraube (1) herausdrehen. Von unten außen Schraube (6) herausdrehen.

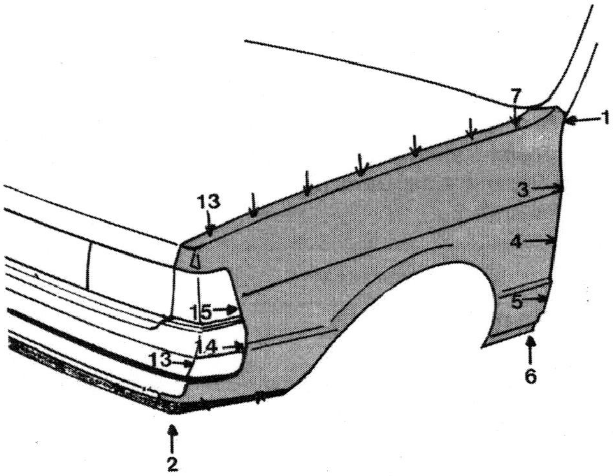

- Vorn am Vorderblech/Kotflügel schwarzen Spoiler abnehmen. Hierzu von Kotflügelinnenseite mit Schraubenzieher die Sicherungsbleche abhebeln. Stütze für Spoiler (2) unten im Radhaus abschrauben.
- Schraube (13) an der Verbindung Vorderteil/Kotflügel herausdrehen.
- Schrauben (14, 15) im Stoßstangenausschnitt herausdrehen.
- Im Radhaus Schrauben (3–5) herausdrehen.
- 7 Sechskantschrauben (7–13) im oberen Kotflügelbereich herausdrehen.
- Der Kotflügel klebt sehr fest, er muß mit einem Schraubenzieher abgehebelt werden. Oder man erwärmt mit einem Schweißbrenner vorsichtig die Anlageflächen. **Achtung:** Brandgefahr.

Einbau

- Abdichtband auf die Kotflügelanlageflächen auflegen, Kotflügel einsetzen und Schrauben nach Zeichnung anschrauben. Bei Schraube 7 gegebenenfalls Masseband mit anschrauben.
- Spoiler und Stütze anschrauben.
- Kotflügel von innen sowie die Anschlüsse Radhaus/-Scharniersäule und die Schraubenköpfe sorgfältig mit Langzeitunterbodenschutz behandeln.
- Zierleiste aufdrücken. Falls Antenne vorhanden, einbauen.
- Stoßfänger anschrauben. Rad aufsetzen. Wagen ablassen, Radschrauben mit 90 Nm (9,0 mkg) anziehen.

Kotflügel vorn aus- und einbauen

(bis August 1977)

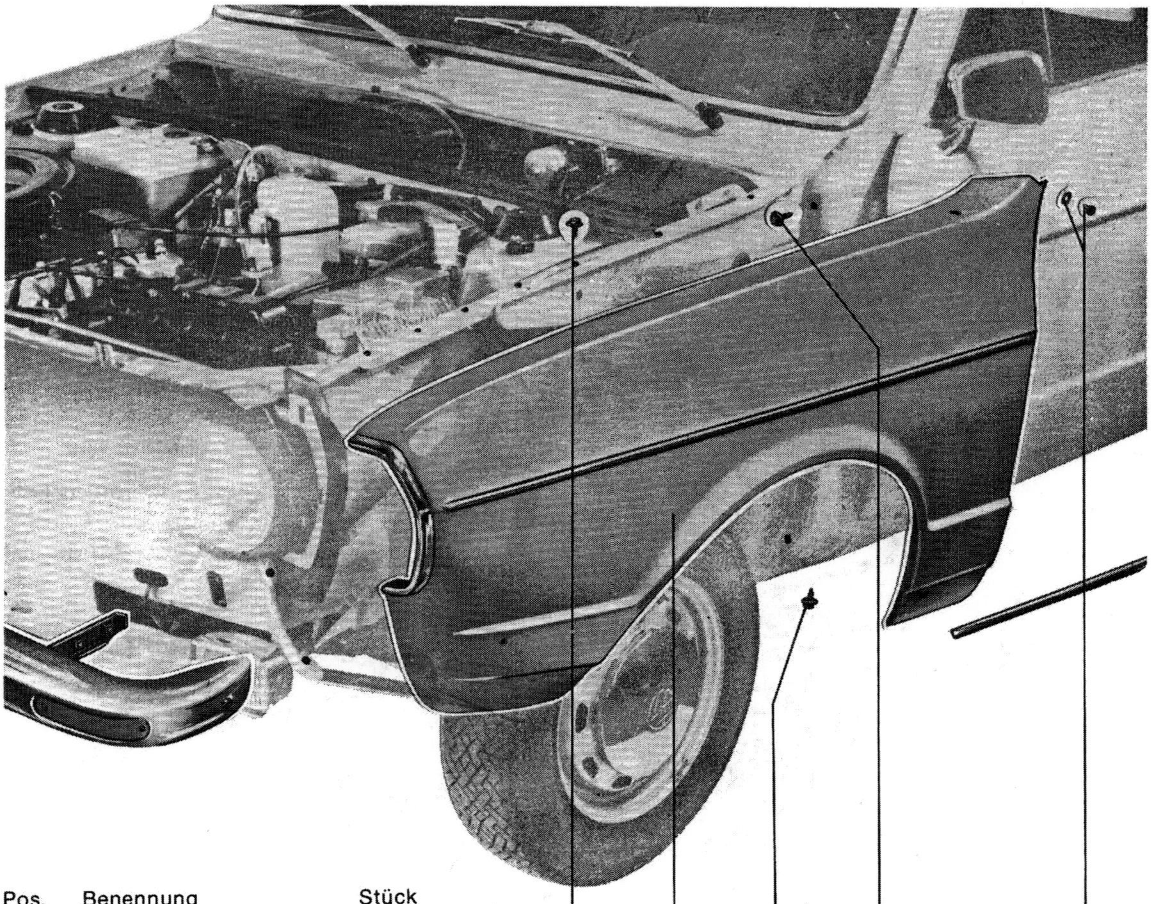

Pos.	Benennung	Stück
1	Sechskantschraube mit Unterlegscheibe	13
2	Kreuzschlitzschraube mit Unterlegscheibe	1
3	Kotflügel	1

Ausbau

- Radschrauben lösen, Wagen aufbocken, Rad abnehmen.
- Stoßfänger ausbauen.
- Untere Zierleiste vom Kotflügel abnehmen.
- Eventuell Antenne ausbauen.
- Insgesamt 13 Blechschrauben (1) (siehe Abbildung 50-001) am Kotflügel und im Radhaus herausdrehen.
- Tür öffnen, an der Scharniersäule 1 Kreuzschlitzschraube (2) herausdrehen.
- 1 Schraube von unten im Bereich der Scharniersäule herausdrehen.
- Kotflügel abnehmen.

Einbau

- Kotflügelabdichtband auf die Kotflügelanlageflächen auflegen.
- Kotflügel einsetzen und mit Schrauben (1 und 2) festschrauben.
- Kotflügel von innen sowie die Anschlüsse Radhaus/Scharniersäule und die Schraubenköpfe sorgfältig mit Langzeitunterbodenschutz behandeln.
- Stoßfänger montieren.
- Zierleiste anbringen.

Die Tür

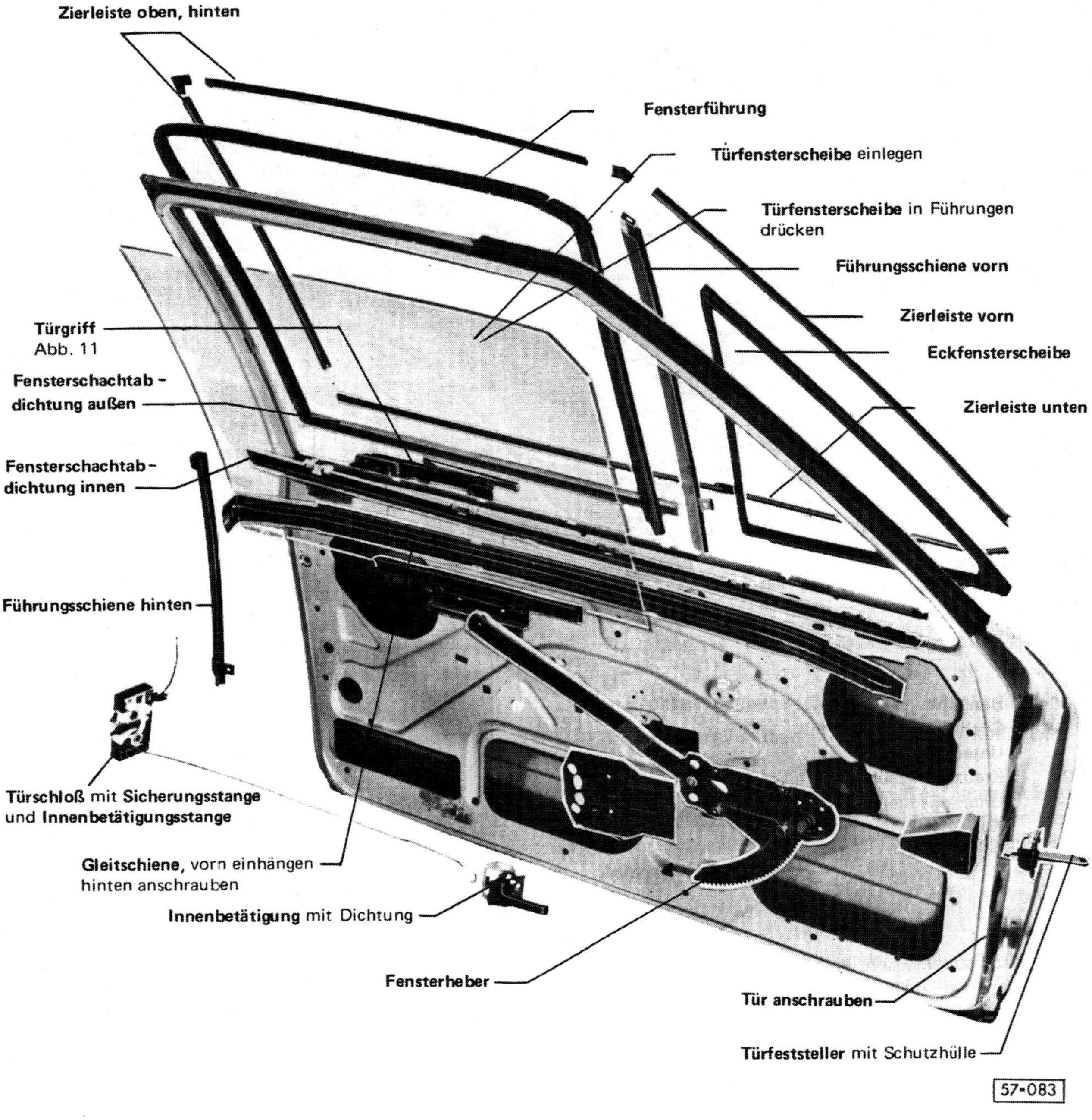

57-083

Türverkleidung

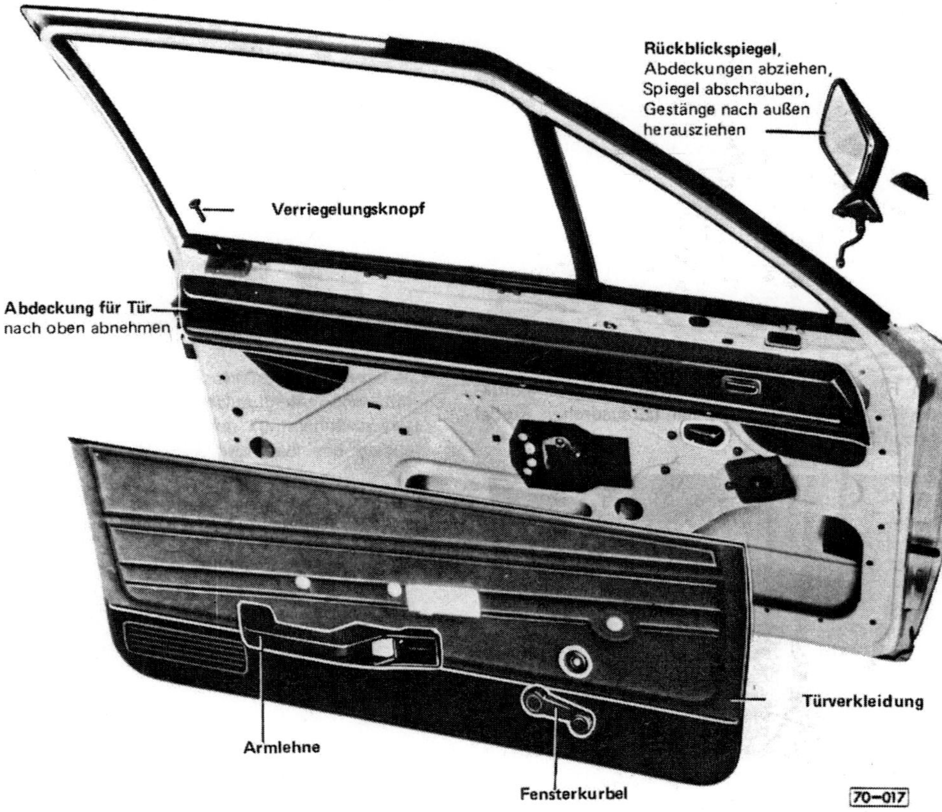

Türverkleidung aus- und einbauen

Ausbau

- 3 Schrauben aus Armlehne herausdrehen.
- Bei Normal- beziehungsweise L-Ausstattung: Unterhalb der Türablageschale Abdeckung von Schrauben mit kleinem Schraubenzieher abhebeln, 2 Blechschrauben herausdrehen, links und rechts in Höhe der Armlehne an den Außenseiten der Tür Abdeckung von Schrauben abhebeln und je eine Kreuzschlitzschraube herausdrehen.

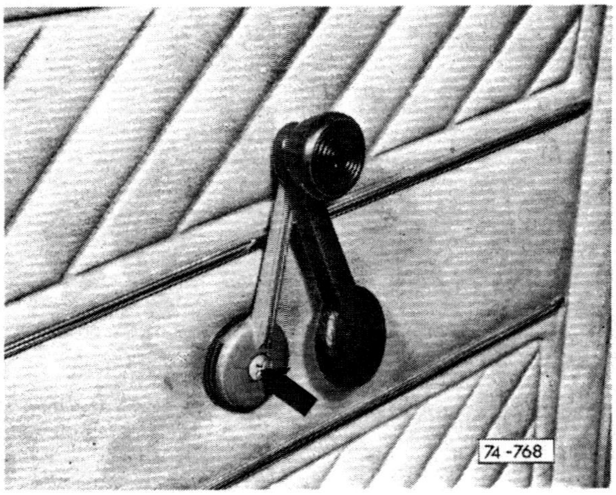

- Von Fensterkurbel Abdeckung mit der Hand abdrükken, Kreuzschlitzschraube (Pfeil) herausdrehen, Kurbel abnehmen.

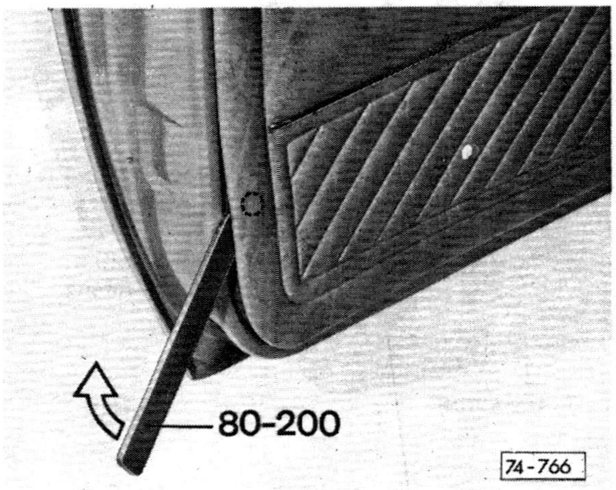

- Türverkleidung mit breitem Schraubenzieher abdrükken und abnehmen.
- PVC-Abdichtung vorsichtig vom Türausschnitt lösen.

Einbau

- PVC-Abdichtung sauber auf Türausschnitt kleben. Fehlt die PVC-Abdichtung, zieht es im Fahrzeug.
- Türverkleidung ansetzen und mit der Hand die Klammern der Türverkleidung reinschlagen.
- Armlehne anschrauben.
- Fensterkurbel aufsetzen und mit Kreuzschlitzschraube befestigen. Abdeckung für Fensterkurbel aufdrücken.
- 2 Kreuzschlitzschrauben unterhalb des Ablagekastens und 2 seitlich in die Tür einschrauben, Abdeckkappen auf Schrauben aufdrücken.

Türfensterscheibe aus- und einbauen

Ausbau

- Türverkleidung ausbauen.
- Zierleiste am Türfensterschacht außen mit kleinem Schraubenzieher vorsichtig abhebeln.
- Darunterliegende Klammern für Zierleiste durch Linksdrehen mit Schraubenzieher senkrecht stellen und ausbauen, äußere Fensterschachtabdichtung herausnehmen.

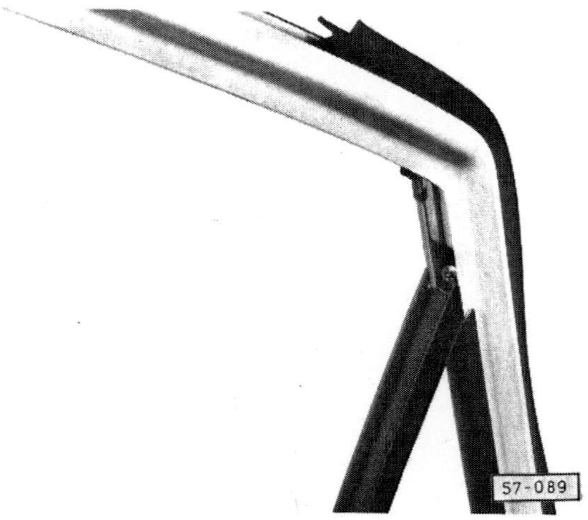

- Fensterführung oben am Dreieckfenster herausziehen, darunterliegende Kreuzschlitzschraube für Fensterführungsschiene herausdrehen. Am Türinnenblech zwei Blechschrauben für Fensterführungsschiene herausdrehen.
- Führungsschiene nach unten seitlich wegziehen, Dreieckfenster herausnehmen.
- Knopf für Tür-Verriegelung herausdrehen, innere Fensterführungsabdichtung nach oben abziehen.
- Fensterführungsschiene nach oben herausnehmen.
- Türfensterscheibe ganz runterkurbeln und seitlich kippen, damit die Scheibe unten aus dem Fensterheber ausklinkt.
- Türfensterscheibe nach oben herausnehmen. **Achtung:** Die Türfensterscheibe wird im Fensterheber durch zwei Halbkugeln geführt, Halbkugeln beim Herausnehmen nicht verlieren.

Einbau

- Türfensterscheibe von oben in Tür einsetzen. Falls die Zierleisten vom Fensterausschnitt abgenommen waren, Klammern aufschieben und Zierleisten aufschieben.
- Innere Türfensterabdichtung von oben aufsetzen.
- Fensterführungsschiene von oben in Tür einsetzen, nicht anschrauben.

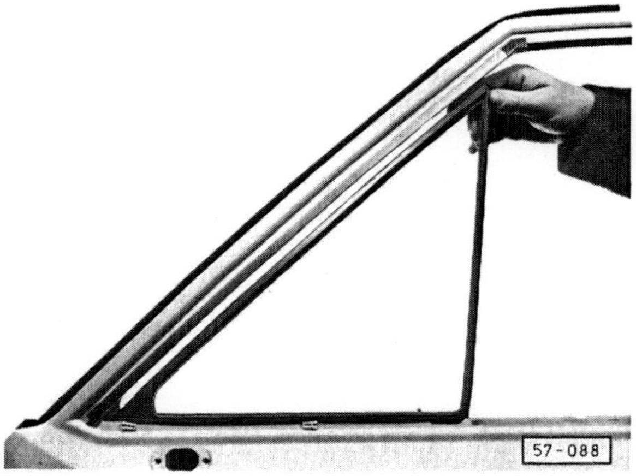

- Dreieckfenster einsetzen.
- Türfensterscheibe in Fensterheber einsetzen. Dabei die beiden Halbkugelschalen auf den Kugelkopf des Fensterhebers auflegen und Scheibe so verkanten, daß sie auf die Halbkugeln gleitet.
- Fensterführungsschiene oben im Fensterrahmen mit einer und am Türinnenblech mit 2 Blechschrauben anschrauben, nicht festziehen. Beim Einsetzen darauf achten, daß die Scheibe in beiden Führungsschienen liegt.
- Fenster rauf- und runterkurbeln, Führungsschiene festziehen, wenn die Scheibe halb oben ist. Fensterführungsabdichtung sauber in Fensterführungsschiene einsetzen.

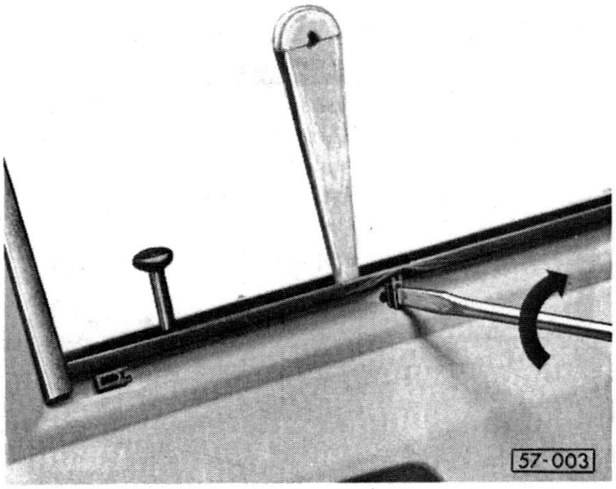

- Fensterschachtabdichtung außen einbauen und mit Klammern befestigen. Beim Einbau Holzspan in Fensterschacht einsetzen, damit beim Einsetzen der Klammern die Abdichtung nicht weggedrückt wird. Klammern durch Rechtsdrehung befestigen.
- Zierleiste außen aufsetzen.
- Fensterheber leicht einfetten.
- Türverkleidung einbauen.

Fensterheber aus- und einbauen

Ausbau

- Türverkleidung ausbauen.
- Türfensterscheibe runterkurbeln.
- 4 Sechskantschrauben am Türinnenblech für Fensterheber herausdrehen.
- Fensterheber aus der Hebeschiene für Türscheibe herausnehmen. **Achtung:** Die Halbkugelschalen für Fensterheber nicht verlieren.

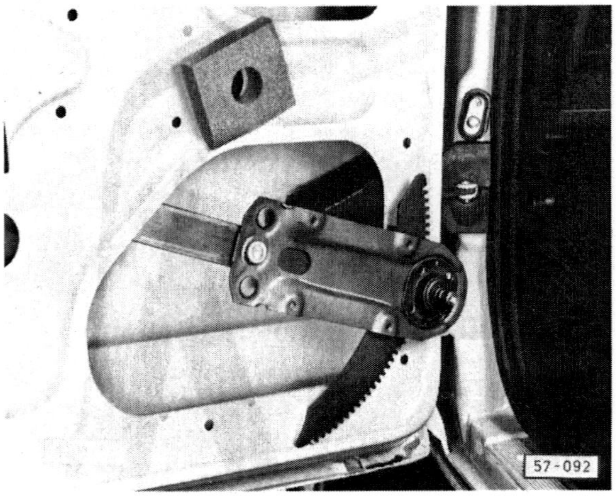

- Fensterheber durch Öffnung im Türinnenblech herausnehmen.

Einbau

- Fensterheberverzahnung und Gleitstück einfetten.
- Fensterheber durch Öffnung in Tür einsetzen.
- Halbschalen auf Kugel für Fensterheber auflegen und in Fensterhebeschiene einführen.
- Fensterheber mit 4 Schrauben befestigen, nicht festziehen.
- Türfensterscheibe rauf- und runterkurbeln, Fensterheber ausrichten und festziehen.
- Türverkleidung anbauen.

Türschloß aus- und einbauen

(bis August 1977)

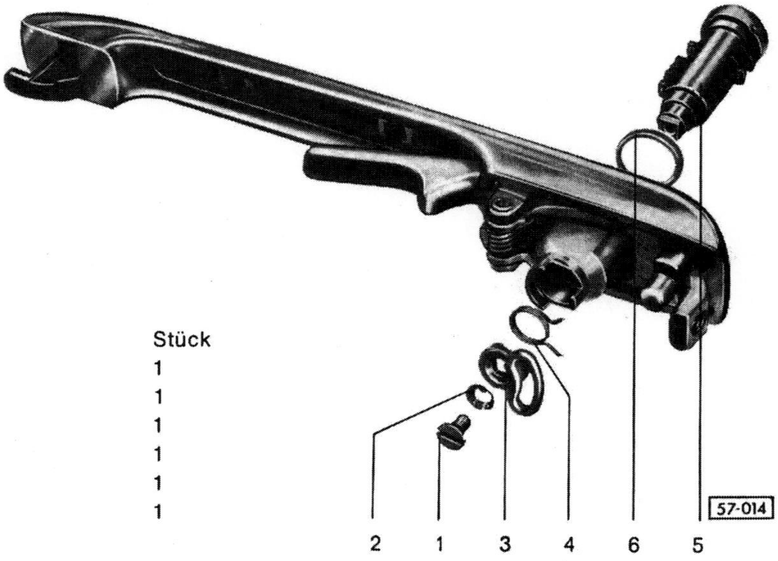

Pos.	Benennung	Stück
1	Schlitzschraube	1
2	Wellscheibe	1
3	Exzenter	1
4	Drehfeder	1
5	Schließzylinder	1
6	Dichtring	1

Ausbau

- Schlüssel in Schließzylinder stecken, damit Schließplatten und Federn beim Herausnehmen nicht herausfallen.
- Türverkleidung abnehmen und Verbindungsteil „A" von Exzenter (3) und Türschloß abnehmen.

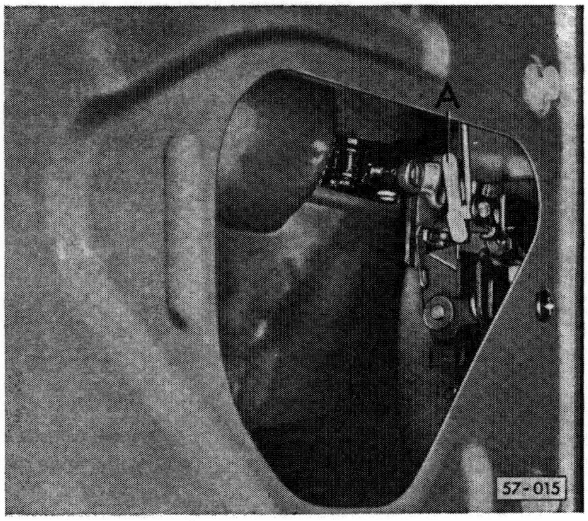

- Tür öffnen und an der Schloßseite Schraube für Türgriff herausschrauben.
- Türgriff nach hinten ziehen und aus der Tür herausnehmen.
- Schlitzschraube (1) herausdrehen und Wellscheibe (2) mit Exzenter (3) abnehmen.
- Lage der Drehfeder (4) merken und abnehmen. **Achtung:** Die Feder springt leicht weg.
- Schließzylinder mit Schlüssel und Dichtring (6) herausnehmen.

Einbau

- Dichtring auf Schließzylinder schieben, Schließzylinder mit Schmiermittel für Schlösser (G4) fetten und einsetzen. Bei richtigem Einbau muß sich der Schließzylinder im Türgriff drehen lassen.
- Drehfeder so aufsetzen, daß die Federenden unter Spannung an einem Anschlag des Gehäuses anliegen.
- Exzenter (3), Wellscheibe (2) und Schraube ansetzen, Schraube festziehen.
- Türgriff in Tür einsetzen und mit Schraube festziehen.
- Verbindungsteil „A" in Exzenter einhaken und am Türschloß befestigen.
- Türverkleidung einbauen.

Türgriff aus- und einbauen
(seit August 1977)

Ausbau

- Blende vom Türgriff mit kleinem Schraubenzieher abhebeln. Darunterliegende Kreuzschlitzschraube herausdrehen (Pfeil).
- Tür öffnen und Kreuzschlitzschraube (Pfeil) herausdrehen.
- Türgriff in Fahrtrichtung drücken und herausnehmen.

Einbau

- Türgriff einsetzen und mit beiden Kreuzschlitzschrauben befestigen.
- Blende aufsetzen.

Türschließzylinder aus- und einbauen

Ausbau

- Türgriff ausbauen.
- Schlüssel in Schloß stecken.

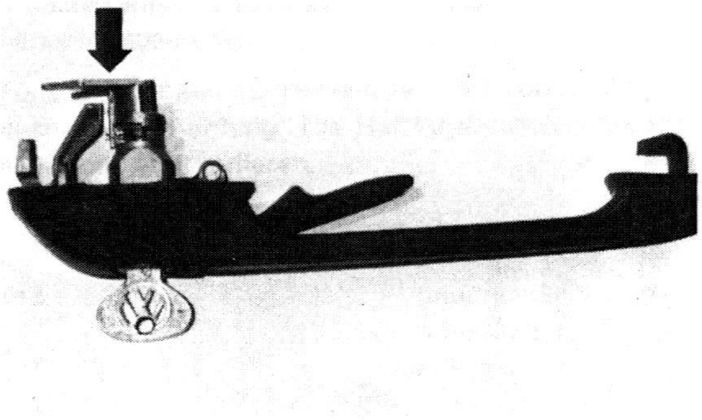

- Kreuzschlitzschraube herausdrehen (Pfeil). Gabel für Schließzylinder und Feder abnehmen. **Achtung:** Die Feder springt leicht weg.
- Schließzylinder mit Schlüssel herausziehen.

Achtung: Wird der Schlüssel jetzt herausgezogen, fallen die Schließplättchen aus dem Schließzylinder. Gegebenenfalls Schließzylinder mit Tesaband umwickeln. Anschließend kann der Schlüssel gefahrlos herausgezogen werden.

Einbau

- Schließzylinder einsetzen.

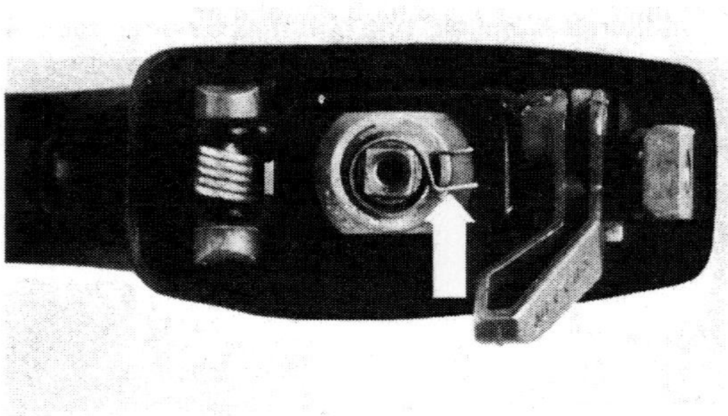

- Feder aufsetzen und spannen, indem das eine Federende über die Nase am Schloß (Pfeil) gehoben wird.
- Schloßgabel aufsetzen. Dabei darauf achten, daß die Nase an der Gabel zwischen den Federenden liegt und die Gabel voll auf dem Vierkant sitzt. Kreuzschlitzschraube reindrehen.
- Türgriff einbauen.

Türschloß aus- und einbauen

(seit November 1976)

Ausbau

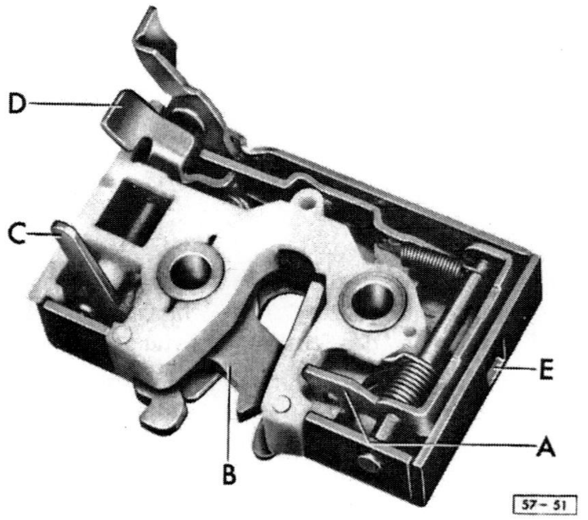

A – Fernbetätigung, B – Drehfalle, C – Sicherungshebel 1, D – Sicherungshebel 2, E – Montageloch

Der Ausbau des Schlosses ist einfacher, wenn vorher die Türverkleidung ausgebaut wird. In diesem Fall Innenbetätigung für Tür abschrauben und Fernbetätigungsstange aushängen. Dann Schloß abschrauben.

- Schloß mit Verriegelungsknopf – oder bei Fahrertür mit Schlüssel – verriegeln.
- An der Schloßsäule 2 Senkschrauben herausdrehen und Schloß ca. 12 mm herausziehen.

- Bei herausgezogenem Schloß Fernbetätigungshebel – A – mit Schraubendreher durch das Montageloch – E – in herausgezogener Stellung sichern.

- Fernbetätigungshebel – A – aus der Zugstange – G – aushängen. Sicherungshebel 1 – C – aus Sicherungshülse – H – aushängen. Schloß abnehmen.

Einbau

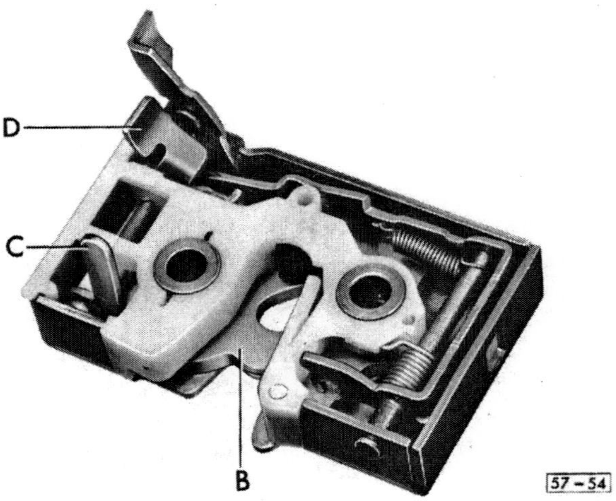

- Drehfalle – B – schließen und mit Sicherungshebel 1 – C – oder mit Sicherungshebel 2 – D – verriegeln.

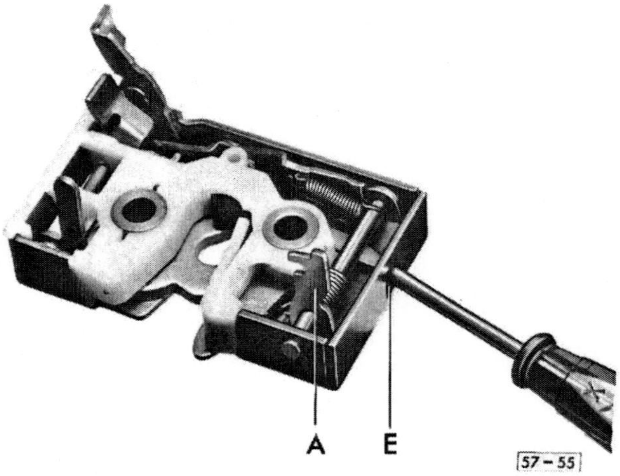

- Fernbetätigungshebel - A - mit Schraubendreher durch das Montageloch - E - in herausgezogener Stellung sichern.

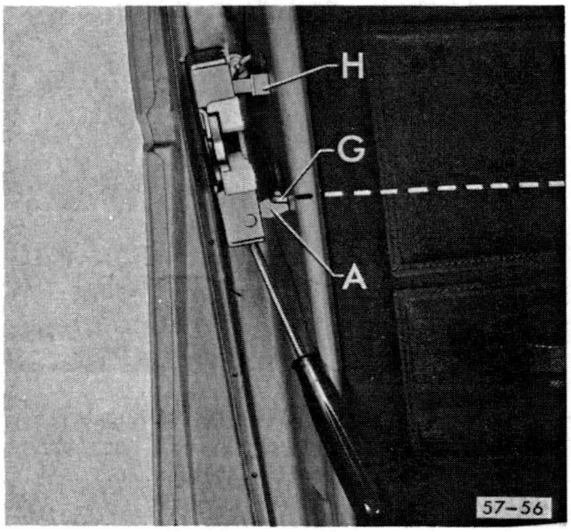

- Sicherungshebel 1 in Sicherungshülse - H - stecken.
- Sicherungshebel 2 und Betätigungshebel durch zugehörende Öffnung in der Tür stecken, Zugstange - G - in Fernbetätigungshebel - A - einhängen.

- Schraubendreher durch das Montageloch aus dem Schloßgehäuse herausziehen. Schloß mit 2 Senkschrauben festschrauben. Funktion von Schloß und Verriegelung überprüfen.

Tür aus- und einbauen

Ausbau

- Türverkleidung ausbauen.
- Spannhülse am Türfeststeller herausdrücken.
- Folie an der Türstirnseite lösen.
- Tür von den Scharnieren abschrauben.

Einbau

- Tür mit den Scharnieren verschrauben – nicht festziehen (Federringe und Unterlegscheiben nicht vergessen).
- Tür einpassen, Scharnierschrauben festziehen.
- Spannhülse für Türfeststeller eindrücken. PVC-Folie sorgfältig am Türinnenblech ankleben.
- Türverkleidung einbauen.

Tür einpassen

Um die Tür einpassen zu können, müssen die Türverkleidung und der Schließbolzen an der Schloßsäule ausgebaut sein. Außerdem darf das Fahrzeug nicht aufgebockt sein.

- Tür an den Scharnieren in der Horizontalen und Vertikalen so verschieben, daß umlaufend ein gleichmäßiger Spalt zum Ausschnitt des Aufbaues erreicht wird. Eine rundherum gleichmäßige Anlage der Gummidichtung muß gewährleistet sein.
- Schließbolzen mit der Schloßsäule verschrauben, nicht festziehen.
- Klinke im Türgriff ziehen. Tür am Griff anheben und schließen. Klinke beim Schließvorgang loslassen.
- Klinke wieder ziehen, Tür am Griff anheben und öffnen.
- Schließbolzen fest mit der Schloßsäule verschrauben.
- Türverkleidung wieder einbauen.

Seilzug für Deckelschloß einstellen

- Kühlergrill abbauen. Klemmen an den Scheinwerfern abhebeln, Rasten am Grill runterdrücken (Pfeile), Grill abnehmen.

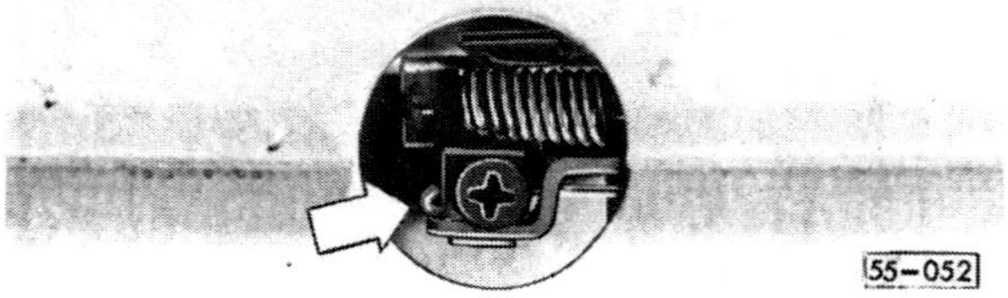

- Sperre im Deckelschloß-Unterteil **ohne Vorspannung** (nicht auf Zug) einstellen, da sonst keine einwandfreie Verriegelung möglich ist. Nach dem Anschrauben des Schloßzuges Drahtende (Pfeil) umbiegen.

Achtung: Der Deckelschloßzug muß spannungsfrei geführt sein.

Deckelschloß für Haube hinten einstellen
(seit August 1978)

55-053

- Deckelschloß-Unterteil (Schließzapfen) in ungefähre Einbaulage bringen und anschrauben, so daß der Festsitz gerade gewährleistet ist.
- Deckel schließen und damit den Schließzapfen genau justieren. Haube öffnen und Deckelschloß-Unterteil festschrauben.

Stahlkurbeldach: Wasserabläufe reinigen

Verstopfte Ablaufschläuche mit einem flexiblen Stahldraht (Tachowelle) reinigen.

- Ablaufschlauch vorn von oben durch die Ablauföffnung bei geöffnetem Schiebedach (Pfeil) reinigen.

60-017

- Ablaufschlauch hinten/rechts aus Kraftstoffeinfüllstutzen herausziehen und von unten reinigen. Dazu ist vorher die Tülle (A) herauszunehmen.

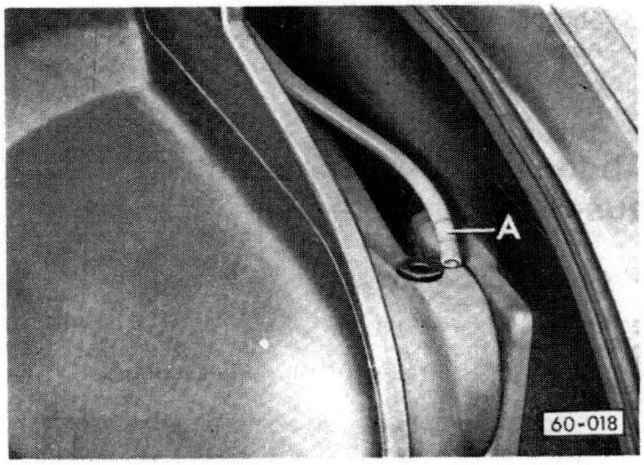

60-018

- Ablaufschlauch hinten/links aus Stegblech herausziehen und von unten reinigen. Dazu ist vorher die Tülle (A) herauszunehmen.

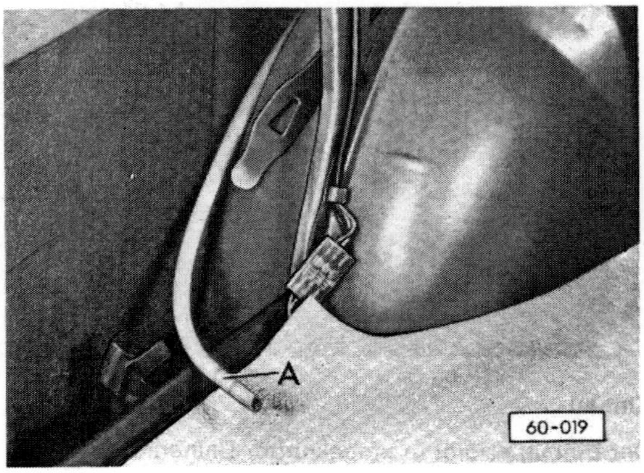

60-019

Abdeckung links aus- und einbauen

Ausbau

- Abdeckung Mitte ausbauen.
- Kreuzschlitzschrauben (siehe Pfeile) herausdrehen.

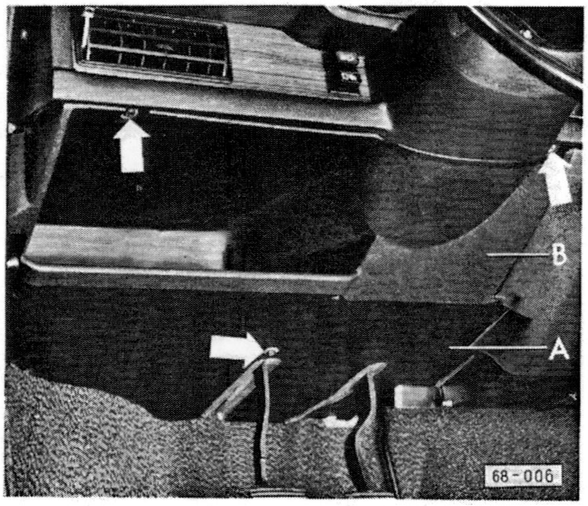

- Abdeckung nach unten herausnehmen.

Einbau

Einbau erfolgt nach Befestigung des linken Ablagefaches.
A – Abdeckung – links unten
B – Ablagefach links

Abdeckung rechts unten aus- und einbauen

- Abdeckung Mitte ausbauen.
- Ablageklappe ausbauen.
- Kreuzschlitzschraube (Pfeil) herausschrauben.

Einbau

Der Einbau erfolgt in umgekehrter Reihenfolge.

Abdeckung Mitte für Armaturenbrett aus- und einbauen

Ausbau

- Batterie-Masseband abklemmen.
- Vier Kreuzschlitzschrauben herausdrehen (siehe Pfeile).

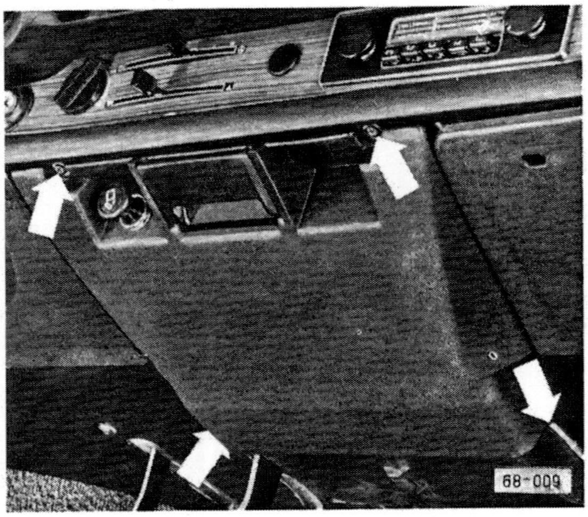

- Flachstecker vom Zigarettenanzünder abziehen.

Einbau

- Zigarettenanzünder anklemmen.
- Abdeckung an der Schalttafel einsetzen und mit 4 Kreuzschlitzschrauben und Unterlegscheiben befestigen.
- Batterie anklemmen.

Die elektrische Anlage

Die elektrische Anlage des Passat ist eine Gleichstromanlage mit einer Betriebsspannung von 12 Volt.

Als Stromerzeuger dient ein Drehstrom-Generator mit einer Einrichtung zur Spannungs- und Ladestromregelung. Der Vorteil einer Drehstromlichtmaschine liegt darin, daß sie schon bei Motor-Leerlaufdrehzahl die Batterie lädt. Der Generator wird von der Motorkurbelwelle über einen Keilriemen angetrieben. Die nicht von den Verbrauchern benötigte Energie fließt in die Batterie und wird dort gespeichert.

Die wichtigsten Verbraucher der elektrischen Anlage sind:

Anlasser
Zündanlage
Beleuchtungseinrichtung mit Blinkanlage
Scheibenwischer- und Waschanlage
Instrumente
Signalhorn
Innenbeleuchtung
Frischluftgebläsemotor
Zubehör: Heckscheibenheizung,
Radio usw.

Zur Beleuchtungs- und Blinkeinrichtung gehören die beiden Scheinwerfer, die vorderen Blinkleuchten, die Blink-, Brems-, Schlußleuchten und die Kennzeichenleuchte.

Die Scheibenwisch- und -waschanlage besteht aus dem Scheibenwischermotor, dem Antriebsgestänge und den beiden Scheibenwischern. Die Scheibenwaschanlage arbeitet pneumatisch oder elektrisch. Der Scheibenwaschbehälter im Motorraum ist über eine Schlauchleitung mit den beiden Spritzdüsen verbunden.

Zur Instrumentierung gehören das Zentralinstrument mit Geschwindigkeitsmesser, Kraftstoffanzeige, Kilometerzähler und Kontrolleuchten für Öldruck, Ladestrom der Lichtmaschine, Fernlicht und Blinklicht.

Die Zündanlage besteht im wesentlichen aus der Zündspule, dem Zündverteiler, den Zündkabeln und den vier Zündkerzen.

Sämtliche Relais und Sicherungen sind in einem Gehäuse zentral zusammengefaßt.

Wartung

Die elektrische Anlage erfordert in gewissen Abständen die Überprüfung verschiedener Aggregate. Die Überprüfungen sollten nicht vernachlässigt werden, denn von der elektrischen Anlage hängt die Betriebssicherheit des Fahrzeugs ab.

Im Rahmen der Wartung werden überprüft und gegebenenfalls eingestellt, erneuert bzw. ergänzt:

- Der Schließwinkel im Zündverteiler (Kontaktabstand).
- Die Zündkerzen.
- Der Flüssigkeitsstand in der Batterie.
- In größeren Abständen sind die Schleifkohlen der Lichtmaschine und des Anlassers zu prüfen.

Wichtig: Bei allen Arbeiten an der elektrischen Anlage Masseband von der Batterie abnehmen.

Batterie aus- und einbauen

- Batteriekabel abklemmen. Zuerst Masseband, dann Pluskabel.
- Halteplatte abschrauben. Sie zeigt mit der runden Seite nach unten zur Batterie.

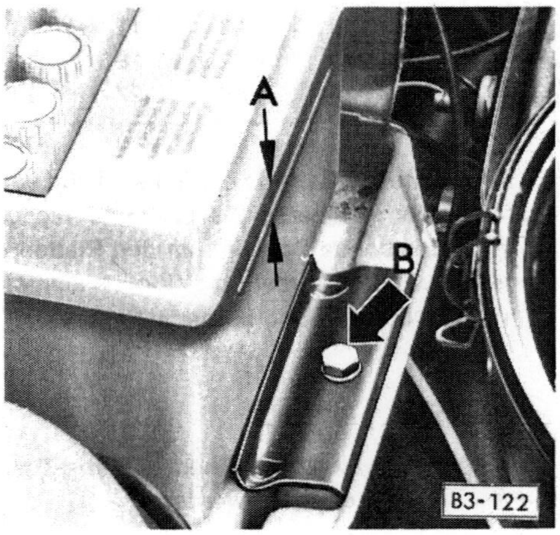

- Der Säurestand soll immer zwischen den an den Längsseiten der Batterie angebrachten Min.- und Max.-Marken (Pfeil A) stehen.
- Pluskabel anklemmen, dann Masseband.

Batterie prüfen

Säurestand prüfen

- Der Flüssigkeitsspiegel soll 5 mm über den Platten einschließlich der Separatoren stehen. Ist eine Säurestandsmarke vorhanden, dann ist der Säurestand danach einzurichten. Zum Nachfüllen nur destilliertes Wasser nehmen.
- Batterien mit zu hohem Flüssigkeitsstand können bei starker Ladung (längere Fahrten am Tage) überkochen. Zu niedriger Säurestand verkürzt die Lebensdauer der Batterie.

Säuredichte prüfen

- Die Säuredichte gibt in Verbindung mit der Spannungsmessung genauen Aufschluß über den Ladezustand der Batterie. Zur Prüfung dient ein Säureheber, der recht preiswert in Fachgeschäften angeboten wird. Je größer das spezifische Gewicht der angesaugten Batteriesäure ist, desto mehr taucht der Schwimmer auf. An der Skala kann man die Säuredichte in spezifischem Gewicht oder Grad Baumè ablesen. Folgende Werte müssen erreicht werden:

	normale Klimazonen		Tropen	
Ladezustand	Bè.	spez. Gewicht	Bè.	spez. Gewicht
entladen	16	1,12	11	1,08
halb entladen	24	1,20	18	1,14
gut geladen	32	1,28	27	1,23

Achtung: Eine unbenutzte Batterie entlädt sich von selbst. Falls die Batterie nicht rechtzeitig überprüft und nachgeladen wird, können bleibende Schäden an den Platten auftreten. Wird also das Auto für mehrere Wochen stillgelegt, Batterie alle vier Wochen ent- und wieder aufladen.

Spannung messen

- Die Gesamtspannung kann mit einem Batterie-Testgerät (siehe Abbildung) gemessen werden.

Bei einem Belastungsstrom von etwa 110 A darf die Mindestspannung von 9,6 V nicht unterschritten werden. Sinkt bei dieser Messung (Dauer 5 bis 10 sec.) die Gesamtspannung unter den angebotenen Wert, so ist die Batterie entweder entladen oder defekt.

Batterie-Pole reinigen

Bei der regelmäßigen Durchsicht des Wagens sind auch die Batterie-Pole und Anschlußklammern zu reinigen und mit Säureschutzfett einzureiben.

Batterie laden

- Batterie niemals kurzschließen. Bei Kurzschluß erhitzt sich die Batterie und kann platzen. Nicht mit offener Flamme in die Batterie leuchten. Batteriesäure ist ätzend und darf nicht in die Augen, auf die Haut oder die Kleidung gelangen.
- Plus- und Massekabel von Batterie abklemmen.
- Vor dem Laden Säurestand prüfen, gegebenenfalls destilliertes Wasser nachfüllen.
- Stopfen aus der Batterie herausschrauben.
- Gefrorene Batterie vor dem Laden auftauen.
- Bei der Normalladung wird die Batterie mit ca. 10 % der Kapazität geladen. (Bei einer 45-Ah-Batterie also etwa 4,5 A).
- Pluspol der Batterie mit Pluspol, Minuspol der Batterie mit Minuspol des Ladegerätes verbinden.
- Säuretemperatur darf während des Ladens 40°C nicht überschreiten, ggf. Ladung unterbrechen oder Ladestrom herabsetzen.
- So lange laden, bis alle Zellen lebhaft gasen und bei drei im Abstand von je einer Stunde aufeinander folgenden Messungen das spezifische Gewicht der Säure und die Spannung nicht mehr angestiegen sind.
- Batterie mit Heimgerät ca. einen Tag laden.
- Die Batterie darf auch mit einem Schnell-Ladegerät geladen werden.

Achtung: Das Schnelladen einer Batterie sollte nicht zur Gewohnheit werden! Batterien, die lange unbenutzt gestanden haben oder neu sind, dürfen nicht schnellgeladen werden.

- Nach der Ladung Säurestand prüfen, ggf. destilliertes Wasser nachfüllen.
- Batterie ca. 20 Min. ausgasen lassen, dann Verschlußstopfen aufschrauben.

Achtung: Der Motor darf nicht bei abgeklemmter Batterie laufen, da sonst die elektrische Anlage beschädigt wird.

Die Sicherungstabelle

Der Sicherungskasten befindet sich vorn unter der Motorhaube auf der linken Fahrzeugseite (bis August 1974) oder im Fußraum links unter dem Armaturenbrett und ist nach dem Abklappen des Ablagefaches (Pfeil) zu erreichen. Für die Verbraucher werden 8- beziehungsweise 16-Ampère-Sicherungen benötigt.

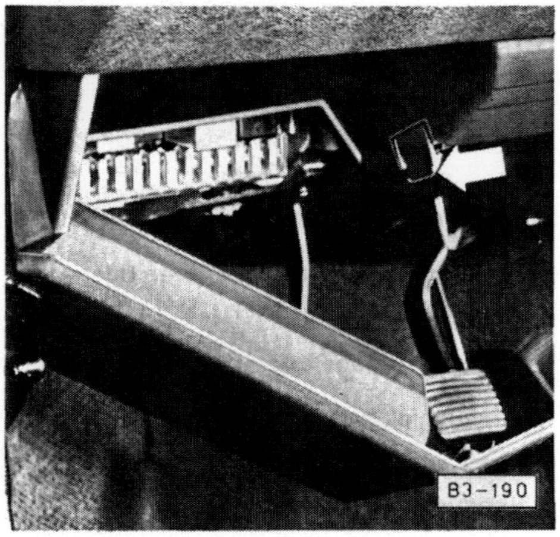

Sicherungsbelegung

Nr.	A	Verbraucher
1	(8)	Abblendlicht links
2	(8)	Abblendlicht rechts
3	(8)	Fernlicht links, Fernlichtkontrolle
4	(8)	Fernlicht rechts
5	(16)	Heckscheibenheizung
6	(8)	Bremsleuchten, Warnlichtanlage
7	(8)	Zigarrenanzünder, Radio, Zeituhr, Innenleuchte
8	(8)	Blinkleuchten
9	(8)	Rückfahrleuchten, Vergaser-Startautomatik, Leerlaufabschaltventil, Signalhorn
10	(16)	Frischluftgebläse
11	(8)	Scheibenwischer, Scheibenwascher, Wasch-Wisch-Automatik, Scheinwerferreinigungsanlage
12	(8)	Kennzeichenleuchte, Nebelscheinwerfer (Steuerstrom), Nebelschlußleuchte
13	(8)	Schluß- und Standlicht rechts
14	(8)	Schluß- und Standlicht links
15	(16)	Kühlerventilator

Einzelsicherung (8 A) im Zusatzsicherungskasten für Heckscheibenwischer (Variant) und Nebelscheinwerfer (Arbeitsstrom).

Sicherungen auswechseln

Um Kurzschluß- und Überlastungsschäden an den Leitungen und Verbrauchern der elektrischen Anlage zu verhindern, sind die einzelnen Stromkreise durch Schmelzsicherungen geschützt.

- Vor dem Auswechseln einer Sicherung immer zuerst den betroffenen Verbraucher ausschalten.
- Deckel des Sicherungskastens abnehmen. Eine durchgebrannte Sicherung erkennt man am durchgeschmolzenen Metallstreifen.
- Durchgebrannte Sicherung vorsichtig aus den Federklemmen herausnehmen.
- Neue Sicherung **gleicher Sicherungsstärke** mit Metallstreifen nach oben zwischen die Federklemmen einsetzen, dabei nicht auf den Metallstreifen drücken und die Federklemmen verbiegen.
- Die Sicherung muß fest zwischen den Klemmen sitzen, eventuell Klemmen nachbiegen.
- Brennt eine neu eingesetzte Sicherung nach kurzer Zeit wieder durch, muß der entsprechende Stromkreis überprüft werden.
- Auf keinen Fall Sicherung mit Staniolpapier „reparieren", weil dadurch ernste Schäden an anderer Stelle der elektrischen Anlage auftreten können.
- Es ist empfehlenswert, stets einige Ersatz-Sicherungen im Wagen mitzuführen. Zur Aufnahme der Ersatzsicherungen befinden sich im Sicherungskasten runde Öffnungen.

Störungstabelle Batterie

Störungen	Ursache	Abhilfe
Säurestand zu niedrig	● Überladung, Verdunstung (besonders im Sommer)	Destilliertes Wasser bis zur vorgeschriebenen Höhe nachfüllen (bei geladener Batterie).
Säure tritt aus den Verschlußstopfen aus	● Ladespannung zu hoch	Spannungsregler prüfen, ggf. austauschen
	● Säurestand zu hoch	Überschüssige Säure mit Säureheber absaugen
Säuredichte zu niedrig	● Batterie entladen	Batterie laden
	● Generator nicht in Ordnung	Generator prüfen, ggf. reparieren oder austauschen
	● Kurzschluß im Leitungsnetz	Elektrische Anlage überprüfen
	● Säure infolge Wartungsfehler verwässert	Säureausgleich durchführen
Säuredichte zu hoch	● Säure wurde nachgefüllt	Säureausgleich durchführen
Abgebende Leistung ist zu gering, Spannung fällt stark ab	● Batterie entladen	Batterie nachladen
	● Ladespannung zu niedrig	Spannungsregler prüfen, ggf. austauschen
	● Anschlußklemmen lose oder oxydiert	Anschlußklemme reinigen und besonders Unterseite mit Säureschutzfett leicht einfetten, Befestigungsschrauben anziehen
	● Masseverbindung Batterie – Motor – Karosserie ist schlecht	Masseverbindung überprüfen, ggf. metallische Verbindungen herstellen oder Schraubverbindungen festziehen.
	● Zu große Selbstentladung der Batterie durch Verunreinigung der Batteriesäure	Batterie austauschen
	● Evtl. Batterie sulfatiert (grauweißer Belag auf den Plus- und Minusplatten)	Batterie mit kleinem Strom laden, damit sich der Belag langsam zurückbildet. Falls nach wiederholter Ladung und Entladung abgegebene Leistung immer noch zu gering, Batterie austauschen
	● Batterie verbraucht, aktive Masse der Platten ausgefallen	Batterie austauschen
Nicht ausreichende Ladung der Batterie	● Fehler an Generator, Spannungsregler oder Leitungsanschlüssen	Generator und Spannungsregler überprüfen, instandsetzen bzw. austauschen; Leitungen einwandfrei befestigen
	● Keilriemen locker	Keilriemen spannen oder austauschen
	● Zu viele Verbraucher angeschlossen	Größere Batterie einbauen; evtl. auch größeren Generator verwenden
Dauernde Überladung	● Fehler am Spannungsregler, evtl. auch am Generator	Spannungsregler austauschen bzw. Generator überprüfen

Der Generator

1- Elastische Aufhängung
1,5l-Motor/75 PS bis Juni 74
1,5 l-Motor 85 PS bis Juli 75
alle 1,6 l-Motoren

2- Starre Aufhängung
alle 1,3 l-Motoren
1,5 l-Motor ab Juli 74 bis Juli 75

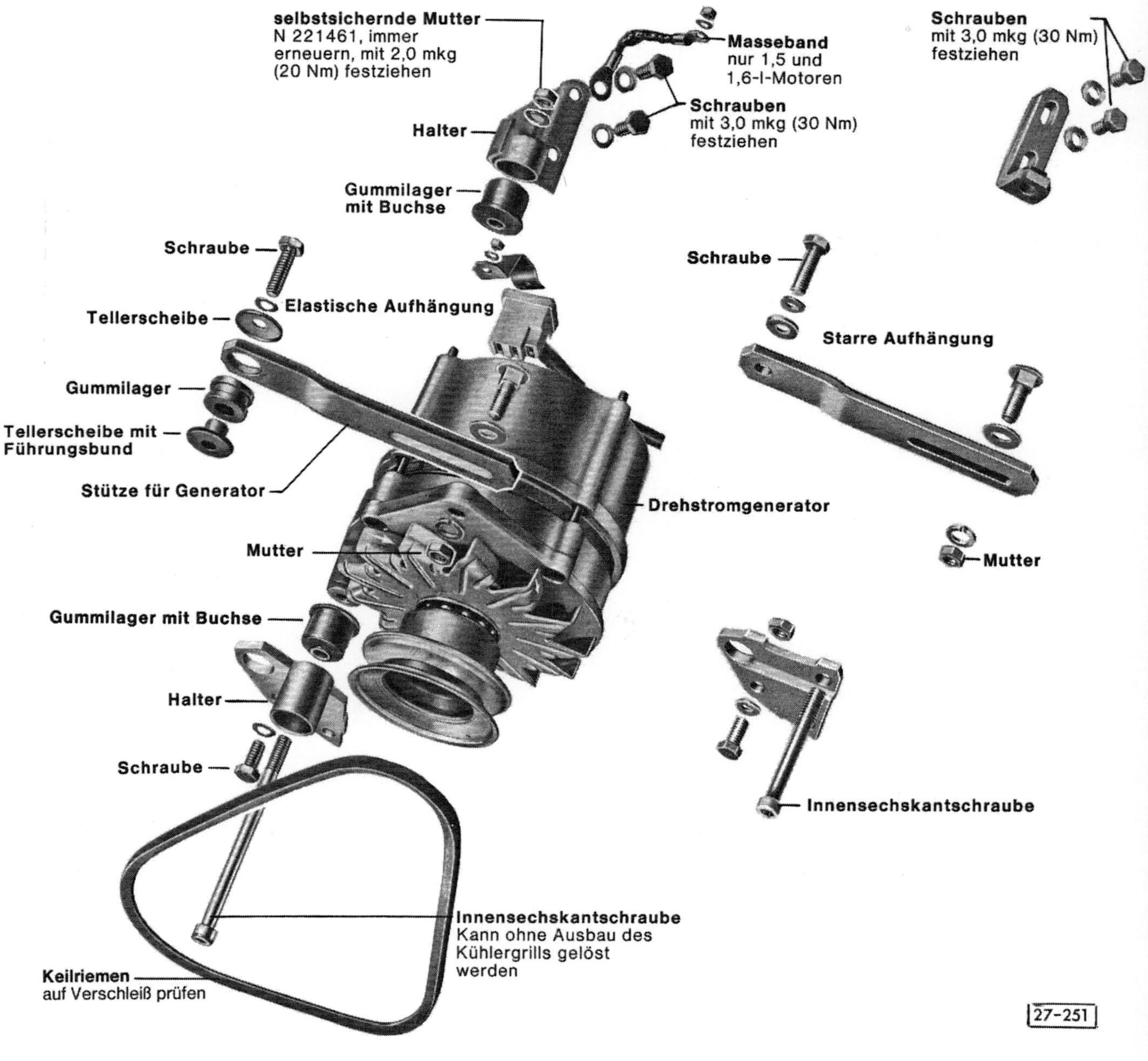

Generator aus- und einbauen

Ausbau

- Batterie-Massekabel abklemmen.
- Klemmbügel für Kabelstecker hinten am Generator lösen und zur Seite schwenken.
- Kabelstecker herausziehen.
- Masseband, wo vorhanden, von Generator abschrauben.

- Klemmschraube A oben am Generator abschrauben, Lichtmaschine zum Kühler schwenken und Keilriemen abnehmen.

- Innensechskantschraube (6 mm Inbus) herausschrauben, von hinten Gegenmutter (wo vorhanden) festhalten, Drehstromgenerator herausnehmen.

Einbau

- Drehstromgenerator einsetzen, Inbusschraube einschrauben.
- Spannschraube oben am Halter einsetzen, nicht festziehen.
- Keilriemen auflegen.
- Keilriemen spannen.
- Masseband, wo vorhanden, an Generator befestigen.
- Dreifachstecker hinten in Drehstromlichtmaschine einschieben, Klemmbügel aufschieben und festziehen.

Achtung: Zur Vermeidung von Kabelbrüchen muß der Leitungsstrang hinten am Generator mit einem Kunststoffclip – ET.-Nr. 321 871 847 – und einer Klammer – 171 971 836 A – (Bosch-Generator) befestigt werden.

- Batterie-Massekabel anklemmen.

Achtung: Seit Mai 80 sind ein neuer 45 A- und ein geänderter 65 A-Drehstromgenerator im Einsatz. Dadurch hat sich der Anschlußstecker und die Befestigung des Anschlußsteckers geändert. Wird der Anschlußstecker bei einem Generator mit Halterbefestigung durch einen Anschlußstecker mit Rastnase (oben auf dem Stecker) ersetzt, so ist die Rastnase abzuschleifen. Nur so ist eine sichere Befestigung gewährleistet.

Keilriemen ersetzen/spannen

- Stütze A am Generator und am Motorblock B lösen. Generator schwenken und Keilriemen abnehmen.

- Keilriemen auflegen und mit Lichtmaschine spannen. Hierzu Lichtmaschine mit Montierhebel vom Motorblock abdrücken und Schraube A (siehe Seite 162, 27-071) an der Stütze festziehen. Anschließend Schraube B an Stütze/Motorblock festziehen.
- Keilriemenspannung prüfen. Bei kräftigem Daumendruck auf den Keilriemen in Punkt a darf sich dieser nur etwa 5 mm (neuer Riemen ca. 2 mm) durchbiegen.

Schleifkohlen am Generator prüfen

- Spannungsregler mit Schleifkohlen hinten vom Generator abschrauben.
- Länge der Schleifkohlen neu: 10 mm, Verschleißgrenze 5 mm.
- Gegebenenfalls Anschlußlitze auslöten und Schleifkohlen ersetzen.
- Es genügt, die Schleifkohlen alle 50 000 km zu überprüfen.

Achtung: Im Gegensatz zum Gleichstromgenerator darf ein Drehstromgenerator niemals ohne Batterie betrieben werden (Motor nicht ohne Batterie laufen lassen).

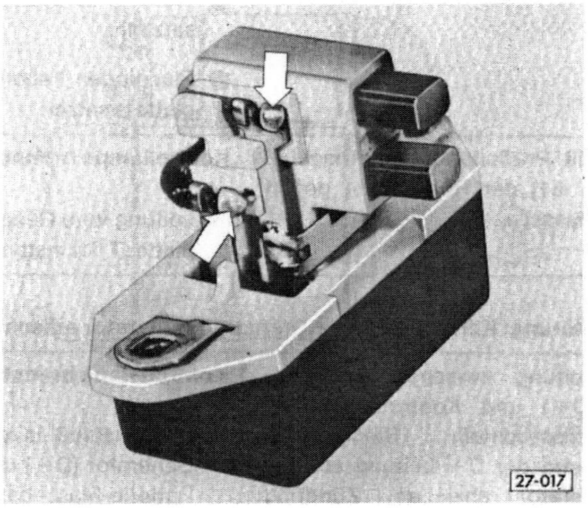

Störungstabelle Drehstromgenerator

Störung: Die Kontrollampe für Drehstromgenerator brennt nicht bei eingeschalteter Zündung

Steckverbindung der D+ Leitung vom Generator abziehen. Prüfleitung zwischen D+ und Batterie-Masseband anschließen. Zündung einschalten	**Kontrollampe brennt:** ● Kohlebürsten verschlissen, Batterie-Masseband abklemmen, Spannungsregler ausbauen, Kohlebürsten überprüfen	**Kontrollampe brennt nicht:** ● Lampe für Drehstromgenerator durchgebrannt. Batterie-Masseband abklemmen, Kontrollampe ersetzen, Batterie-Masseband anklemmen, Zündung einschalten
	Kontrollampe brennt: ● Unterbrechung in Erregerwicklung ● Läufer hat Unterbrechung, Läufer ersetzen ● Plusdioden haben Kurzschluß, Diodenplatte ersetzen	**Kontrollampe brennt nicht:** ● Unterbrechung in der Leitung von Relaisplatte (T 61) zur Kontrollampe (K 2) bzw. Mehrfachstecker T 10/9 am Schalttafeleinsatz
Mit Prüfleitung den Anschluß (T 61) der Relaisplatte gegen Masse legen	**Kontrollampe brennt:** ● Leitung vom Generator (D+) zur Relaisplatte (T 61) instandsetzen	**Kontrollampe brennt nicht:** ● Leitung von Relaisplatte (T 61) zur Kontrollampe (K 2) instandsetzen

Störung: Kontrollampe für Drehstromgenerator erlischt nicht bei Drehzahlsteigerung

Leitung zwischen Generator (D+) und Kontrollampe hat Masseschluß. Steckverbindung der D+ Leitung am Generator abziehen. Zündung einschalten	**Kontrollampe brennt:** ● Masseschluß in der Leitung zwischen Generator (D+) und Relaisplatte (T 61), Batterie-Masseband abklemmen, Leitung (D+) vom Generator an der Relaisplatte (T 61) abklemmen, Batterie anschließen, Zündung einschalten	**Kontrollampe brennt nicht:** ● Generator und Spannungsregler überprüfen
	Kontrollampe brennt: ● Masseschluß in der Leitung von der Relaisplatte (T 61) zur Kontrollampe (K 2) instandsetzen	**Kontrollampe brennt nicht:** ● Unterbrechung in der Leitung vom Generator (D+) zur Relaisplatte (T 61) instandsetzen
Ladekontrollampe glimmt oder blinkt schwach bei laufendem Motor	● Bei voller Batterie und keinem eingeschalteten Verbraucher schaltet der Spannungsregler das Feld des Generators sehr schnell ein und aus. Auf diese Impulse reagiert die fast trägheitslose Leuchtdiode.	● Schönheitsfehler, keine Instandsetzung erforderlich

Anlasser aus- und einbauen

Ausbau

- Batterie-Masseband abklemmen.
- Anlasser von der Wagenunterseite her ausbauen.

- Leitungen vom Anlasser abklemmen: A = Klemme 50 zum Zündanlaßschalter. B = Klemme 16 direkt zur Zündspule Klemme 15. C = Klemme 30 direkt an Batteriepluspol.

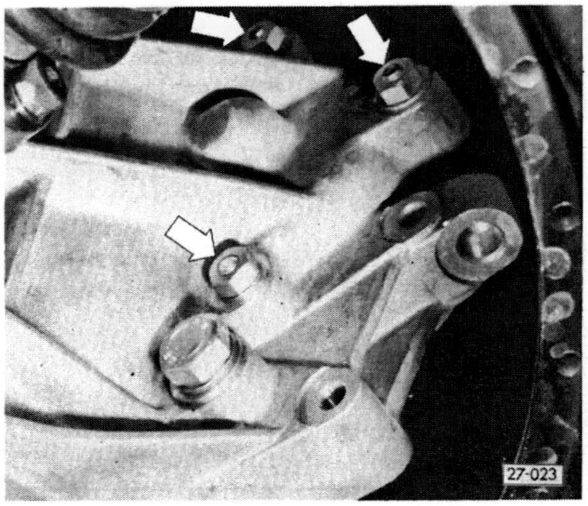

- Muttern (Pfeile) und Innensechskantschraube am Abstützblech abschrauben.
- Befestigungsschrauben herausziehen und Anlasser herausnehmen.

Einbau

Der Einbau geschieht in umgekehrter Reihenfolge. Nicht vergessen: Masseband an Batterie anklemmen.

Achtung: Zum vollständigen Zerlegen des Anlassers ist Spezialwerkzeug notwendig. Die Arbeit sollte in jedem Fall von einer Fachwerkstatt durchgeführt werden.

Magnetschalter ersetzen

Ausbau

- Anlasser ausbauen.
- Plusleitung am Magnetschalter abklemmen.
- Befestigungsschrauben des Magnetschalters ausschrauben.
- Magnetschalter aushängen.

Einbau

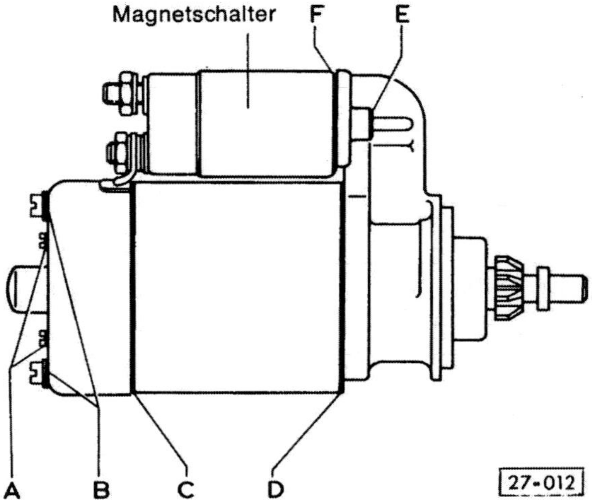

Der Einbau erfolgt in umgekehrter Reihenfolge. Dabei ist die Trennfuge zum Zwischenlager (F) mit D 14 abzudichten.

Anlasser-Schleifkohlen ersetzen

Ausbau

- Anlasser ausbauen.
- Sechskantmutter – auf der gegenüberliegenden Seite vom Anlasserritzel – abschrauben und Kabelschuh abnehmen.
- Lagerschild abbauen.
- Halteplatte für Schleifkohlen abnehmen.
- Druckfedern mit Drahthaken anheben, Schleifkohlen herausnehmen. Die Mindestlänge der Schleifkohlen beträgt 13 mm.
- Verbrauchte Schleifkohlen mit Zange zerdrücken.

Hinweis: Die Abbildungen zeigen das Ersetzen der Schleifkohlen an der Feldwicklung. Reparaturhinweise gelten auch für Schleifkohlen an der Halteplatte.

- Freies Ende der Litze blankkratzen, in die verzinnte Bohrung der neuen Schleifkohle stecken und in der Ansenkung aufspreizen.

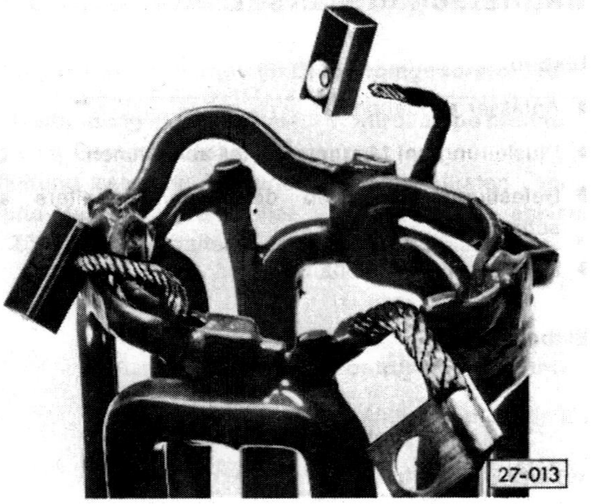

- Schleifkohle und Litze verlöten. Dazu Radio-Lot und Lötkolben mit mehr als 250 W verwenden.
- Eventuell überstehendes Zinn abfeilen.
- Damit beim Löten kein Lot in der Litze hochsteigt, wird die Litze, wie auf der Abbildung gezeigt, dicht an der Schleifkohle mit einer Flachzange gehalten.

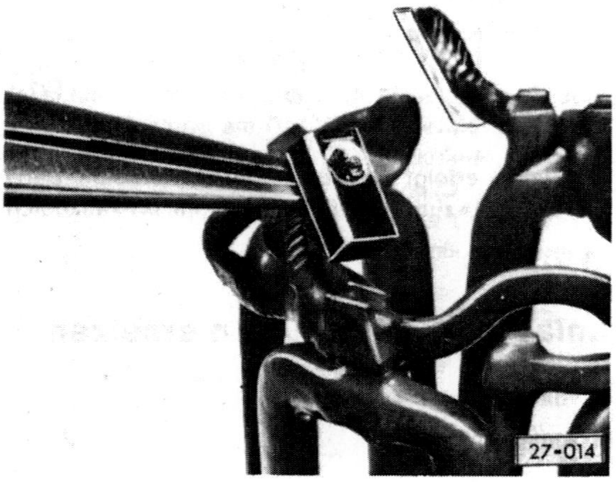

- Schleifkohlen einsetzen.

Einbau

- Halteplatte für Schleifkohlen einsetzen.
- Lagerschild anbauen, Lagerbuchse mit Mehrzweckfett schmieren.
- Alle Bohrungen A, E und B mit D 3 abdichten. Trennfuge F mit D 14, Trennfugen C und D mit D 3 abdichten.

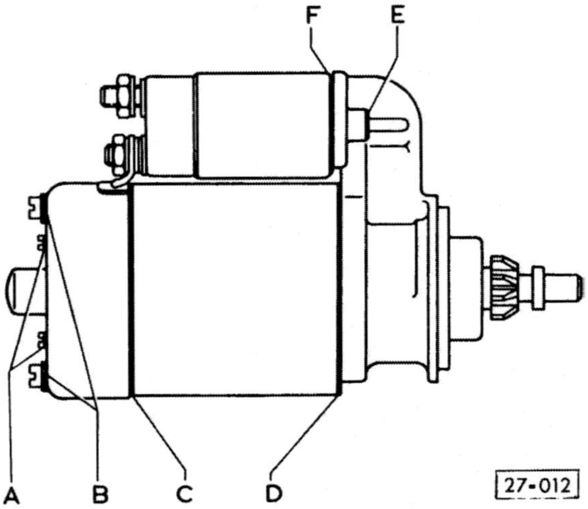

- Sechskantmutter mit Federring aufschrauben, Kabelschuh aufstecken.
- Anlasser einbauen.

Störungstabelle Anlasser

Wenn ein Anlasser nicht durchdreht, ist zunächst zu prüfen, ob an der Klemme 50 des Magnetschalters (Steuerleitung) die zum Einziehen benötigte Spannung von mindestens 8 Volt vorhanden ist. Liegt die Spannung unter dem genannten Wert, dann müssen die Leitungen, die zum Anlasserstromkreis gehören, nach dem Stromlaufplan überprüft werden. Ob der Anlasser bei voller Batteriespannung einzieht, kann folgendermaßen geprüft werden:

- Wagen aufbocken, kein Gang einlegen, Zündung eingeschaltet.
- Mit einer Leitung (Querschnitt mindestens 4 mm^2) die Klemmen 30 und 50 am Anlasser überbrücken.

Spurt der Anlasser dabei einwandfrei ein, so liegt der Fehler in der Leitungsführung zum Anlasser. Wenn der Anlasser nicht einspurt, muß er im ausgebauten Zustand überprüft werden.

Störung	Ursache	Abhilfe
Anlasser dreht sich nicht beim Betätigen des Zündanlaßschalters	● Batterie entladen	Batterie laden
	● Klemmen 30 und 50 am Anlasser überbrücken: Anlasser läuft an. Leitung 50 zum Zündanlaßschalter unterbrochen, Anlaßschalter defekt	Unterbrechung beseitigen, defekte Teile ersetzen
	● Kabel oder Masseanschluß ist unterbrochen. Batterie entladen	Batteriekabel und Anschlüsse prüfen. Spannung der Batterie messen, nötigenfalls laden
	● Ungenügender Stromdurchgang infolge lockerer oder oxydierter Anschlüsse	Batteriepole und -klemmen reinigen. Stromsichere Verbindungen zwischen Batterie, Anlasser und Masse herstellen
	● Spannung am Anschluß für Feldwicklung am Magnetschalter messen. Spannung nicht vorhanden	Magnetschalter ersetzen
Anlasser dreht sich zu langsam und zieht den Motor nicht durch	● Batterie entladen	Batterie laden
	● Kein Winteröl im Motor	Winteröl einfüllen
	● Ungenügender Stromdurchgang infolge lockerer oder oxydierter Anschlüsse	Batteriepole und -klemmen und Anschlüsse am Anlasser reinigen, Anschlüsse festziehen
	● Ungenügender Abstand zwischen Kohlebürsten und Kollektor	Kohlebürsten ersetzen und Führungen für Kohlebürsten reinigen
	● Kollektor riefig oder verbrannt und verschmutzt	Kollektor abdrehen oder Anker ersetzen
	● Spannung an Klemme 50 fehlt (mind. 8 Volt)	Zündanlaßschalter oder Magnetschalter überprüfen
Anlasser spurt ein und zieht an, Motor dreht sich nicht oder nur ruckweise	● Ritzelgetriebe defekt	Ritzelgetriebe ersetzen
	● Zahnkranz am Schwungrad defekt	Zahnkranz nacharbeiten, falls erforderlich, Schwungrad erneuern
Ritzelgetriebe spurt nicht aus	● Ritzelgetriebe oder Steilgewinde verschmutzt bzw. beschädigt	Ritzelgetriebe reinigen ggf. ersetzen
	● Magnetschalter defekt	Magnetschalter ersetzen

Die Zündanlage

Wartung der Zündanlage

Für einwandfreien Motorlauf kommt es auf einen guten Zustand der Unterbrecherkontakte an. Auf den Kontaktflächen bilden sich im Lauf der Zeit Abbrandstellen, die im fortgeschrittenen Stadium die Startwilligkeit des Motors beeinträchtigen. Stark verbrannte Kontakte müssen deshalb erneuert werden.

Bei Wartungsarbeiten muß das Gleitstück am Unterbrecherhebel mit etwas Mehrzweckfett geschmiert werden; und der Schmierfilz in der Verteilerwelle ist mit ein paar Tropfen Öl zu versehen.

Die Zündkerzen sollen etwa alle 7500 km herausgeschraubt, äußerlich gereinigt und an den Elektroden nachgestellt werden. Etwa alle 15 000 km sollten die Zündkerzen erneuert werden.

Der Verteilerkopf, der Hochspannungs-Anschluß an der Zündspule und die Zündkabel sollen trocken gehalten werden, um Kriechströme zu vermeiden.

Zündspule prüfen

Eine genaue Prüfung der Zündspule ist nur mit einem Zündspulen-Prüfgerät möglich. Steht kein Prüfgerät zur Verfügung, kann folgendermaßen geprüft werden:

- Hochspannungskabel aus der Mitte des Verteilerkopfes herausziehen und in einer Entfernung von etwa 10 mm gegen Masse halten. Beim Durchdrehen des Motors mit dem Anlasser müssen Funken vom Leitungsende überspringen.
- Springt kein Funke über, zunächst Spannung mit Voltmeter an Klemme 15 der Zündspule bei eingeschalteter Zündung überprüfen. Sie muß mindestens 9 Volt betragen.
- Liegt die Spannung über dem genannten Wert, mit einem Voltmeter oder einer einfachen Prüflampe an Klemme 1 der Zündspule prüfen, ob bei **geschlossenen** Unterbrecherkontakten **keine** Spannung und bei **geöffneten** Kontakten Spannung vorhanden ist. Die geschlossenen Kontakte (Motor mit Anlasser durchdrehen) können mit einem Schraubenzieher abgehoben werden.
- Wenn bei geöffneten Unterbrecherkontakten das Voltmeter nicht ausschlägt oder die Prüflampe nicht aufleuchtet, Zündspule austauschen.

Widerstandsleitung prüfen

Neben der Zündspule ist ein Vorwiderstand installiert, der seit September 1975 durch eine Vorwiderstandsleitung ersetzt wird. Der Vorwiderstand bzw. die Widerstandsleitung hat die Aufgabe, während des Motorbetriebs etwa 3 Volt aufzunehmen, da die Zündspule nur für 9 Volt ausgelegt ist. Während des Startvorgangs ist die Zündspule so geschaltet, daß die gesamte Batteriespannung (12 V) zur Zündspule fließt, um ausreichend Zündspannung zur Verfügung zu haben.

Die Widerstandsleitung ist transparent mit violetten Streifen. Die Länge beträgt ca. 1280 mm, der Widerstand der Leitung ca. 0,9 Ω (Ohm).

- Entsprechende Mehrfachsteckverbindung von der Relaisplatte bzw. am Vorwiderstand abziehen.
- Ohmmeter an beide Enden der Widerstandsleitung bzw. am Vorwiderstand anschließen. Der Meßwert muß zwischen 0,85 Ω und 0,95 Ω liegen.

Kondensator prüfen

- Der Kondensator (sitzt außen am Zündverteiler) ist zum Erreichen der erforderlichen Zündspannung von wesentlichem Einfluß. Er vermindert gleichzeitig die Funkenbildung beim Öffnen der Unterbrecherkontakte und damit den vorzeitigen Abbrand.
- Ein defekter Kondensator macht sich durch stark verbrannte Unterbrecherkontakte, durch schwache Zündfunken oder durch Startschwierigkeiten bemerkbar. Defekte Kondensatoren sind außerordentlich selten.

Sichtprüfung

- Zündverteilerkappe abnehmen. Kontakte mit Schraubenzieher abheben. Wenn die Kontakte blaue Abbrandstellen aufweisen, deutet dies auf einen defekten Kondensator hin. Grauer oder schwarzer Abbrand ist normal.
- Motor bei abgenommener Zündverteilerkappe von Hilfsperson starten lassen. Während des Startens den Unterbrecherkontakt beobachten. Wenn ständig starke Funken zwischen den Kontakten auftreten, ist dies ein Hinweis auf einen defekten Kondensator. Schwache, nicht ständig auftretende Funken sind normal.

Zündverteiler aus- und einbauen

Pos.	Benennung
1	Zündverteilerkappe
2	Schleifkohle mit Feder
3	Verteilerläufer
4	Abdichtscheibe
5	Zylinderschraube
6	Unterbrecherkontakt
7	Sechskantschraube
8	Halter
9	Zylinderschraube
10	Kondensator
11	Sprengring
12	Unterdruckdose
13	Befestigungslasche
14	Haltefeder
15	Dichtung
16	Verschluß
17	Verteilergehäuse

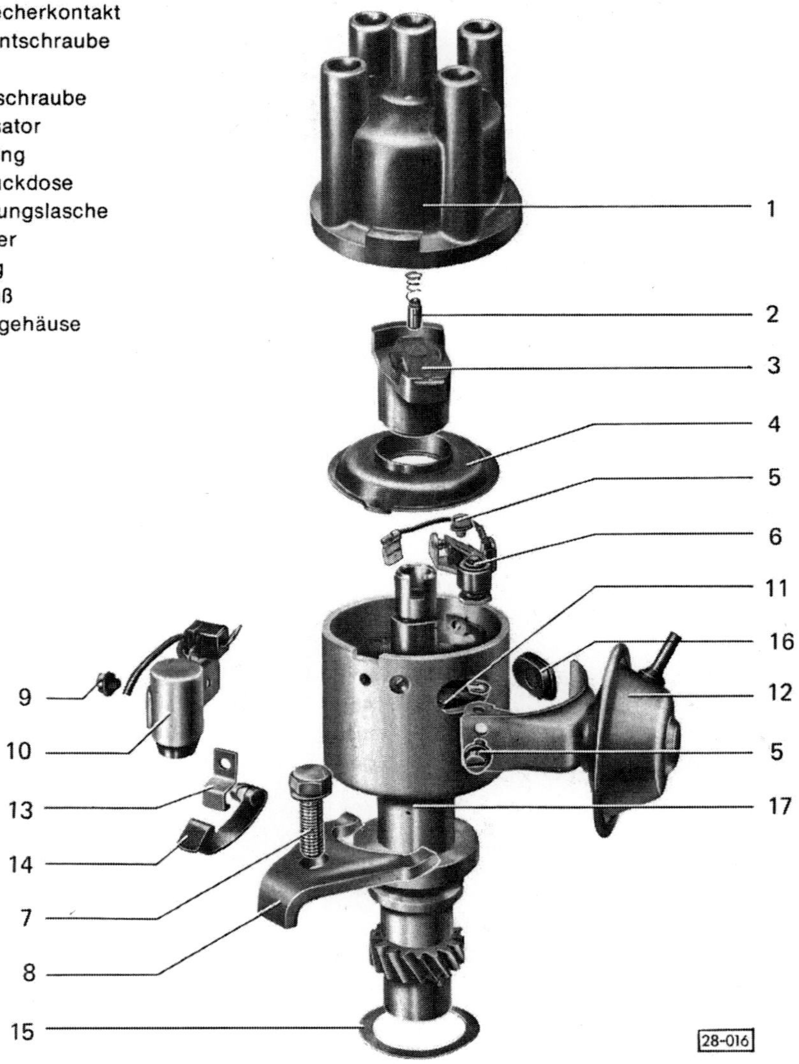

Ausbau

Ein kompletter Ausbau des Zündverteilers ist nur bei größeren Reparaturen notwendig. Die Unterbrecherkontakte lassen sich auch ohne Ausbau des Verteilers ersetzen.

- Batterie-Masseband abklemmen.
- Verteilerkopf abnehmen. Unterdruckschlauch am Zündverteiler und Kabel für Unterbrecherkontakte an der Zündspule abnehmen.
- Schraube (7) abschrauben und Halter (8) abnehmen. Zündverteiler herausziehen.

Einbau

- Zylinder 1 auf oberen Totpunkt (OT) stellen. Dazu muß die OT-Markierung (Sichtfenster oben in der Getriebeglocke) am Schwungrad mit der Bezugsmarke fluchten.

28-017

- Zylinderkopfdeckel abnehmen. Wenn der obere Totpunkt (OT) eingestellt ist, muß das Nockenpaar für den 1. Zylinder gleichmäßig nach oben zeigen (siehe auch: Ventile einstellen).

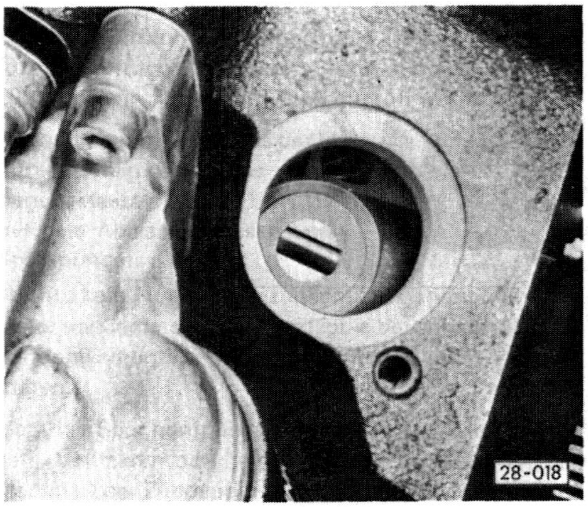

28-018

- Aufnahmezapfen der Ölpumpenwelle parallel zur Kurbelwelle stellen.

28-019

- Verteilerläufer so verdrehen, daß er zur Markierung für Zylinder 1 am Verteilergehäuse zeigt.
- Zündverteiler einsetzen und mit Schraube (7) und Halter (8) befestigen. Dichtung (15) nicht vergessen.
- Unterdruckschlauch am Zündverteiler und Kabel für Unterbrecherkontakte aufstecken.
- Batterie-Masseband anklemmen.
- Zündverteilerkappe säubern, auf Risse, Spuren von Kriechströmen und einwandfreien Sitz achten.
- Unterbrecherkontakte und Zündzeitpunkt einstellen.

Unterbrecherkontakte ersetzen

Im Lauf der Zeit bilden sich an den Unterbrecherkontakten Abbrandstellen, die sich als kleine Höcker und Krater bemerkbar machen. Außerdem nutzt sich das Kunststoffgleitstück ab, wodurch sich der Kontaktabstand verringert.

Die Folge: schwache Zündfunken. Alle 15 000 km sind die Unterbrecherkontakte auszuwechseln. Seit August 1975 werden Unterbrecherkontakte eingebaut, deren Lebensdauer 30 000 km beträgt.

Ausbau

- Zündverteilerkappe (1) abnehmen (siehe Abbildung 28-016 auf Seite 165), Verteilerläufer (3) abziehen, Abdichtscheibe (4) herausnehmen.
- Kabel für Unterbrecherkontakte abziehen und Schraube (5) herausdrehen.
- Unterbrecherkontakte herausnehmen.

Einbau

Lagerung des Unterbrecherhebels (1) mit einem Tropfen Motoröl schmieren.

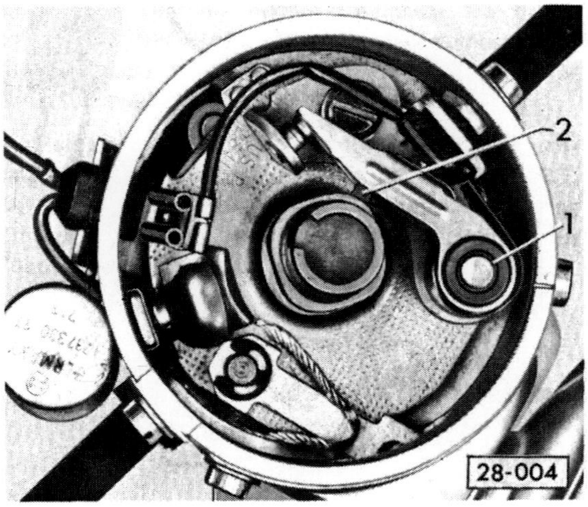

- Unterbrecherkontakte einsetzen. Nockengleitbahn und Kunststoffgleitstück (2) mit etwas Mehrzweckfett schmieren.
- Versehentlich auf die Kontaktfläche gelangtes Öl oder Fett sorgfältig entfernen. Kontaktflächen müssen plan zueinander stehen.
- Kabel für Unterbrecherkontakte aufstecken.
- Unterbrecherkontakte einstellen.
- Zündverteiler mit Abdichtscheibe (4), Verteilerläufer (3) und Zündverteilerkappe (1) komplettieren.
- Zündzeitpunkt einstellen.

Schließwinkel prüfen

Für eine exakte Einstellung der Unterbrecherkontakte benutzen die Werkstätten ein Schließwinkel-Meßgerät. Dieses Gerät bietet auch den Vorteil, daß bei leicht abgebrannten Kontaktflächen der Schließwinkel dennoch exakt eingestellt werden kann. Bei Verwendung eines Schließwinkel-Meßgerätes Gerät nach Bedienungsanleitung anschließen.

Prüfen mit Schließwinkel-Meßgerät:

- Motor anlassen und mit etwa 1000 U/min laufen lassen. Schließwinkel ablesen.
- Anschließend Motor mit etwa der doppelten Drehzahl laufen lassen. Der Zeiger des Schließwinkel-Meßgerätes darf nicht mehr als ± 1° vom vorher angezeigten Wert abweichen. Größere Abweichungen deuten auf Verschleiß der Verteilerwelle hin. In einem solchen Fall ist der Zündverteiler zu ersetzen.
- **Gemessenen Wert mit Sollwert vergleichen:**
  Sollwert 44°—50° C (53 ± 3 %)
  Verschleißgrenze 42°—58° (47 —64 %)

Das bedeutet, daß **neue** Unterbrecherkontakte auf den Sollwert einzustellen sind und daß **gelaufene** Unterbrecherkontakte nicht nachzustellen sind, solange der Schließwinkel innerhalb der Verschleißgrenze liegt.

Schließwinkel einstellen

- Verteilerkappe abnehmen, Verteilerläufer abziehen, Abdichtscheibe abnehmen.
- Feststellschraube am Unterbrecherkontakt lösen. Bei Anlaßdrehzahl Kontaktabstand mit Schraubenzieher verändern, bis das Meßinstrument den richtigen Schließwinkel anzeigt.

- Feststellschraube anziehen und prüfen, ob sich der Schließwinkel dabei nicht unzulässig verändert hat.
- Zündverteiler komplettieren und Schließwinkel nochmals bei laufendem Motor kontrollieren.
- Zündzeitpunkt einstellen!

Unterbrecherkontakte mit Fühlerblattlehre einstellen

Falls kein Schließwinkelmeßgerät zur Verfügung steht, können die Unterbrecherkontakte auch mit einer Fühlerblattlehre eingestellt werden.

- Verteilerkappe, Verteilerläufer und Abdichtscheibe abnehmen.
- Kurbelwelle am Lichtmaschinen-Keilriemen so weit verdrehen, bis ein Nocken der Verteilerwelle den Unterbrecherhebel vollständig abhebt.
- Kontaktabstand mit einer Fühlerblattlehre – 0,4 mm – messen. Die Lehre muß sich bei richtig eingestelltem Abstand leicht zwischen die Kontakte schieben lassen. Bei Kontakten mit Abbrand nur am Rand messen – in der Mitte würde der Abstand durch die Höckerbildung zu groß.
- Falls der Abstand zu groß oder zu klein ist: Feststellschraube am Unterbrecherkontakt leicht lösen. Mit Schraubenzieher Unterbrecherkontakt verschieben, bis die Fühlerblattlehre stramm zwischen die Kontakte paßt.
- Feststellschraube am Unterbrecherkontakt anziehen.
- Kurbelwelle verdrehen, bis der Unterbrecherhebel voll abhebt und Kontaktabstand nochmals mit Fühlerblattlehre kontrollieren bzw. einstellen.
- Zündverteiler mit Abdichtscheibe, Verteilerläufer und Verteilerkappe komplettieren.
- Zündzeitpunkt einstellen.

Achtung: Zwischen den Kontaktflächen darf kein Öl oder Fett sein! (Sonst springt der Motor nicht an.)

Zündzeitpunkt einstellen

Zum Einstellen des Zündzeitpunktes werden ein Drehzahlmesser und eine Zündblitzpistole benötigt.

- Vor dem Einstellen des Zündzeitpunktes Unterbrecherkontakte einstellen.
- Der Motorkennbuchstabe zur Identifizierung des genauen Zündzeitpunktes ist mit der Motornummer seitlich am Motorblock unterhalb des Zylinderkopfes eingeschlagen.
- Zündblitzpistole nach Bedienungsanleitung anschließen.

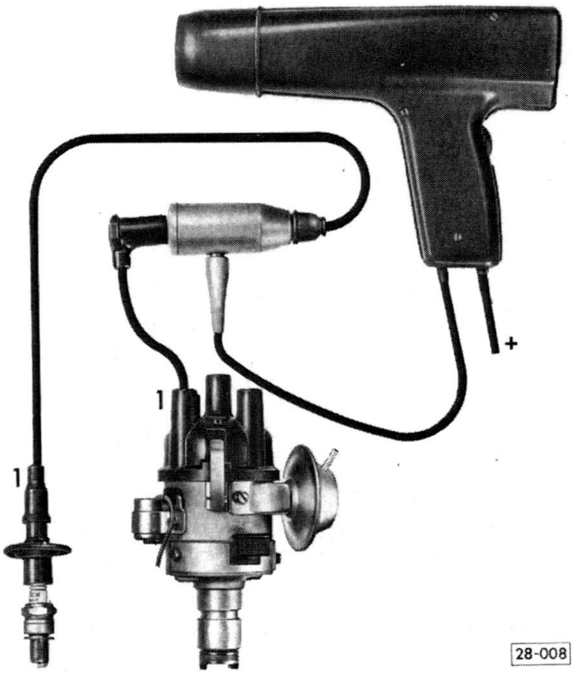

Zündeinstellung bis August 1974

Die Zündeinstellung gilt für alle Motoren mit 1,3 Liter- und 1,5 Liter-Motor mit Schaltgetriebe und Automaticgetriebe. Motor-Kennbuchstaben: ZA, ZB, ZC, ZF.

- Unterdruckschlauch von der Unterdruckdose des Zündverteilers abziehen. **Achtung:** Bei ZC-Motoren und Automaticgetriebe mit nachgerüsteter Doppeldose, beide Unterdruckschläuche abziehen.
- Drehzahlmesser nach Bedienungsanleitung anschließen.
- Motor mit **3000 U/min** laufen lassen.
- Die Motoröltemperatur soll 30°–70° C betragen.
- Schwungrad anblitzen. Das Sichtfenster befindet sich seitlich oben hinter dem Motorblock in der Getriebeglocke.

- Der Zündzeitpunkt liegt 30° vor OT. Falls beim Anblitzen der Wert nicht erreicht wird, Zündverteiler lösen und verdrehen, bis sich 30° vor OT-Markierung beim Anblitzen ergibt.
- Schraube für Zündverteiler festziehen, Unterdruckschlauch auf Unterdruckdose schieben.

Zündeinstellung ab August 1974 bis August 1975

Achtung: Ab Modelljahr 75 erhalten alle Passat-Fahrzeuge auf dem Schwungrad bzw. der Mitnehmerscheibe jeweils eine zusätzliche Zündzeitpunktmarkierung, die die Einstellung bei Leerlaufdrehzahl ermöglicht. Die Zündverteiler ändern sich dadurch nicht. Die Zündeinstellung ist für Fahrzeuge mit Schaltgetriebe und Automaticgetriebe unterschiedlich.

- Bei Fahrzeugen mit 1,3 Liter-Motor (Motor-Kennbuchstabe ZA, ZF) liegt der Zündzeitpunkt bei 9° vor OT. Bei der Zündeinstellung muß bei diesen Motoren der Unterdruckschlauch von der **Unterdruckdose am Zündverteiler abgezogen werden.**

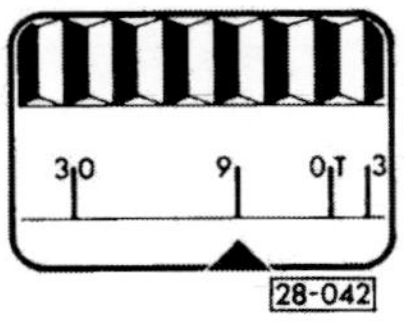

28-042

- Bei Fahrzeugen mit 1,5 Liter-Motor und Schaltgetriebe (Motor-Kennbuchstabe YJ, ZC) liegt der Zündzeitpunkt bei 9° vor OT. Der Unterdruckschlauch muß von der **Unterdruckdose am Zündverteiler abgezogen werden.**

- Bei Fahrzeugen mit automatischem Getriebe und 1,5 Liter-Motor (Motor-Kennbuchstabe YJ, ZC) ab Einsatz Doppeldose am Verteiler liegt der Zündzeitpunkt auf dem Oberen Totpunkt (OT). **Die Unterdruckschläuche müssen bei diesen Fahrzeugen aufgesteckt bleiben.**
- Motor-Drehzahl auf 950 ± 50 U/min einregulieren.
- Motoröltemperatur 30°—70° C.
- Mit Zündblitzpistole richtige Zündzeitpunkt-Markierung durch Fenster in der Getriebeglocke anblitzen.
- Falls beim Anblitzen der entsprechende Wert (9° vor OT bzw. OT) nicht erreicht wird, Zündverteiler lösen und verdrehen, bis sich der richtige Wert beim Anblitzen ergibt.
- Schraube für Zündverteiler festziehen, Unterdruckschlauch, falls abgezogen, auf Unterdruckdose schieben.

Zündeinstellung seit September 1975

- Motor warmfahren (Öltemperatur zwischen + 30° und + 70° C.
- Drehzahlmesser und Zündblitzpistole nach Vorschrift anschließen.
- In der Getriebeglocke, seitlich von der Mitte, befindet sich das Schauloch für die Zündzeitpunkteinstellung.
- Motor starten und mit Leerlaufdrehzahl (950 ± 50 U/min) laufen lassen.
- Mit Zündblitzpistole Zündzeitpunktmarkierung durch das Schauloch anblitzen.

Zündzeitpunkt für 1,3 Liter-Motoren (bis Februar 1978)

Der Zündzeitpunkt liegt bei allen 1,3 Liter-Motoren bei 9° vor OT. Der Unterdruckschlauch an der Zündverteiler-Unterdruckdose **muß zur Prüfung abgezogen werden.**

Zündzeitpunkt für 1,6 Liter-Motoren

- Zündzeitpunkt liegt bei Schaltgetriebe- und Automatic-Fahrzeugen (Motorkennbuchstabe: YN, YP, YT, YU) auf dem Oberen Totpunkt (OT). **Achtung:** Die Unterdruckschläuche zur Zündverteiler-Unterdruckdose **nicht** abziehen.

- Wird der Zündzeitpunkt (OT) nicht erreicht, Zündverteiler lösen, Markierung anblitzen, Verteiler verdrehen, bis sich die Markierungen von Schwungscheibe und Einstellmarke decken.
- Zündverteiler festziehen, Unterdruckschlauch, falls abgezogen, aufschieben.

Zündzeitpunkt für 1,6 Liter-Motor/75 PS (seit August 79, Modelljahr 1980)

- Der Zündzeitpunkt für diese Motoren (Kennbuchstabe YN) liegt bei 9° vor OT.
- Motor warmfahren, Drehzahlmesser anschließen.
- Drehzahl auf 950 ± 50/min einregulieren.

Achtung: Unterdruckschlauch zur Unterdruckdose des Zündverteilers während der Prüfung **abziehen.**

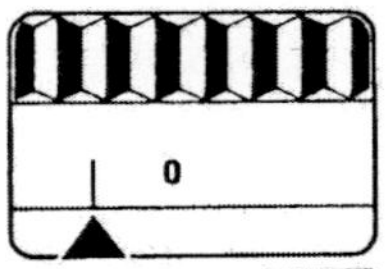

28-178

- Stimmen die Zündzeitpunktmarkierungen beim Anblitzen nicht überein, Zündverteiler lösen und während des Anblitzens verdrehen, bis sich die Markierungen von Schwungscheibe und Einstellmarke decken.
- Zündverteiler festziehen, Unterdruckschlauch aufschieben.

Die Zündkerzen

Die Zündkerze besteht aus der Mittel-Elektrode, dem Isolator mit Gehäuse und der Masse-Elektrode. Die Masse-Elektrode ist gasdicht im Isolator befestigt, der Isolator ist fest mit dem Gehäuse verbunden. Zwischen Mittel- und Masse-Elektrode springt der Zündfunke über, der das Kraftstoffluftgemisch entzünden soll. Von der Zündkerze hängen Startbereitschaft, Leerlaufverhalten, Beschleunigung und Höchstgeschwindigkeit ab. Man sollte deshalb nicht ohne Grund von dem vom Werk vorgeschriebenen Zündkerzentyp abweichen, der durch die Wärmewert-Kennzahl bestimmt wird. Die Wärmewert-Kennzahl gibt den Grad der Wärmebelastbarkeit einer Zündkerze im Motor unter bestimmten Betriebsbedingungen an. Die Zündkerzen für den Motor sind so ausgewählt, daß sie möglichst unter allen Fahrbedingungen die Selbstreinigungstemperatur erreichen. Je niedriger die Wärmewert-Kennzahl einer Zündkerze ist, desto höher ist ihr Widerstand gegen Glühzündungen und desto kleiner ist ihr Widerstand gegen Verschmutzung. Je höher die Wärmewert-Kennzahl der Zündkerze ist, desto kleiner ist ihr Widerstand gegen Glühzündungen und desto höher ist ihr Widerstand gegen Verschmutzung.

Die Wärmewert-Kennzahl ist im Zündkerzencode enthalten. Der Code schlüsselt sich wie folgt auf:

Beispiel Bosch-Zündkerze W R 7 D C
①②③④⑤

① W = Gewinde M14 x 1,25, H = Gewinde M14 x 1,25 mit Kegeldichtsitz, D = Gewinde M18 x 1,5 mit Kegeldichtsitz.
② R = Mit Widerstand
③ 7 = Wärmewertskala. Die Wärmewertskala wird von 06 („kalt") bis 13 („warm") angegeben.
④ A = Gewindelänge 12,7 mm, normale Funkenlage; B = Gewindelänge 12,7 mm, vorgezogene Funkenlage; C = Gewindelänge 19 mm, normale Funkenlage; D = Gewindelänge 19 mm, normale Funkenlage; D = Gewindelänge 19 mm, vorgezogene Funkenlage.
⑤ C = Elektrodenwerkstoff NiCr mit Kupferkern in der Mittelelektrode.

Bei Beru-Zündkerzen schlüsselt sich die neue Bezeichnung folgendermaßen auf:

① ② ③ ④
18 K – 8 B

① = Gewindedurchmesser in mm, ② = Konstruktionsmerkmale (z. B. K für Konussitz). ③ = Wärmewert (wie bei Bosch), ④ = Gewindelänge.

Von dem vom Werk empfohlenen Wärmewert sollte nur dann abgegangen werden, wenn die Betriebsbedingungen erheblich von den normalen Bedingungen abweichen und Betriebsstörungen auftreten. Sind die Kerzen ständig verrußt, erreichen sie also nicht die Selbstreinigungstemperatur (nur Kurzstreckenverkehr), ist eine Zündkerze mit dem nächstniedrigeren Wärmewert empfehlenswert. Wenn der Motor ausschließlich Vollgas gefahren wird, kann eine Zündkerze mit nächsthöherem Wärmewert erforderlich werden.

Der richtige Wärmewert für Passat-Zündkerzen
(S = Super-, N = Normal-Benzin)

	Bosch	Beru	Champion
1,3 l/55 PS (N)			N 8 Y
1,5 l/75 PS (N)	W 7 D	14–7 D	N 7 YC
1,6 l/75 PS (N)	W 7 DC	14–7 DU	
1,6 l/85 PS (N)		RS–35	
1,5 l/75 PS (S)	W 6 D	14–6 D 14–6 DU RS–37	N 8 Y
1,5 l/85 PS (S)	W 5 D W 5 DC	14–5 D 14-5 DU RS–39	N 7 Y

Das Kerzengesicht

Mit einiger Erfahrung lassen sich aus dem Kerzengesicht Rückschlüsse auf Einstellung und Betriebszustand des Motors ziehen. Es gelten folgende Regeln:

Elektroden und Isolierkörper

- mittelgrau = richtige Vergasereinstellung und richtiges Arbeiten der Zündkerze
- schwarz = Gemisch zu fett
- hellgrau = Gemisch zu mager
- verölt = Aussetzen der betreffenden Zündkerzen oder schlecht abdichtende Kolbenringe

Um das Anspringen des Motors bei großer Kälte zu erleichtern, kann der Elektrodenabstand vorübergehend von 0,7 auf 0,5 mm verringert werden.

Zündkerzen alle 15 000 km ersetzen, mit 20 Nm festziehen.

Die Beleuchtungsanlage

Zur Beleuchtungsanlage zählen: Hauptscheinwerfer, Nebellampen, Heckleuchten, Bremsleuchten, Rückfahrscheinwerfer, Kennzeichenleuchte, Blinkleuchten, Innenleuchte und Instrumentenbeleuchtung.

Scheinwerferlampe auswechseln

Normale Glühlampen (nicht Halogenlampen) unterliegen dem Verschleiß. Etwa alle 2 Jahre sollten sie ausgewechselt werden, auch wenn sie noch intakt sind. Eine Glühlampe mit verminderter Leuchtkraft erkennt man auch an schwarzen Ablagerungen auf dem Glaskolben.

Vor dem Auswechseln der Glühlampe Schalter des betreffenden Verbrauchers ausschalten. **Achtung:** Glaskolben nicht mit bloßen Fingern anfassen. Der Fingerabdruck würde verdunsten und sich – aufgrund der Wärme – auf dem Reflektor niederschlagen und diesen erblinden lassen.

Breitbandscheinwerfer

- Motorraumdeckel öffnen.

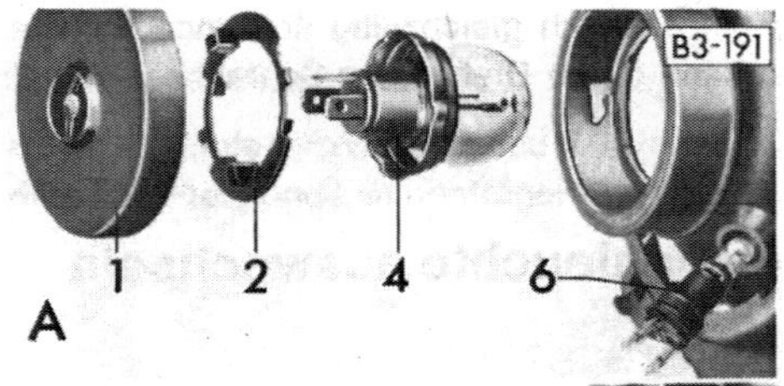

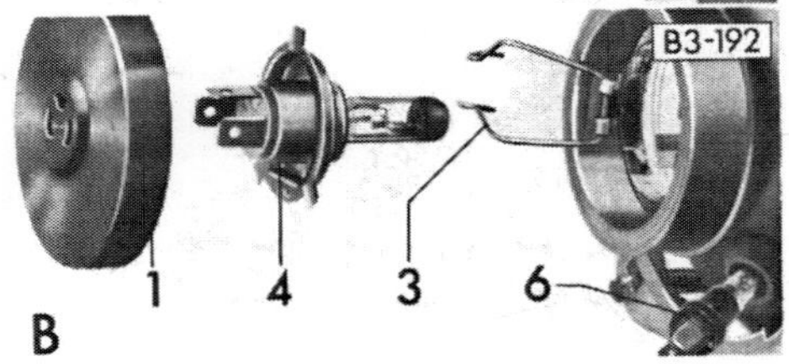

- Dreifachstecker abziehen.
- Gummikappe (1) abnehmen.
- Verschlußring (2) gegen den Reflektor drücken, nach links drehen und abnehmen.
- Bei Halogenscheinwerfern (b) Federdrahtbügel (3) aushaken und abklappen.
- Defekte Lampe (4) gegen neue auswechseln. Lampe nicht mit bloßen Fingern anfassen. Der Lampenteller muß einwandfrei in die Reflektorfassung einrasten.
- Verschlußring gegen den Reflektor drücken und bis zum Anschlag nach rechts drehen.
- Bei Halogenscheinwerfern Federdrahtbügel einhaken.
- Gummikappe aufdrücken, Dreifachstecker aufstecken.

Doppelscheinwerfer

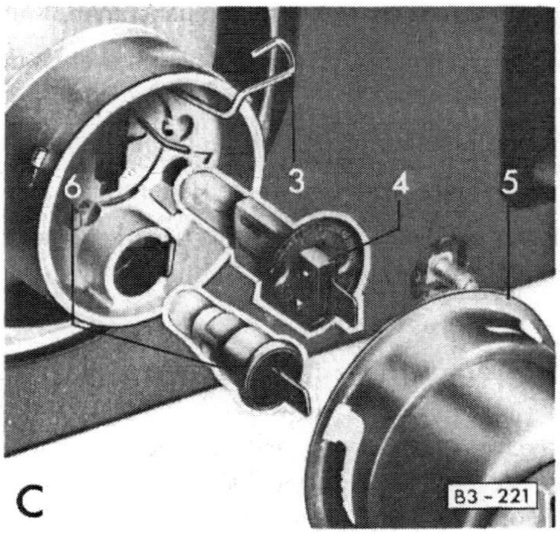

- Abdeckkappe (5) linksherum drehen und abnehmen. Außen: Abblendlicht. Innen: Fernlicht.
- Flachstecker von der Lampe abziehen.
- Federdrahtbügel (3) aushaken und abklappen.
- Lampe (4) auswechseln, dabei muß der Lampenteller der neuen Lampe sicher in die Reflektorfassung einrasten.
- Federdrahtbügel einhaken.
- Flachstecker aufschieben.
- Abdeckkappe aufstecken und rechtsherum festdrehen.

Standlichtlampe auswechseln

- Motorraumdeckel öffnen.
- Bei Doppelscheinwerfern: Abdeckkappe ausbauen.
- Lampe mit Fassung aus dem Reflektor ziehen.
- Lampe in die Fassung drücken, linksherum drehen und herausnehmen.
- Neue Lampe einsetzen und rechtsherum drehen.
- Fassung bis zum Anschlag in den Reflektor drücken, Kappe, wo erforderlich, einbauen.

Vordere Blinkleuchten auswechseln

- Motorraumdeckel öffnen.
- Gummischutzkappe der Blinkleuchte zurückschieben.
- Lampenträger durch Zusammendrücken der beiden Klemmzungen aus dem Gehäuse herausnehmen.
- Defekte Lampe hineindrücken, linksherum drehen und herausnehmen.
- Neue Lampe hineindrücken und rechtsherum drehen.
- Lampenträger einsetzen und in die Halterung drücken.
- Gummischutzkappe sorgfältig auf Leuchtengehäuse aufschieben, auf einwandfreie Abdichtung achten.

Scheinwerfer einstellen

Für die Verkehrssicherheit ist die richtige Einstellung der Scheinwerfer von großer Bedeutung. Eine exakte Einstellung der Scheinwerfer ist nur mit einem Spezialeinstellgerät möglich. Deshalb wird nur gezeigt, wo die Scheinwerfer eingestellt werden können und welche Bedingungen zum richtigen Einstellen der Scheinwerfer erfüllt sein müssen.

- Reifen müssen den vorgeschriebenen Reifenfülldruck haben.
- Das unbeladene Fahrzeug muß mit 75 kg (eine Person) auf dem Fahrersitz belastet sein.
- Kraftstofftank füllen, mindestens zu 90%.
- Fahrzeug auf ebene Fläche stellen.
- Vorderwagen mehrmals kräftig nach unten drücken, damit die Federung der Vorderradaufhängung sich setzt. Danach das Fahrzeug einige Meter rollen.
- Streuscheiben dürfen nicht beschädigt oder verschmutzt sein.
- Reflektoren müssen in einwandfreiem Zustand sein.
- Die Scheinwerfer dürfen nur bei Abblendlicht eingestellt werden. Das Neigungsmaß beträgt für Normalscheinwerfer X = 12 cm auf 10 m Entfernung. Nebelscheinwerfer X = 20 cm auf 10 m Entfernung.
- Alle Schrauben sind von außen erreichbar und lassen sich mit einem Schraubendreher verstellen.

1 – Seitenverstellung, 2 – Höhenverstellung

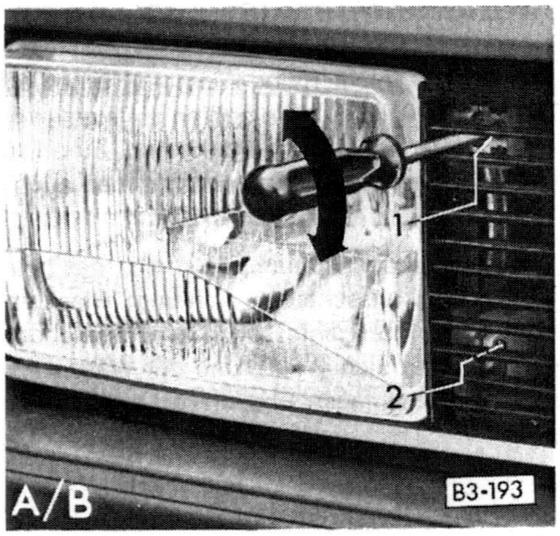

- Die bei den Breitbandscheinwerfern beim Verdrehen der Schraube 1 sich gleichzeitig ändernde Höheneinstellung kann durch Drehen der Schraube 2 aufgehoben werden.

Kennzeichenleuchte auswechseln

- Beide Kreuzschlitzschrauben der Streuscheibe herausschrauben und Streuscheibe abnehmen.
- Defekte Lampe gegen neue Lampe gleicher Ausführung auswechseln, dabei Lampe leicht in den Lampenträger hineindrücken und drehen.
- Abschließend Streuscheibe nicht zu fest anschrauben.

Innenleuchte auswechseln

Die Leuchte wird durch zwei Nocken und einem gegenüberliegenden Federschnapper im Dachholm gehalten.

- Federschnapper mit Schraubendreherklinge vorsichtig in Richtung des Schalters drücken und Leuchte aus dem Dachausschnitt herausnehmen.
- Defekte Lampe (Soffitte) zwischen den beiden Kontaktfedern herausnehmen.
- Neue Lampe gleicher Ausführung einsetzen.

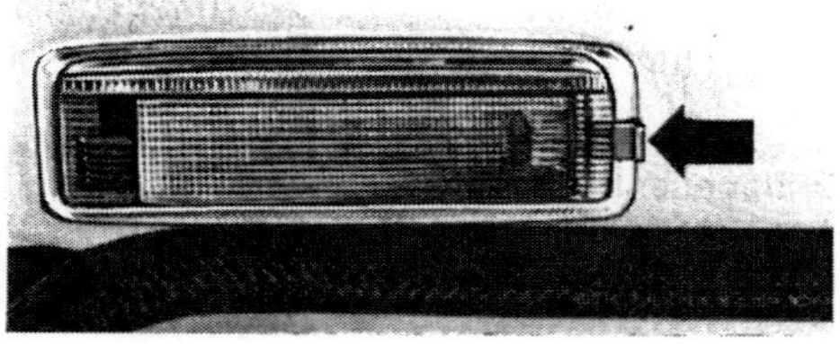

- Gehäuse zuerst an der Schalterseite einsetzen, dann gegenüberliegende Seite hineindrücken, bis der Federschnapper einrastet.

Heckleuchten auswechseln

Limousine

- Kofferraumdeckel öffnen.
- Beide Klemmfedern der Heckleuchte zur Leuchtenmitte drücken (Pfeil) und Lampenträger herausnehmen.

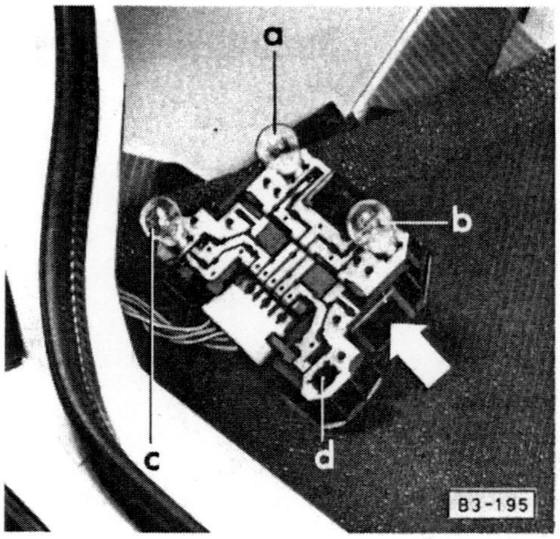

a – Blinkleuchte, b – Rückfahrleuchte, c – Brems-/Schlußleuchte, d – Nebelschlußleuchte. Diese Anordnung bezieht sich auf die linke Heckleuchte. Bei der rechten Heckleuchte sind die Lampen spiegelbildlich angebracht.

- Zum Lampenwechsel die defekte Lampe leicht in den Lampenträger hineindrücken, nach links drehen und herausnehmen.
- Neue Lampe leicht hineindrücken und nach rechts drehen.

Achtung: Beim Einsetzen der Zweifaden-Brems-/Schlußlichtlampe muß der näher zum Glaskolben liegende Haltestift nach rechts zeigen.

- Lampenträger in das Lampengehäuse einrasten.

Variant

- Falls nur die Blinkleuchte defekt ist, Kreuzschlitzschrauben der oberen Streuscheibe herausdrehen. Für die anderen Lampen alle 4 Kreuzschlitzschrauben aus den Streuscheiben herausdrehen.

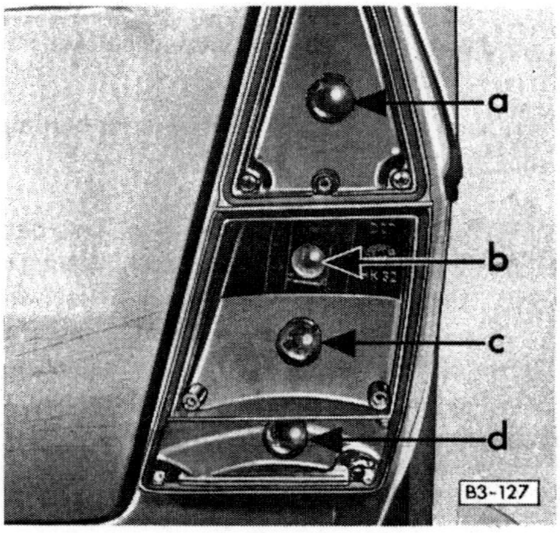

a – Blinkleuchte, b – Schlußleuchte, c – Bremsleuchte, d – Rückfahrleuchte

- Defekte Lampe leicht in den Reflektor drücken und nach links drehen und herausnehmen.
- Neue Lampe einsetzen, leicht hineindrücken und nach rechts drehen.
- Streuscheiben gefühlvoll anschrauben.

Lampentabelle

Um jederzeit eine Lampe auswechseln zu können, sollte stets ein Kasten mit Ersatzlampen im Wagen mitgeführt werden. Eine Zusammenstellung der im Passat verwendeten Glühlampen enthält die untenstehende Tabelle.

	Bezeichnung nach DIN
Scheinwerfer (Normal)	12 V 45/40 W
Scheinwerfer (Halogen)	12 V 50/55 W
Schlußleuchten	12 V 5 W
Blinkleuchten vorn	12 V 21 W
Blinkleuchten hinten	12 V 21 W
Bremsleuchten und Schlußlicht	12 V 21/5 W
Rückfahrleuchten	12 V 21 W
Kennzeichenleuchte	12 V 4 W
Innenleuchte	12 V 10 W
Ablagefach-Leuchte	12 V 3 W
Kontrolleuchten für Schalter	12 V 1,2 W
Intrumentenbeleuchtung	12 V 1,2 W
Nebelscheinwerfer (Halogen)	12 V 55 W
Nebelschlußleuchte	12 V 21 W

Scheinwerfereinsatz aus- und einbauen

Ausbau

- Motorhaube öffnen, Batterie-Masseband abklemmen.
- Oben am vorderen Abschlußblech an jedem Scheinwerfer je eine Klammer für Scheinwerfer-Ziergitter mit Schraubendreher abhebeln.
- Oben am Plastikgitter vier Klammern runterdrücken, Ziergitter abnehmen. Die dahinterliegende Kunststoffabdeckung herausnehmen.
- Hinten am Scheinwerfereinsatz Dreifachstecker abziehen.
- Vier Schrauben am Halter für Scheinwerfer herumdrehen, Scheinwerfer herausnehmen.

Achtung: Feuchtigkeit im Scheinwerfer ist oftmals darauf zurückzuführen, daß die eingebaute Standlichtfassung den Scheinwerfer nicht richtig abdichtet. Wird der Scheinwerfer ersetzt, immer neue Standlichtfassung einbauen. Damit die Standlichtfassung nicht verkantet eingesetzt wird, Standlichtfassung mit Glühlampe vor dem Einbau des Scheinwerfers einsetzen.

Einbau

- Scheinwerfer mit Halter einsetzen und mit 4 Schrauben befestigen.
- Kunststoffabdeckung einsetzen.
- Ziergitter einsetzen. Dabei darauf achten, daß unten die Haltenasen in die Karosserieaussparungen einrasten, dann Ziergitter oben andrücken und an jeder Scheinwerferseite mit je einer Halteklammer befestigen.
- Dreifachstecker für Scheinwerfer aufschieben, Batterie-Masseband anklemmen. Scheinwerfereinstellung überprüfen lassen.

Blinkleuchteneinsatz aus- und einbauen

Ausbau

- Motorhaube öffnen.
- Gummischutzkappe der betreffenden Blinkleuchte abziehen.
- Lampenträger durch Zusammendrücken der beiden Klemmzungen aus dem Gehäuse herausnehmen.
- Zwei Muttern für Blinkleuchtenhalterung vom Motor-Innenraum her herausdrehen, Blinkleuchte herausnehmen.

Einbau

- Blinkleuchteneinsatz einsetzen und mit 2 Muttern gefühlvoll anziehen.
- Lampenträger fest in das Gehäuse drücken, Gummischutzkappe so weit raufschieben, daß sie rundherum gut abdichtet.

Heckleuchten hinten aus- und einbauen

Ausbau

- Kofferhaube öffnen
- Beide Klemmen der Heckleuchte zur Leuchtenmitte drücken, Lampenträger herausnehmen.
- Vier Muttern für Lampenglas von hinten herausschrauben, Lampenglas abnehmen.

Einbau

- Das Lampenglas muß mit neuer Dichtschnur abgedichtet werden. Muttern für Lampenglas gefühlvoll festziehen.
- Lampenträger in das Lampengehäuse einrasten.

Belegung der Anschlüsse an der Steckverbindung

(Seit Oktober 1979)

1 – Glühlampen für Instrumentenbeleuchtung
2 – Masse
3 – Kühlmitteltemperaturanzeiger – zum Geber für Kühlmitteltemperaturanzeiger
4 – Drehzahlmesser – von Zündspule Klemme 1 (wenn nicht vorhanden, frei)
5 – Kraftstoffvorratsanzeiger – zum Geber für Kraftstoffvorratsanzeiger
6 – Zeituhr (wenn nicht vorhanden, frei)
7 – Kontrollampe für Fernlicht
8 – frei
9 – Kontrollampe für Öldruck
10 – Kontrollampe für Vorglühzeit (nur bei Fahrzeugen mit Dieselmotor)
11 – frei
12 – Kontrollampe für Drehstromgenerator
13 – Kontrollampe für Blinkanlage
14 – Plus – von Klemme 15

Die Armaturen

Die Armaturen des Passat sind in einem Schalttafeleinsatz zusammengefaßt.

Schalttafeleinsatz aus- und einbauen

(bis August 1977)

Ausbau

Ablagefach links, Abdeckung Mitte und links ausbauen.

- Batterie-Masseband abklemmen.
- Überwurfmutter für Geschwindigkeitsmesser abschrauben (Pfeil A).

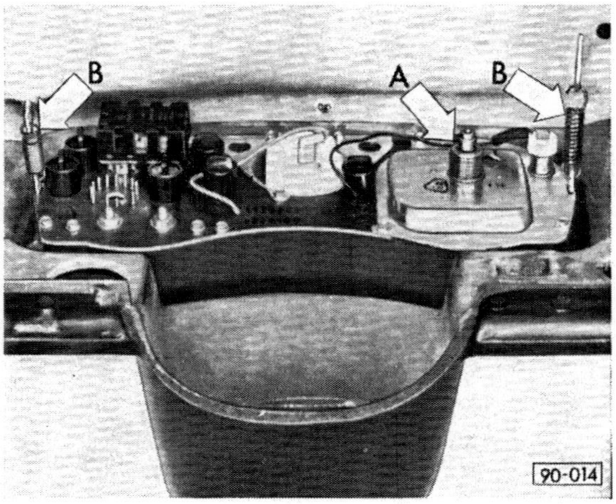

- Haltefedern links und rechts mit Spitzzange bei B aushängen.
- Schalttafeleinsatz herausklappen und Mehrfachsteckverbindungen abziehen.

Belegung der Anschlüsse des Mehrfachsteckers:

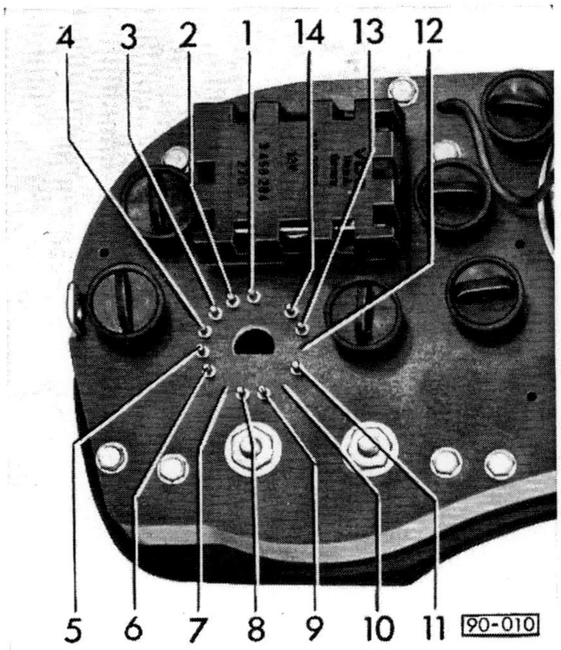

1	– Blinkerkontrolle	– Klemme 49 a
2	– Masse für Beleuchtung, Zeituhr, Fernlichtkontrolle, Spannungskonstanthalter	– Klemme 31
3	– Geber für Kraftstoffvorratsanzeiger	– Klemme 15
4	– Generatorkontrolle	– Klemme 15
5	– Generatorkontrolle	– Klemme D+
6	– Öldruckkontrolle vom Öldruckschalter	
7	– frei	
8	– Plusleitung	– Klemme 15
9	– Geber für Temperaturanzeiger	
10	– frei	
11	– Zeituhr-Pluszuleitung	– Klemme 30 a
12	– Bremskreiskontrolle (Mehrausstattung)	
13	– Instrumentenbeleuchtung-Pluszuleitung	– Klemme 57
14	– Fernlichtkontrolle-Plusleitung	– Klemme 56 a

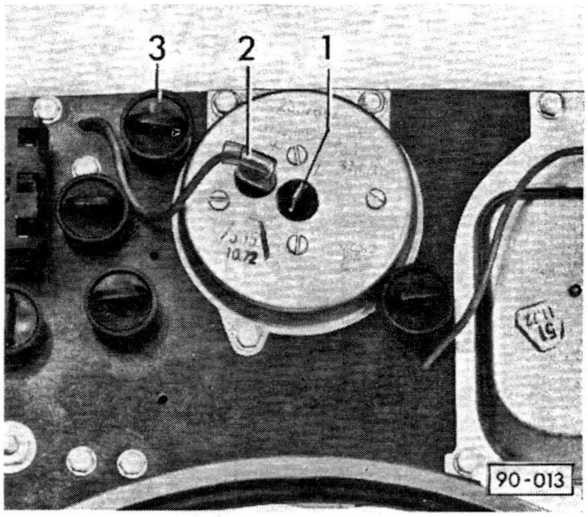

1 – Drehzahlmesser, Klemme 1 zur Zündspule, Klemme 1 Leitung auch bei Fahrzeugen ohne Drehzahlmesser vorhanden.
2 – Klemme + (15) Drehzahlmesser.
3 – Beleuchtung Drehzahlmesser/Zeituhr (wo vorhanden).

Einbau

- Steckverbindungen aufstecken.
- Haltefedern links und rechts einhängen.
- Überwurfmutter für Geschwindigkeitsmesser anschrauben.
- Ablagefach und Abdeckung anbringen.
- Batterie-Massekabel anklemmen.

Kontrollampe aus- und einbauen

Ausbau

- Schalterkappe (3) in Pfeilrichtung zusammendrücken und abziehen.
- Falls sich die Glühlampe nicht mit den Fingern herausziehen läßt, Isolierschlauch auf Glühlampe schieben, Glühlampe aus Fassung herausziehen.

Einbau

- Glühlampe in Fassung schieben.
- Schalterkappe (3) zusammendrücken und aufstecken.

Beleuchtungs- und Kontrollampen ersetzen

Pos.	Benennung	Stück
1	Schaltergehäuse	1
2	Mehrfachsteckverbindung	1
3	Schalterkappe	1
4	Glühlampe JG 12 V/1,2 W	1

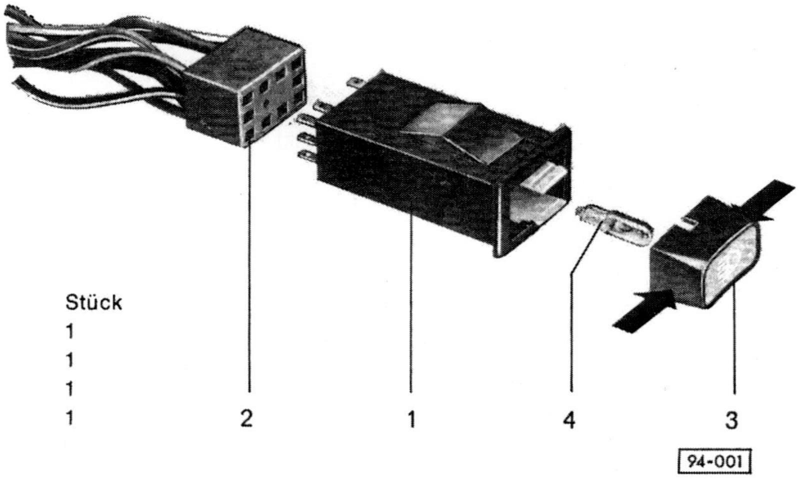

Antriebswelle für Geschwindigkeitsmesser aus- und einbauen

Pos.	Benennung
1	Antriebswelle
2	Gummitülle im Träger für Schalttafel
3	Gummitülle in Querwand vorn
4	Plastikschlauchband
5	Überwurfmutter am Getriebe

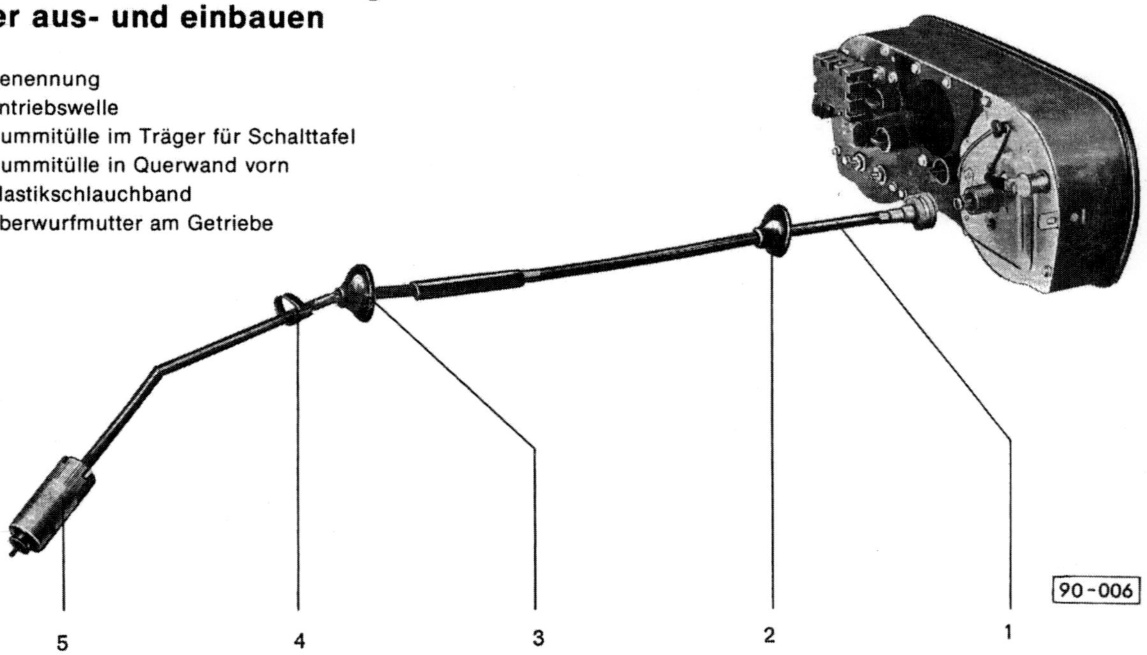

Ausbau

- Schalttafeleinsatz ausbauen, siehe Seite 182.
- Überwurfmutter am Tachometer mit Wasserpumpenzange abschrauben.
- Gummitülle (2) zum Motorraum ausbauen.
- Gummitülle (3) in Querwand vorn mit Schraubenzieher heraushebeln.

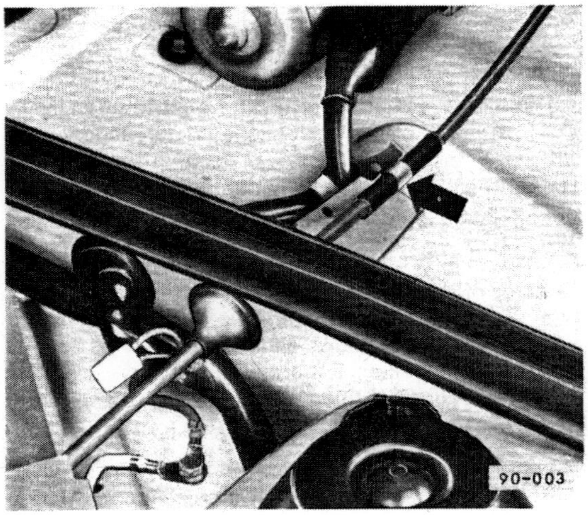

- Plastikschlauchband (4) öffnen und abnehmen.
- Überwurfmutter am Getriebe (5) mit Wasserpumpenzange lösen.

Einbau

Der Antrieb muß geräuschlos und pendelfrei arbeiten. Wird der Metallschlauch der Antriebswelle gedrückt, bekommt die Welle Schlag. Eine pendelnde Tachometeranzeige ist die Folge. Wird die Welle beim Verlegen geknickt, wird sie in ihrer Bewegungsfreiheit behindert. Schon nach kurzer Laufzeit bricht die Welle an dieser Stelle.

Der Anschluß am Geschwindigkeitsmesser darf nicht gefettet werden, weil sonst Fett über die Antriebswelle in den Geschwindigkeitsmesser gefördert wird. Dort verklebt das Fett die Systemglocke. Die Folge: Der Zeiger bleibt hängen.

- Antriebswelle richtig verlegen und mit Wasserpumpenzange an Tachometer und Getriebe anschrauben.
- Gummitüllen und Plastikschlauchband entsprechend den Fotos (unter Ausbau) befestigen.

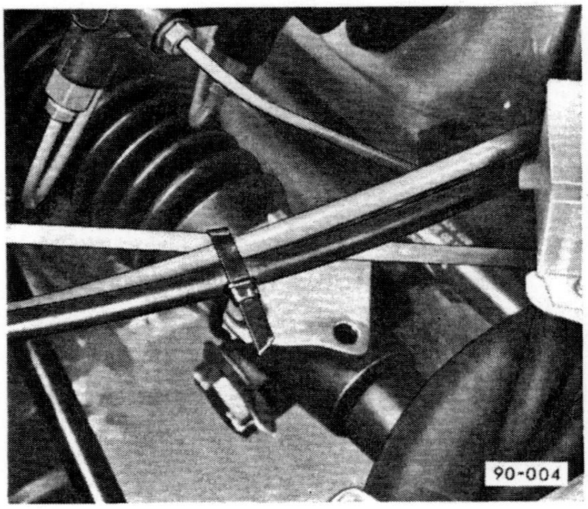

Schalttafeleinsatz

(seit August 1977)

Hinweis:
Montagearbeiten am ausgebauten Schalttafeleinsatz sollten auf einer Schaumgummiunterlage durchgeführt werden.

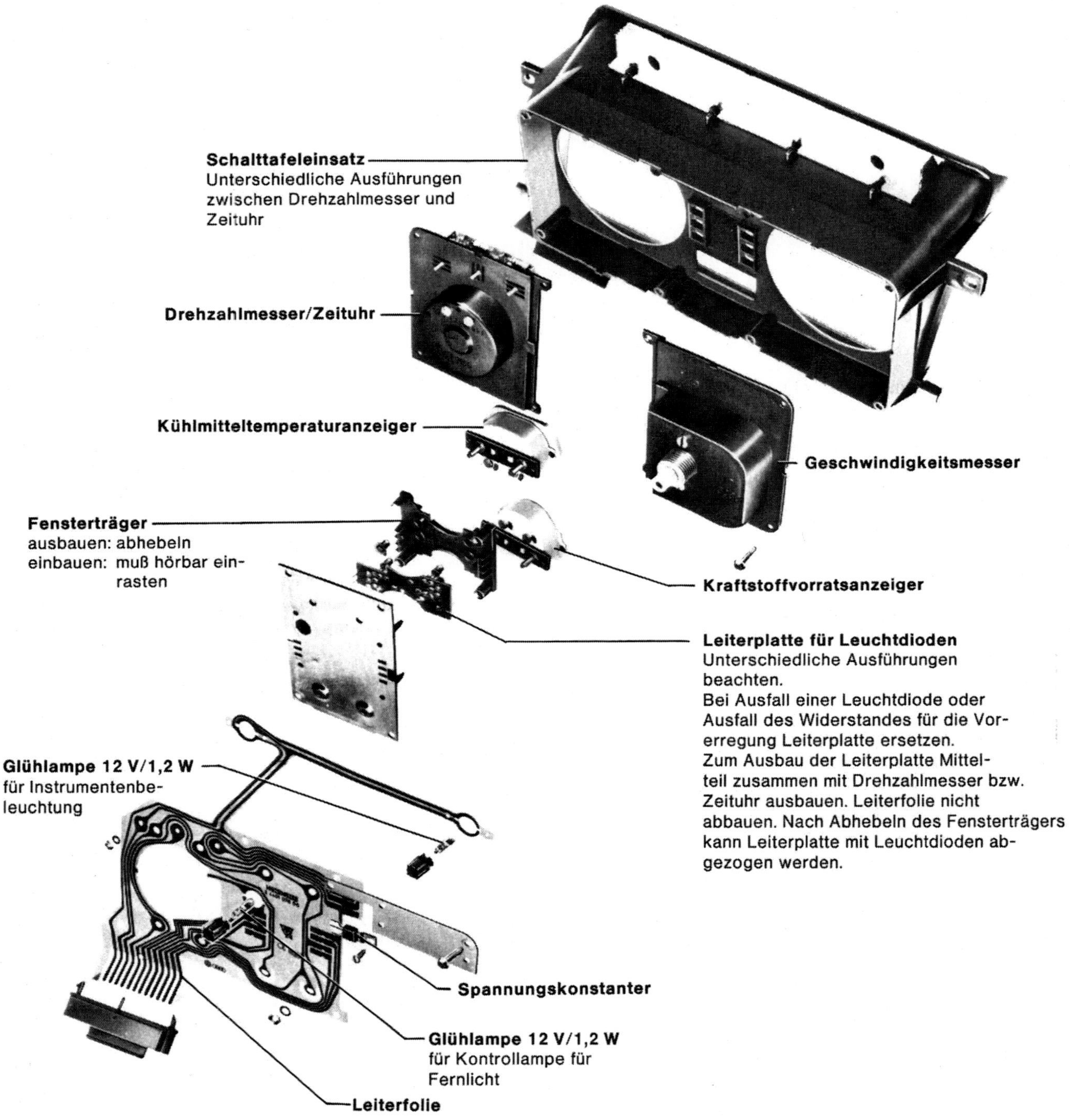

Schalttafeleinsatz aus- und einbauen

Ausbau

- Batterie-Minuskabel abklemmen.
- Ablagefach aus Schalttafeleinsatz herausziehen, beziehungsweise Radio ausbauen.
- Ablagefach erst unten in der Mitte hochdrücken, dann herausziehen, eventuell mit Schraubenzieher vorsichtig abhebeln.
- Radio ausbauen. Hierzu die Bedienungsknöpfe von den Achsen abziehen. Mit einem Schraubenzieher von beiden Achsen die Sprengringe abhebeln. Blende für Radio abnehmen.
- Seitlich am Radio die beiden Klemmen eindrücken und Radio herausziehen.
- Antenne und Plusleitung vom Radio abschrauben.
- Knöpfe für Frischluftbetätigung und Schalterknopf für Frischluftgebläse abziehen.
- Blende für Frischluftbetätigung mit einem Schraubenzieher vorsichtig abhebeln. Elektrische Zuleitungen zur Lampe abziehen.

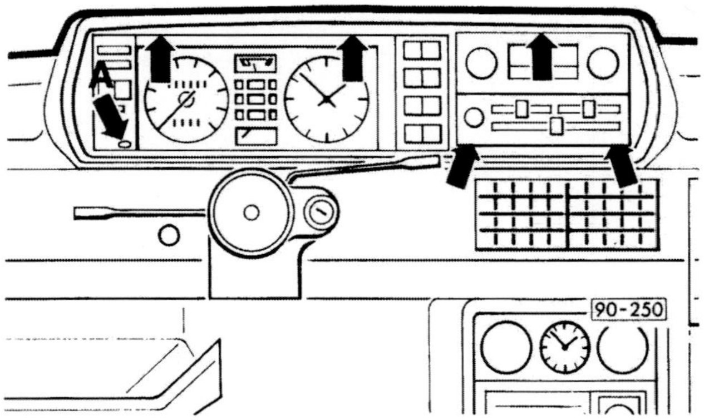

- 6 Befestigungsschrauben (Pfeile) herausdrehen. Bei Schraube „A" vorher Stopfen mit Schraubenzieher entfernen.
- Blende abnehmen. Lichtschalter, Warnlichtschalter und Schalter für heizbare Heckscheibe ausclipsen.
- Mehrfachsteckverbindung vom Schalter für Frischluftgebläse abziehen. Abdeckung abnehmen.
- Links und rechts je eine Befestigungsschraube für Schalttafeleinsatz herausdrehen, Antriebswelle für Geschwindigkeitsmesser abschrauben. Mehrfachsteckverbindung abziehen.
- Nach Ausbau des Fensterträgers aus dem Schalttafeleinsatz können die Leuchtdioden ausgewechselt werden.

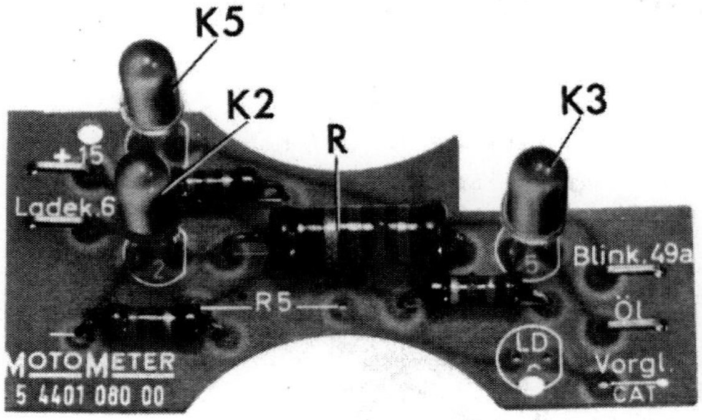

90-246

R – Widerstand für Vorerregungsstromkreis des Drehstromgenerators; K2 – Kontrollampe für Drehstromgenerator; K3 – Kontrollampe für Öldruck; K5 – Kontrollampe für Blinker.

Einbau

- Schalttafel komplettieren, Antriebswelle für Geschwindigkeitsmesser aufschrauben und Mehrfachsteckverbindung aufschieben.
- Schalttafeleinsatz einsetzen und links und rechts mit je einer Schraube befestigen.
- Mehrfachsteckverbindung auf Schalter für Frischluftgebläse aufschieben und sämtliche Schalter einclipsen. Abdeckung einsetzen.
- Mehrfachsteckverbindung auf Schalter für Frischluftgebläse aufschieben und sämtliche Schalter einclipsen.
- Blende aufsetzen und mit 6 Schrauben befestigen. Schraube „A" mit Blindstopfen versehen.
- Lampe für Frischluftblende aufschieben, Blende eindrücken.
- Falls vorhanden, Antenne an Radio und elektrische Leitung anschließen, Radio in die Öffnung eindrücken.
- Blende auf Radio setzen und mit 2 Sprengringen an den Achsen befestigen.
- Falls Ablagefach vorhanden, Ablagefach mit Zunge nach oben einsetzen. Die Zunge greift in die Armaturentafel.
- Sämtliche Knöpfe aufschieben. Den runden Bedienungsknopf so aufschieben, daß der weiße Pfeil nach oben zeigt.
- Batterie anklemmen.

Die Scheibenwischeranlage

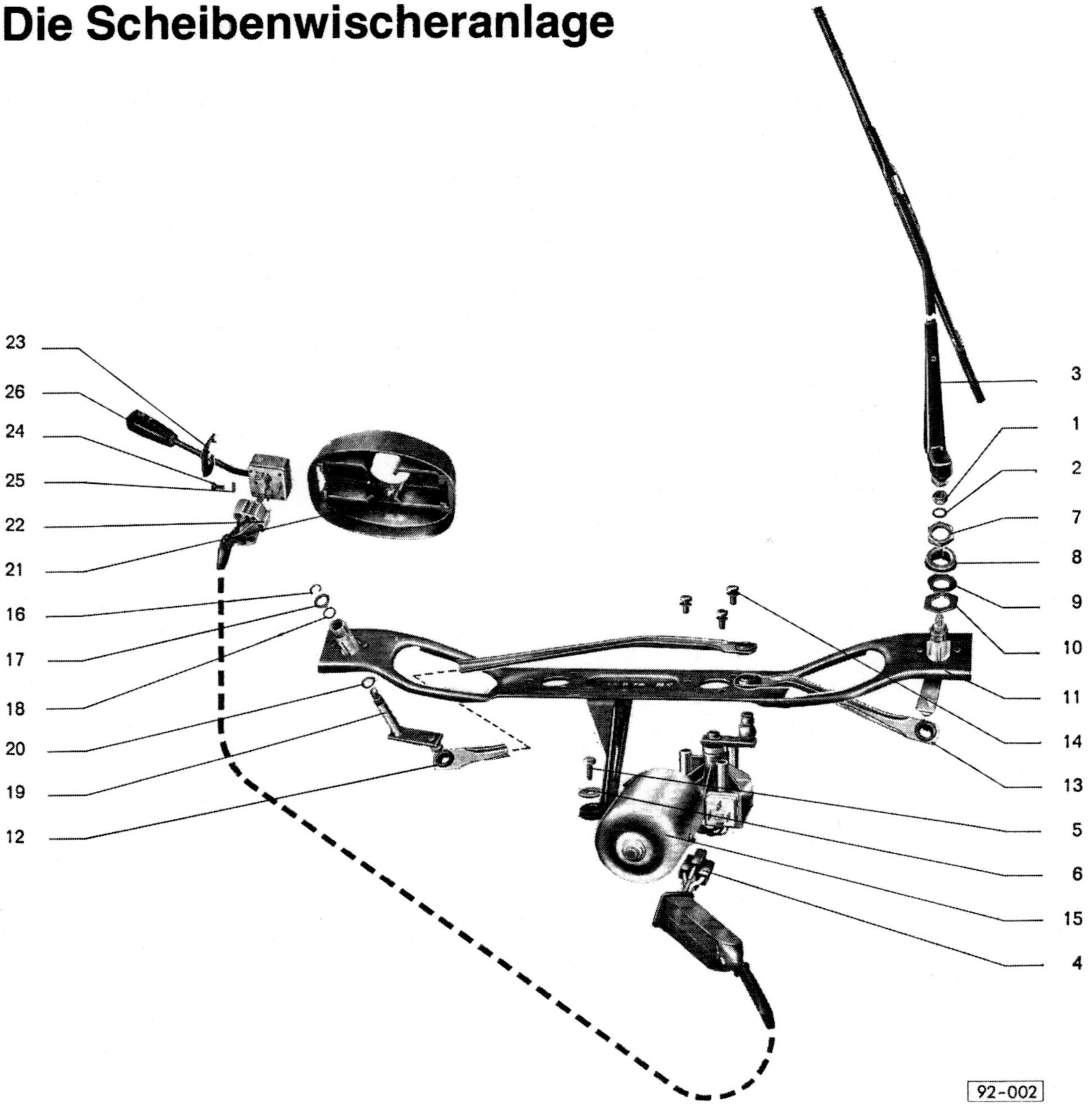

Pos.	Benennung	Stück
1	Sechskantmutter M 8	2
2	Federring	2
3	Wischerarm mit Wischerblatt	2
4	Mehrfachsteckverbindung für Wischermotor	1
5	Sechskantblechschraube	1
6	Unterlegscheibe	1
7	Sechskantmutter M 16 x 1	2
8	Abstandshülse	2
9	Dichtscheibe	2
10	Sechskantscheibe	2
11	Scheibenwischerrahmen	1
12	Antriebsstange rechts	1
13	Antriebsstange links	1
14	Sechskantschraube mit Federring	3
15	Wischermotor mit Kurbel	1
16	Sprengring	2
17	Unterlegscheibe	2
18	Gummiring	2
19	Wischerwelle	2
20	Federscheibe	2
21	Gehäuse für Lenkstockschalter	1
22	Mehrfachsteckverbindung für Wischerschalter	1
23	Abdeckkappe	2
24	Kreuzschlitzschraube	2
25	Unterlegscheibe	2
26	Schalter für Scheibenwischer	1

Scheibenwischermotor ersetzen

Ausbau

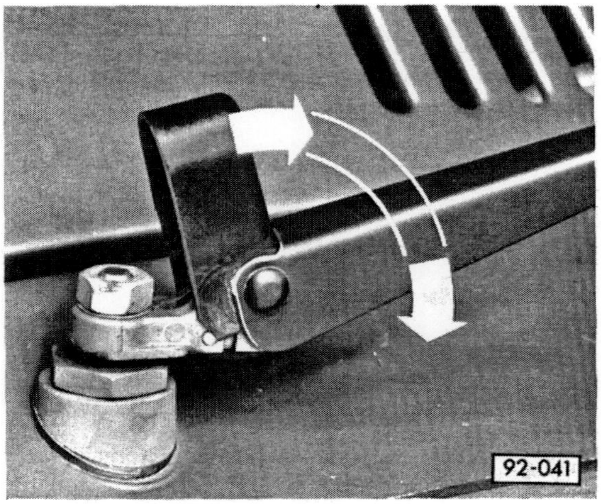

- Wischerarm hochklappen und dann zusammen mit der Abdeckkappe zurückklappen.
- Wischerarme (3) abnehmen, Sechskantmuttern (1) abschrauben.
- Mehrfachsteckverbindung (4) abziehen, Sechskantschraube (5) herausdrehen.
- Sechskantmuttern (7) abschrauben.
- Scheibenwischerrahmen (11) herausnehmen.
- Antriebsstangen (12, 13) mit Schraubenzieher abhebeln.
- Scheibenwischermotor (15) ausbauen.

Einbau

Achtung: Parkstellung der Kurbel einstellen.

- Motor in Rahmen einsetzen und festschrauben.
- Antriebsstangen mit Zange eindrücken. Kugelschalen mit Mehrzweckfett schmieren.
- Scheibenwischerrahmen (11) einsetzen, Sechskantmuttern (7) aufschrauben, Abstandshülsen (8), Dichtscheiben (9) und Sechskantscheiben (10) nicht vergessen.
- Mehrfachsteckverbindung (4) aufstecken, Sechskantschraube (5) festschrauben.
- Wischerarm mit Wischerblatt aufsetzen und einstellen.
- Sechskantmuttern (1) anziehen.

Parkstellung einstellen

- Den noch nicht eingebauten Motor über die Mehrfachsteckverbindung mit eingebautem Schalter für Scheibenwischer verbinden. Motor mehrere Minuten durchlaufen lassen, dann Schalter ausschalten. Motor bleibt in Parkstellung stehen. Dann Kurbel – wie Abbildung zeigt – aufsetzen ($\alpha = 90°$).

$\alpha = 90°$

Scheibenwischerarme einstellen

Scheibenwischerarme so aufsetzen, daß das Maß „a" 35 mm beträgt.

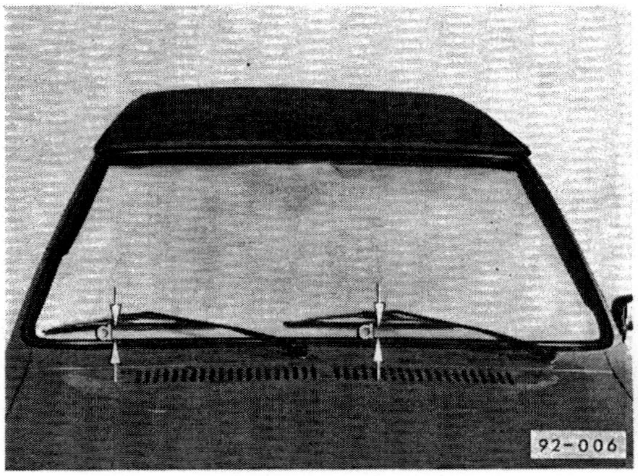

Störungstabelle Scheibenwischeranlage

Störung	mögliche Ursache	Abhilfe
Scheibenwischermotor läuft nicht an oder läuft zu langsam, setzt aus oder bleibt stehen	● Mehrfachsteckverbindung hat schlechten Kontakt	Einwandfreie elektrische Verbindung herstellen
	● Schleifkohlen abgenutzt	Wischermotor ersetzen
	● Wischerlager und Gelenke der Verbindungsstangen ohne Fett	Wischerlager und Gelenke gründlich mit Universalfett schmieren
	● Anker durch Windungs- oder Masseschluß verbrannt	Wischermotor ersetzen
	● Kontakte im Schalter verschmort	Schalter ersetzen
Scheibenwischerarme bleiben nicht exakt in Parkstellung stehen	● Zuleitung zu Klemme 53a des Wischermotors unterbrochen	Zuleitung auf einwandfreien Kontakt prüfen
	● Antriebskurbel auf Antriebswelle versetzt	Motor in Parkstellung laufen lassen, Antriebskurbel lösen, in Parkstellung bringen und wieder festziehen
	● Schalter Klemme 53-31b kein Durchgang	Schalter ersetzen
Scheibenwischermotor läuft nach dem Abschalten weiter	● Kontakte im Schalter verbrannt	Schalter ersetzen
Quietschgeräusch bei laufendem Scheibenwischermotor. Eventuell langsamer Lauf	● Wischerwelle bzw. Antriebslager ohne Fett	Mit Universalfett schmieren
	● Getriebegehäuse sitzt nicht richtig auf Polgehäuse	Sitz des Getriebegehäuses korrigieren
	● Anker- oder Schneckenradlagerung schwergängig	Mit Molybdän-Disulfid-Fett schmieren

Scheibenwischergummi ersetzen

- Scheibenwischerblätter abnehmen.
- An der geschlossenen Seite des Wischgummis beide Stahlschienen mit Kombizange zusammendrücken (siehe Abbildung), seitlich aus der oberen Klammer herausnehmen und Gummi komplett mit Schienen aus den restlichen Klammern des Wischerblattes herausziehen.

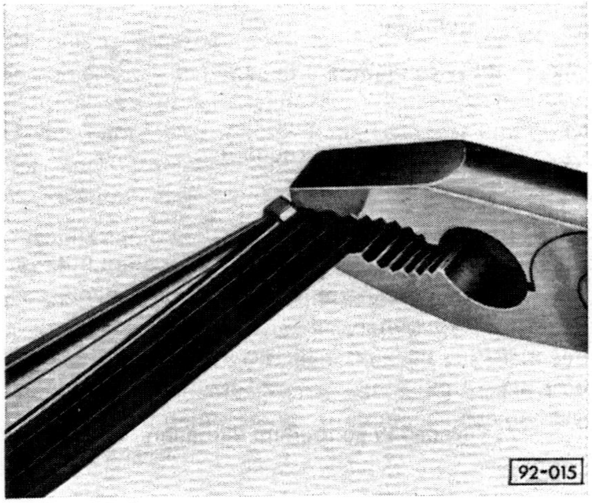

- Neues Wischgummi in die unteren Klammern des Wischerblattes einknöpfen.
- Beide Schienen so in die erste Rille des Wischgummis einführen, daß Aussparungen der Schienen zum Gummi zeigen und in Gumminasen der Rille einrasten.
- Beide Stahlschienen und Gummi mit Kombizange wieder zusammendrücken und so in obere Klammer einsetzen, daß Klammernasen beidseitig in Haltenuten (Pfeil) des Wischgummis einrasten.

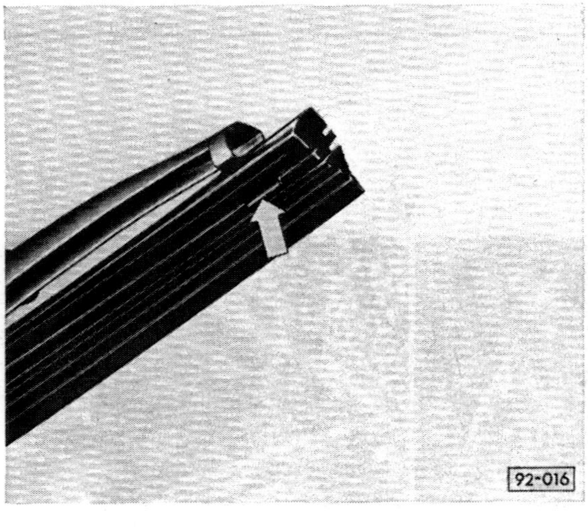

Schalter für elektrische Scheibenwaschpumpe aus- und einbauen

Ausbau

- Lenkrad ausbauen, siehe Seite 114.
- Batterie-Masseband abklemmen.
- Folie, wo vorhanden, vom Kombischalter abziehen.
- Kreuzschlitzschrauben (Pfeile) herausdrehen.

- Mehrfachsteckverbindungen für Scheibenwischerschalter, Blinkerschalter und Einzelstecker für Signalhornbetätigung abziehen.
- Schalter aus Gehäuse für Lenkstockschalter ausbauen. Griff und Hebel nicht abnehmen.

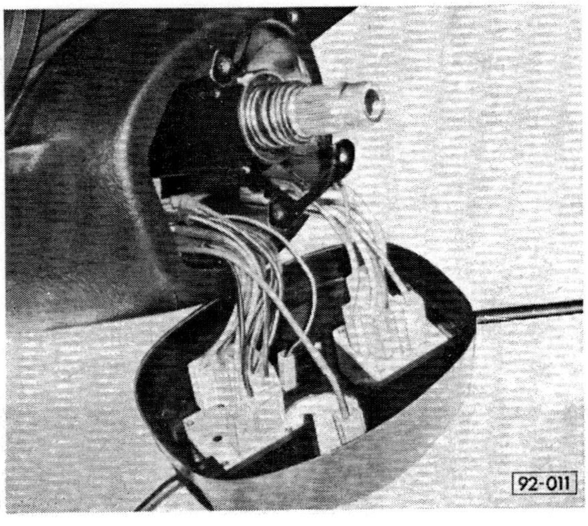

Einbau

- Schalter einsetzen und festschrauben.
- Mehrfachstecker aufschieben, Gehäuse mit Kreuzschlitzschrauben anschrauben.
- Neue Folie auf Kombischalter kleben. Darauf achten, daß die beiden Aussparungen über den unteren Befestigungsschrauben liegen.
- Lenkrad einbauen, siehe Seite 114.
- Batterie-Masseband anklemmen.

Störungstabelle Scheibenwischergummi

Wischbild	Ursache	Abhilfe
Schlieren Abbildung 92-012	● Wischgummi verschmutzt	Wischgummi mit harter Nylonbürste und einer Waschmittellösung oder Spiritus reinigen
	● Ausgefranste Wischlippen, Gummi ausgerissen oder abgenutzt	Wischgummi erneuern
	● Wischgummi gealtert, rissige Oberfläche	Wischgummi erneuern
Im Wischfeld verbleibende Wasserreste ziehen sich sofort zu Perlen zusammen Abbildung 92-013	● Windschutzscheibe durch Lackpolitur, Öl oder Dieselrückstände verschmutzt	Windschutzscheibe mit sauberem Putzlappen und einem Fett-Öl-Silikonentferner reinigen
Wischerblatt wischt einseitig gut – einseitig schlecht, rattert Abbildung 92-014	● Wischgummi einseitig verformt, „kippt nicht mehr“	Neues Wischgummi einbauen
	● Wischerarm verdreht, Blatt steht schief auf der Scheibe	Wischerarm vorsichtig verdrehen, bis richtige, senkrechte Stellung erreicht ist
Nicht gewischte Flächen	● Wischgummi aus der Fassung herausgerissen	Wischgummi vorsichtig in die Fassung einsetzen
	● Wischerblatt liegt nicht mehr gleichmäßig an der Scheibe an, da Federschienen oder Bleche verbogen	Wischerblatt ersetzen. Dieser Fehler tritt vor allem bei unsachgemäßem Montieren eines Ersatzblattes auf
	● Anpreßdruck durch Wischerarm zu gering	Wischerarmgelenke und Feder leicht einölen oder neuen Arm einbauen

Das Werkzeug

Welches Werkzeug zur Reparatur des Passat angeschafft werden muß, richtet sich ganz nach dem Umfang der Arbeiten, die durchgeführt werden sollen. Neben der Grundausstattung ist für die Reparatur auch Spezialwerkzeug erforderlich. Benötigt wird vor allem ein Drehmomentschlüssel, da viele Schraubverbindungen mit vorgeschriebenem Drehmoment angezogen werden müssen. Das richtige Drehmoment ist für die volle Funktion des betreffenden Aggregates von großer Wichtigkeit. Vor allem Schraubverbindungen am Motor, Zylinderkopf, Radlager und an der Motor- und Getriebeaufhängung sind mit vorgeschriebenem Drehmoment anzuziehen.

Werkzeuge kann man in jedem Kaufhaus preiswert kaufen. Gutes und standfestes Werkzeug ist in der Regel teurer als Kaufhausware. Wer viel repariert und lange Freude an seinem Werkzeug haben will, sollte die höheren Kosten für stabiles Werkzeug nicht scheuen. Dies gilt vor allem auch beim Kauf elektrischer Prüfwerkzeuge. Billig-Geräte arbeiten meistens mit derart großer Streuung, so daß der Prüfwert wenig aussagt.

Die Grundausstattung

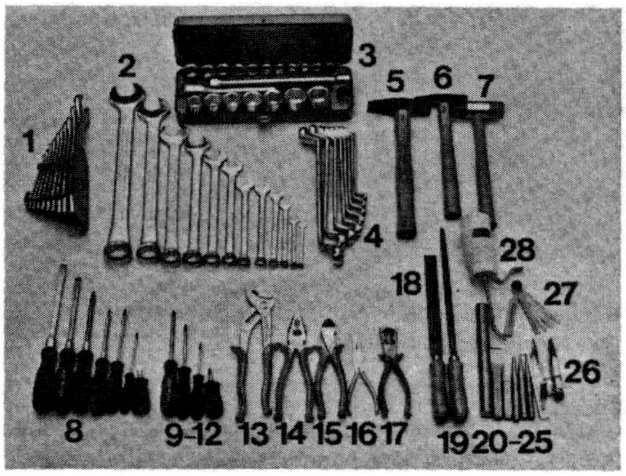

Gutes und stabiles Werkzeug wird von der Firma Hazet angeboten. In der Tabelle sind die Werkzeuge mit der Hazet-Bestellnummer aufgeführt. Vertrieben wird das Werkzeug über den Fachhandel.

Werkzeug	Abb.	Hazet-Nr.
1 Satz Maulschlüssel	1	450/10RD
1 Satz Ring-Maulschlüssel	2	600/12
1 Satz Steckschlüsseleinsätze	3	930
1 Satz Doppelringschlüssel	4	630/8
1 Schlosserhammer	5	2140-2
1 Schlosserhammer	6	2140-5
1 Plastikhammer	7	1950-3
1 Satz Schraubendreher	8	810K/10
1 Kreuzschlitzschraubendreher	9	835-0n
1 Kreuzschlitzschraubendreher	-	835-1n
1 Kreuzschlitzschraubendreher	-	835-2n
1 Kreuzschlitzschraubendreher	12	835-02n
1 Universalzange	13	760-33
1 Kombizange	14	1850-33
1 Seitenschneider	15	1802-22
1 Flachzange	16	1816-1
1 Abisolierzange	17	1861-00
1 Flachfeile	18	2122-8
1 Rundfeile	19	2120-10
1 Messingdorn	20	2534
1 Flachmeißel	21	730-2
1 Kreuzmeißel	22	740-1
1 Körner	22	746-1
1 Durchtreiber	23	745-2
1 Durchtreiber	24	745-1
1 Winkelschraubendreher	25	818-2
1 Strompüfer	26	2153
1 Fühlerblattlehre	27	2146-1
1 Ölspritzkanne	28	2160

Das Spezialwerkzeug

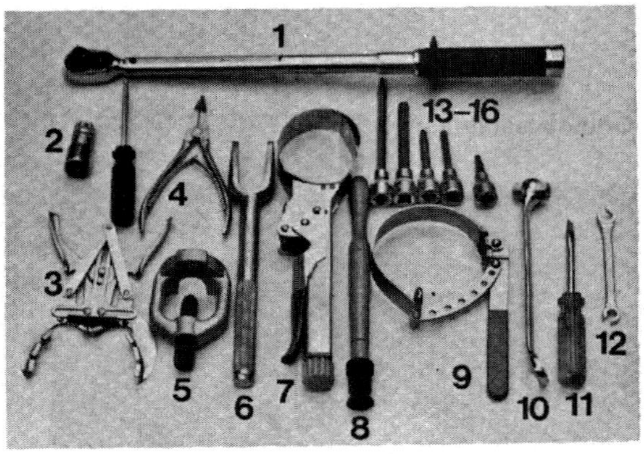

Sämtliches in der Tabelle aufgeführte Spezialwerkzeug ist von der Firma Hazet lieferbar.

Werkzeug	Abb.	Hazet-Nr.
1 Drehmomentschlüssel 2–20 mkg	1	6122 CT
1 Zündkerzeneinsatz	2	880 MgT
1 Kolbenringzange	3	790-1
1 Zange für Gleichlaufgelenk	4	1847-3
1 Ausdrücker f. Spurstangenköpfe	5	779-2
1 Ausdrücker zum Lösen von Spurstangenköpfen, Stoßdämpfern	6	2166*
1 Kolbenringspannzange	7	794 U-3
1 Ventileinschleifer	8	795-2
1 Ölfilterschlüssel	9	2171-2
1 Öldienstschlüssel für Öleinfüll- und Ablaßschrauben	10	2567
1 Schraubendreher für Vergaser-Beschleunigungspumpe	11	4515
1 Doppelringschl. für Bremse	12	612-8x10
1 Schraubendrehereinsatz für Ölwanne	13	986-5 Lg r
1 Schraubendrehereinsatz für Benzinpumpe, Ölfilterflansch, Keilriemenscheibe, Ansaugrohr, Benzintank, Gelenkwellen	-	986-6 Lg
1 Schraubendrehereinsatz für Zylinderkopfschrauben, Innensechskant		986-10 Lg
1 Schraubendrehereinsatz für Generatorhalterung		986-6
1 Schraubendrehereinsatz für Zylinderkopfschrauben, Innenvielzahnkopf		990-Lg 12

*) Nicht mehr im Hazet-Werkzeugprogramm.

Das Prüfwerkzeug

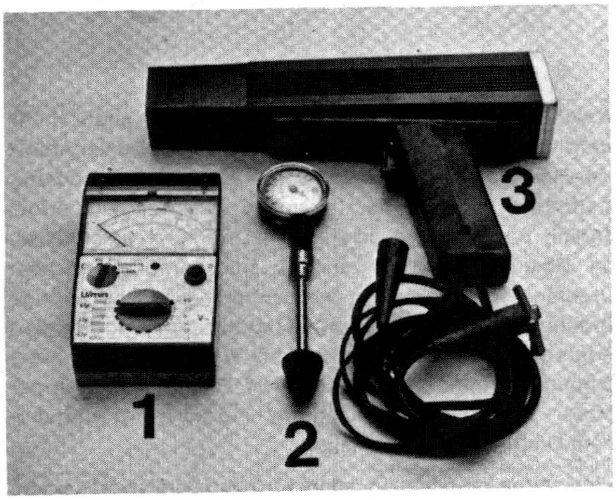

Ohne Zündblitzpistole, Schließwinkel-Meßgerät mit Drehzahlmesser und Kompressionsdruckprüfer ist eine schnelle und fachgerechte Auto-Wartung kaum noch durchzuführen.

Werkzeug	Abb.	Hersteller
1 Tester für Drehzahl, Schließwinkel, Spannung, Widerstand	1	Bosch
1 Kompressionsdruckprüfer	2	Motometer/ VDO
1 Zündblitzpistole	3	Kaufhaus

Die Wagenpflege

Pflege der Karosserie

- Verschmutzten Wagen möglichst bald waschen.
- Reichlich Wasser verwenden.
- Weichen Schwamm oder sehr weiche Waschbürste mit Schlauchanschluß benutzen.
- Lackierung nicht scharf abspritzen, sondern nur abbrausen und Schmutz aufweichen lassen.
- Aufgeweichten Schmutz von oben nach unten mit reichlich Wasser abwaschen.
- Schwamm oft ausspülen.
- Zum Abtrocknen sauberes Leder verwenden.
- Nur gute Markenwaschmittel verwenden (falls überhaupt). Gründliches Nachspülen mit klarem Wasser, um die Reste des Waschmittels zu entfernen.
- Bei regelmäßiger Benutzung von Waschmitteln muß öfter konserviert werden.
- Wagen niemals in der Sonne waschen oder trocknen. Wasserflecken auf der Lackierung sind sonst unvermeidlich.
- Durch Streusalze besonders gefährdet sind alle innenliegenden Falze, Flansche und Fugen an Türen und Hauben. Diese Stellen müssen deshalb bei jedem Wagenwaschen – auch nach der Wäsche in automatischen Waschstraßen – mit einem Schwamm gründlich gereinigt und anschließend abgespült und abgeledert werden.

Durch Waschen allein lassen sich Teerspritzer, Ölspuren, Insekten und andere Verschmutzungen nicht immer entfernen. Grundsätzlich sollten derartige Verunreinigungen so bald wie möglich beseitigt werden, da sie sonst bleibende Lackschäden verursachen können.

Unterbodenschutz/ Hohlraumkonservierung

Alle Fahrzeuge erhalten serienmäßig einen Unterbodenschutz auf PVC-Basis, dessen Wirkung unter normalen Bedingungen für Jahre erhalten bleibt. Je nach den Fahrbedingungen wird der PVC-Belag durch mechanische Einwirkung (Steinschlag), besonders im Spritzbereich der Räder, unter Umständen beschädigt, so daß der Belag in regelmäßigen Abständen kontrolliert und gegebenenfalls durch Nachspritzen ausgebessert werden muß. Es wird meistens genügen, nur die Radhäuser und die unmittelbar angrenzenden Flächen auszubessern.

Sämtliche Hohlräume des VW Passat sind serienmäßig konserviert. Es empfiehlt sich, diese Konservierung schon nach einem Jahr nachbehandeln zu lassen, dann alle zwei Jahre. Da das Material mit einer Spezialdüse und unter hohem Druck eingebracht werden muß, sollte diese Arbeit von einer autorisierten V.A.G-Werkstatt durchgeführt werden.

Teerflecke

Teerflecke fressen sich innerhalb kurzer Zeit in den Lack ein und können dann nicht mehr vollkommen entfernt werden. Frische Teerflecke können mit einem in Waschbenzin getränkten weichen Lappen entfernt werden. Notfalls kann auch Tankstellenbenzin, Petroleum oder Terpentinöl verwendet werden. Sehr gut gegen Teerflecke eignet sich auch ein Lackkonservierer. Bei Verwendung dieses Mittels kann auf ein Nachwaschen verzichtet werden.

Insektenbefall

Die Reste von Insektenleichen tragen Stoffe in sich, die den Lackfilm beschädigen können, wenn sie nicht innerhalb kurzer Zeit entfernt werden. Einmal festgeklebt, lassen sie sich durch Schwamm und Wasser allein nicht entfernen, sondern müssen mit schwacher, lauwarmer Seifen- oder Waschmittel-Lösung abgewaschen werden. Es gibt auch spezielle Insekten-Entferner.

Industrieverschmutzungen

Auf der Lackierung festsitzender Industrieschmutz, vornehmlich Eisenstaub, Abrieb von Kupferdraht-Oberleitungen elektrischer Bahnen, Kohlenstaub usw. kann mit Spezial-Lackreinigungsmitteln (säurehaltige Produkte) entfernt werden. Solche Mittel sind beim V.A.G-Händler erhältlich. Da Metallstaub die Eigenschaft besitzt, sich in den Lack einzufressen, sollte die Reinigung möglichst bald vorgenommen werden. **Achtung:** Gebrauchsanweisung genau beachten.

Konservieren

Zur Verhinderung von Korrosion am Vorderwagen (z. B. Seitenteile, Längsträger oder Abschlußblech) und des Antriebsaggregates muß der Motorraum mit einem hochwertigen Konservierungswachs eingesprüht werden. Vor allen Dingen natürlich nach einer Motorwäsche. Zum Nachwachsen eignet sich das Wachs (VW/Audi AKR 321 M 15.4). Nach der Inbetriebnahme des Fahrzeugs kann es kurzzeitig zur Geruchsbelästigung kommen, da das Wachs an thermisch stark belasteten Teilen verbrennt. Das Wachs soll nur in gutbelüfteten Räumen aufgetragen werden. Vorher Batterie-Masseband abklemmen. Nach dem Wachsauftrag alle Gelenke (Schaltung) und Scharniere mit einer MoS_2-Paste schmieren.

Zement-, Kalk- und andere Baumaterial-Spritzer

Spritzer jeglichen Baumaterials mit einer lauwarmen Lösung neutraler Waschmittel abwaschen. Nur leicht reiben, da sonst die Lackierung zerkratzt werden kann. Nach dem Waschen sorgfältig mit klarem Wasser nachspülen.

Kunststoffteile pflegen

Sollte normales Waschen nicht ausreichen, dürfen diese Teile nur mit speziellen Kunststoffreinigungs- und Pflegemittel behandelt werden.

Lackierung pflegen

Konservieren

So oft wie möglich soll die sauber gewaschene und getrocknete Lackierung mit einem Konservierungsmittel behandelt werden, um die Oberfläche durch eine porenschließende und wasserabweisende Wachsschicht gegen Witterungseinflüsse zu schützen.

Das Konservieren muß wiederholt werden, wenn Wasser nicht mehr vom Lack abperlt, sondern großflächig verläuft. Regelmäßiges Konservieren bewirkt, daß der ursprüngliche Glanz der Lackierung sehr lange erhalten bleibt.

Eine weitere Möglichkeit, den Lack zu konservieren, bieten Wasch-Konservierer. Ein Meßbecher davon wird dem Waschwasser beigegeben (nachdem der Wagen zuerst mit reinem Wasser vom gröbsten Schmutz befreit wurde). Danach ist nur noch Abledern erforderlich. Wasch-Konservierer schützen die Lackierung jedoch nur ausreichend, wenn sie bei **jeder** Wagenwäsche verwendet werden und der zeitliche Abstand zwischen zwei Wäschen nicht mehr als zwei bis drei Wochen beträgt.

Nach dem Anwenden von Waschmitteln (Schaumwäsche), ist eine Nachbehandlung mit einem Konservierungsmittel besonders zu empfehlen (Gebrauchsanweisung beachten).

Das Konservieren darf nicht in der prallen Sonne erfolgen.

Polieren

Das Polieren der Lackierung ist nur dann erforderlich, wenn der Lack infolge mangelhafter Pflege unter der Einwirkung von Straßenstaub, industriellen Abgasen, Sonne und Regen unansehnlich geworden ist und sich durch eine Behandlung mit Konservierungsmitteln kein Glanz mehr erzielen läßt.

Zu warnen ist vor stark schleifenden oder chemisch stark angreifenden Poliermitteln, auch wenn der erste Versuch damit noch so sehr zu überzeugen scheint.

Vor jedem Polieren muß der Wagen sauber gewaschen und sorgfältig abgetrocknet werden. Im übrigen ist nach der Gebrauchsanweisung für das jeweilige Poliermittel zu verfahren.

Die Bearbeitung soll in nicht zu großen Flächen erfolgen, um ein vorzeitiges Eintrocknen der Politur zu vermeiden. Bei manchen Poliermitteln muß anschließend noch konserviert werden. Nicht in der prallen Sonne polieren! Matt lackierte Teile dürfen nicht mit Konservierungs- oder Poliermitteln behandelt werden.

Leichtmetallteile an der Karosserie brauchen nicht besonders gepflegt zu werden.

Reinigen der Scheiben

Fensterscheiben mit sauberem, weichem Lappen abreiben. Bei starker Verschmutzung helfen Spiritus oder Salmiakgeist und lauwarmes Wasser. Beim Reinigen der Windschutzscheibe Scheibenwischerarme nach vorn klappen.

In manchen Lackpflegemitteln sind Silikone enthalten, welche die konservierende Wirkung unterstützen sollen. Gelangen Spuren davon auf die Windschutzscheibe, so bilden sich bei Regen Schlieren und Trübungen im Scheibenwischerfeld, die die Sicht und damit die Fahrsicherheit beeinträchtigen können. Mit einem auch gegen Silikone wirksamen Scheibenreiniger lassen sich diese Schlieren wieder beseitigen. Pastenförmige Mittel haben bei einer stark silikonverschmutzten Scheibe im allgemeinen eine bessere Wirkung als flüssige Mittel, die dem Scheibenwaschwasser zugegeben werden.

Bei der Reinigung der Windschutzscheibe sind auch die Wischerblätter zu säubern.

Achtung: Bei Verwendung silikonhaltiger Mittel dürfen die zur Reinigung der Lackierung verwendeten Waschbürsten, Schwämme, Lederlappen und Tücher nicht für die Scheiben verwendet werden. Beim Einsprühen der Lackierung mit silikonhaltigen Pflegemitteln sollten die Scheiben mit Pappe oder anderem Material abgedeckt werden.

Gummidichtungen pflegen

Sämtliche Gummidichtungen sollen von Zeit zu Zeit leicht mit Talkum eingepudert werden, um die gewünschte Geschmeidigkeit zu erhalten und an den Fensterabdichtungen ein gutes Gleiten zu erreichen.

Quietschende oder knarrende Geräusche, die an Gummidichtungen entstehen, können durch Einpudern der Dicht- und Gleitflächen mit Talkum oder Bestreichen mit Glyzerin behoben werden. Auch das Einreiben der betreffenden Fläche mit Schmierseife beseitigt die Geräusche.

Undichtigkeiten an der Windschutzscheibe und am Heckfenster lassen sich wie folgt beheben: Lippe der Gummidichtung im Wageninnern mit einem Holzspan soweit wie möglich anheben und Fensterscheibenzement zwischen Gummiprofil und Blechrahmen eindrücken. Reste des Dichtungsmittels können mit Spiritus entfernt werden.

Polsterbezüge pflegen

Textilbezüge

Polsterbezüge mit Staubsauger absaugen oder mit einer nicht zu weichen Bürste ausbürsten.

Fett- und Ölflecke mit Fleckenwasser behandeln. Das Reinigungsmittel darf aber nicht unmittelbar auf den Stoff gegossen werden, da sich sonst unweigerlich Ränder bilden. Fleck durch kreisförmiges Reiben von außen nach innen bearbeiten.

Andere Verschmutzungen lassen sich meistens mit lauwarmem Seifenwasser entfernen.

Kunstlederbezüge

Kunstlederbezüge besitzen eine schmutzabweisende Oberfläche. Besondere Pflegemittel sind hier nicht erforderlich.

Bei normalen Verschmutzungen genügen folgende Reinigungsarten:

- Seifenlauge, hergestellt aus Wasser und einem handelsüblichen Feinwaschmittel.
- Reinigungslösung, hergestellt aus Wasser und einem handelsüblichen Kunstlederreiniger.

Eine weiche Bürste erleichtert das Entfernen des Schmutzes aus genarbten Oberflächen.

Grobe Verschmutzungen sollten sofort entfernt werden; die zur Reinigung geeigneten Mittel können nachstehender Tabelle entnommen werden. Es ist zu beachten, daß die Reinigungsmittel, vor allem Waschbenzin, Spiritus und Verdünner, nicht aufgegossen, sondern nur mit einem angefeuchteten Lappen aufgetragen werden. So wird ein Eindringen in die Nähte oder Polsterung vermieden. Längere Einwirkzeit der Reinigungsflüssigkeit ist zu vermeiden, weil der schmutzabweisende Schutzfilm des Kunstleders dadurch zerstört werden kann.

Nach jeder Reinigung muß das Kunstleder, und dabei besonders in den Nahtfurchen, mit einem weichen Lappen gut trockengerieben werden.

Verschmutzung	Entfernung	
	frische Flecken	ältere Flecken
Öl oder Fett	Mit trockenem, weichem Tuch abnehmen; das Tuch oftmals wenden. Nicht durch Hin- und Herreiben den Fleck vergrößern. Einen eventuell in der Narbung verbleibenden Schein mit einem mit Waschbenzin befeuchteten Lappen vorsichtig abtupfen. Danach gut trockenreiben mit sauberem, weichem Tuch	Mit einem mit Waschbenzin oder Spiritus leicht angefeuchteten, sauberen weichen Lappen vorsichtig ab- und anschließend gut trockenreiben. Lappen oftmals wenden, um ein Verschmieren des Fleckes zu vermeiden
Schuhcreme	Genau wie bei Öl oder Fett Als Reinigungsmittel kann neben Waschbenzin oder Spiritus auch Terpentinöl verwendet werden	
Kunstharz- und Nitro-Farben sowie Ölfarben	Mit trockenem, weichem Tuch abnehmen wie bei Öl und Fett. Verbleibende Reste mit einem wasserbefeuchteten Lappen oder mit einem Stück Gummi kräftig abreiben	Mit einem mit Nitro-Verdünnung bzw. mit Terpentinöl oder Benzin angefeuchteten weichen Lappen vorsichtig ab- und anschließend gut trockenreiben. Nitro-Verdünnung für Flecke von Kunstharz- und Nitro-Lacken, Terpentinöl oder Benzin für Ölfarbe
Blut	Mit einem mit kaltem oder besser lauwarmem Wasser angefeuchteten Lappen abtupfen, ohne den Fleck durch Hin- und Herreiben zu vergrößern	
Rost	Mit einem weichen Tuch, das mit angesäuertem Wasser (1 Teil Salzsäure und 9 Teile Wasser) angefeuchtet ist, vorsichtig abtupfen, nicht breitreiben. Das angesäuerte Wasser darf nicht in Spalten, Ecken oder Nähte dringen, da sonst Anrostungen unvermeidlich sind. Nach der Behandlung gut mit einem mit klarem Wasser angefeuchteten Lappen nachwaschen, damit keine Rückstände von angesäuertem Wasser zurückbleiben. Die benutzten Lappen sind zu vernichten	

Schmierung und Wartung

Bei allem Bemühen, den Volkswagen durch konstruktive und fertigungstechnische Maßnahmen mehr und mehr zu vervollkommnen und seine Lebensdauer, Betriebssicherheit und Wirtschaftlichkeit zu erhöhen, bleibt die regelmäßige Schmierung und Wartung des Fahrzeugs nach dem VAG-Service-System unerläßlich.

Aufgabe des Motoröls

Je nach den Betriebsbedingungen unterliegen die Motorenöle recht wechselnden Ansprüchen. Es ist deshalb sehr schwierig, die verschiedenen Betriebsbedingungen in ihrer Auswirkung auf das Schmiermittel genau festzulegen. Motoren, die lange Zeit mit hoher Drehzahl oder mit Vollast laufen, erreichen hohe Öltemperaturen. Unter Einwirkung hoher Temperaturen und des Luftsauerstoffes beginnt das Öl zu oxydieren. Die Oxydationsprodukte verdicken das Öl und können sich als lackartige Überzüge an den oberen Kolbenpartien, in den Kolbenringnuten und an den Ventilschäften ablagern.

Erhalten die Zylinder ein kraftstoffüberreiches Gemisch, werden von einem Motor nur selten oder nie Höchstleistungen verlangt, oder wird mit unterkühltem Motor gefahren (Stadtverkehr), so ist eine unvollkommene Verbrennung die Folge. Ruß, Ölkohle und andere Produkte, der unverbrannte Kraftstoff selbst und die Kondensation von Feuchtigkeit, führen zur Bildung von Schlamm, Säure und Asphalt. Der unverbrannte Kraftstoff schlägt sich an den kalten Zylinderwänden nieder und läuft in das Kurbelgehäuse, wobei der Ölfilm an Zylinder und Kolben abgewaschen wird. Die Folge ist eine verminderte Schmierung der Kolbenlaufbahn und eine Ölverdünnung, welche die Schmiereigenschaften des Öles je nach Kraftstoffgehalt beeinträchtigen.

Bei zu hoher Ölverdünnung ist eventuell ein vorzeitiger Ölwechsel vorzunehmen. Da bei scharfer Fahrt (heißer Motor) die Benzinanteile im Öl verflüchtigen, ist vor allem im Winter (viele Kaltstarts – hoher Benzinanteil im Öl) öfters der Ölstand zu kontrollieren.

In Abhängigkeit von der Temperatur neigt jedes Öl dazu, seine Zähflüssigkeit zu vermindern. Mit zunehmender Wärme wird es dünnflüssig. Dadurch wird die Haftfähigkeit und Druckfestigkeit des Schmierfilms beeinträchtigt. Bei Kälte wird es dick und zähflüssig, wobei das Fließvermögen träge und der innere Reibungswiderstand vergrößert wird. Diese Eigenschaft erfordert die Verwendung eines Motoröles von einer Zähflüssigkeit, die sich bei wechselnden Temperaturen möglichst wenig verändert.

Die Zähflüssigkeit oder Viskosität ist gleichbedeutend mit der inneren Reibung eines Öles und wird mit Graden nach dem SAE-System (Society of Automotive Engineers) gekennzeichnet, wie zum Beispiel SAE 30, SAE 10 usw. Hohe Gradzahlen weisen auf dicke, niedrige auf dünne Öle hin. Die Viskosität gibt aber keinen Aufschluß über die Schmiereigenschaften eines Öles.

Für die Passat-Motoren können Ein- und Mehrbereichsöle verwendet werden. Mehrbereichsöle haben den Vorteil, daß sie nicht den Temperaturverhältnissen (Sommer/Winter) angepaßt werden müssen. Mehrbereichsöle bauen auf einem dünnflüssigen Einbereichsöl (z. B. 10 W) auf. Durch sogenannte Verdickerer wird das Öl im heißen Zustand stabilisiert, so daß für jeden Betriebszustand die richtige Schmierfähigkeit gegeben ist. Wird ein Mehrbereichsöl verwendet, sollte man zu den modernen Ölen greifen, die eine hohe Viskositätsspanne haben (z. B. 10 W-40, 20 W-50).

Bei sogenannten Leichtlaufölen handelt es sich um Mehrbereichsöle, denen unter anderem Reibwertverminderer zugesetzt wurden, so daß eine Kraftstoffeinsparung von bis zu 3 Prozent möglich ist. Beim Kauf eines Leichtlauföles sollte man darauf achten, daß es der VW-Norm TL-VW 500 00 entspricht.

Grundsätzlich sind nur HD-Öle für die VW-Motoren zugelassen. HD-Öle sind legierte Öle, deren Schmiereigenschaften durch Zusatz verschiedener chemischer Wirkstoffe erheblich verbessert sind. Diese Zusätze bewirken einen besseren Korrosionsschutz, ein günstigeres Verhalten gegen Oxydationserscheinungen, insbesondere eine geringere Neigung zur Schlammbildung im Kurbelgehäuse, ein besseres Viskositätsverhalten, reinigende und lösende Eigenschaften. Die reinigenden und lösenden Zusätze verringern nicht nur die Rückstandsbildung im Motor, sondern besitzen zugleich die Fähigkeit, Rückstände zu lösen und sie und alle anderen Verunreinigungen im Motoröl fein verteilt und ständig in der Schwebe zu halten, so daß beim Ölwechsel die Verunreinigungen mit abfließen.

Die Qualität eines HD-Motoröls wird nach dem API-System angegeben. (API: American Petroleum Institut). Die Kennzeichnung erfolgt durch jeweils zwei Buchstaben. Der erste Buchstabe gibt den Anwendungsbereich an: **S** = Service, für **Benzinmotoren** geeignet; **C** = Commercial, für **Dieselmotoren** geeignet. Der zweite Buchstabe gibt die Qualität in alphabetischer Reihenfolge an. Von höchster Qualität nach API sind Öle der Spezifikation **SG** für Ottomotoren und **CD** für Dieselmotoren. **Achtung:** CD-Motorenöle, die vom Öl-Hersteller ausdrücklich als Öle für Diesel-Motoren bezeichnet werden, sind für Otto-Motoren nicht geeignet. Es gibt Öle, die sowohl für den Otto- wie auch für den Diesel-Motor geeignet sind. In diesem Fall sind beide Spezifikationen (Beispiel SF/CD) auf der Öldose vermerkt.

VW hat für die VW/AUDI-Modelle **eigene Ölnormen** festgelegt. Grundsätzlich sollen nur Öle verwendet werden, die diese Normen erfüllen. Die VW-Norm steht dann auf der Öldose.

Erlaubt sind Hochleistungsöle, die **zugleich** die beiden **VW-Normen 500 00 und 505 00** erfüllen. Es können auch Leichtlauföle der **VW-Norm 500 00** oder Mehrbereichsöle der **VW-Norm 501 01** eingefüllt werden. Die Mehrbereichsöle entsprechend VW-Norm 501 01 sind in der Regel preiswerter. Sollte kein Öl dieser Spezifikation zur Verfügung stehen, kann vorübergehend ein Ein- oder Mehrbereichsöl der Spezifikation API-SF verwendet werden.

Anwendungsbereich/Viskositätsklassen

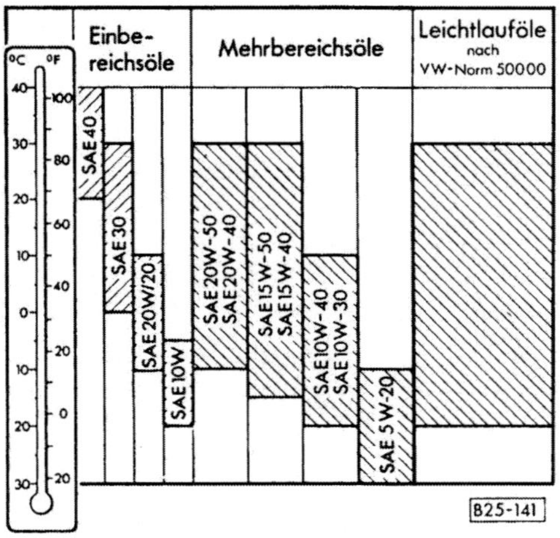

Bei Dauer-Außentemperaturen unter −20° C (arktische Gebiete) empfiehlt es sich, SAE 5 W–20 zu fahren.

Bei Verwendung von SAE 10 W bzw. SAE 5 W 20 müssen anhaltend hohe Motordrehzahlen und ständig starke Belastungen vermieden werden, wenn die Temperaturen über die angegebenen Bereiche ansteigen.

Zusatzschmiermittel – gleich welcher Art – sollen weder dem Kraftstoff, noch den Schmierölen beigemischt werden.

Getriebeöle/Ölwechsel

Zur Schmierung von Schaltgetriebe und Achsantrieb ist ein Hypoid-Markenöl SAE 80 oder SAE 80 W-90 nach der Spezifikation Mil L 2105/GL 4 vorgeschrieben. Dieses Öl gilt für alle Klimazonen und ganzjährig.

Die gemeinsame Hypoidfüllung für Schaltgetriebe und Achsantrieb muß nicht mehr gewechselt werden. Anläßlich der Wartung ist der Ölstand zu kontrollieren. Gegebenenfalls ist Öl bis zum unteren Gewinde der Einfüllschraube aufzufüllen. Die Wechselfüllmenge beträgt 1,7 Liter.

ATF Automatic Transmission Fluid

Der Drehmomentwandler und das automatische Getriebe werden durch eine gemeinsame Füllung mit Automatic Transmission Fluid (ATF) geschmiert. Nur ATF mit Dexron-Prüfzeichen verwenden, wie z. B. Dexron 10 100.

Das Achsantriebsgehäuse ist mit Hypoid-Getriebeöl SAE 90 gefüllt. Spezifikation: Mil L 2105 B/GL 5, ganzjährig für alle Klimazonen.
Die ATF-Füllung wird normalerweise alle 45 000 km gewechselt. Bei erschwerten Einsatzbedingungen (Anhängerbetrieb, überwiegend Kurzstrecken- und Großstadtverkehr, extrem hohe Außentemperaturen) empfiehlt es sich, die Füllung alle 30 000 km zu wechseln (siehe unter Kapitel Automatic). Der Ölwechsel sollte von einer Fachwerkstatt durchgeführt werden.

Ohne ATF-Füllung im Drehmomentwandler und automatischen Getriebe darf der Motor nicht laufengelassen werden. Auch darf der Wagen ohne ATF-Füllung nicht abgeschleppt werden.

Motorölwechsel

Der Ölwechsel soll nur bei betriebswarmem Motor durchgeführt werden. Zum Ablassen des alten Öles wird in der Motorölwanne die Ablaßschraube herausgedreht. Der Ölwechsel ist alle 7500 km durchzuführen oder, falls sehr wenig gefahren wird, alle 6 Monate. Bei jedem Ölwechsel ist der Dichtring unter der Ölablaßschraube zu erneuern. Ölablaßschraube fest, aber nicht mit **zu großer Gewalt** anziehen. Das Altöl darf auch mittels einer Sonde abgesaugt werden.

Das Ölfilter ist bei 15 000 km und weiter alle 15 000 km – also bei jedem zweiten Ölwechsel – gegen ein neues Filter auszutauschen.

Das neue Filter soll nur von Hand festgeschraubt werden. Läßt es sich nicht von Hand lösen, ist ein Spezialschlüssel erforderlich (eventuell Lederriemen benutzen).

Die Ölwechselmengen betragen:

Blechölwanne	mit Filterwechsel ohne Filterwechsel	3,0 l 2,5 l
Alu-Ölwanne	mit Filterwechsel ohne Filterwechsel	3,5 l 3,0 l

Mengendifferenz zwischen max.- und min.-Marke: 1,0 Liter

Bei diesen Ölmengen wird die Maximal-Markierung am Ölmeßstab geringfügig unterschritten.

Um die Betriebsverhältnisse des Motors besser überwachen zu können, soll beim Ölwechsel immer ein Öl gleichen Typs und möglichst auch gleicher Marke verwendet werden. Daher ist es zweckmäßig, bei jedem Ölwechsel ein Hinweisschild am Motor zu befestigen, auf dem Marke und Viskosität des Öles vermerkt sind.

Wahllos abwechselnder Gebrauch verschiedener Öltypen ist ungünstig. Motorenöle gleichen Typs, aber verschiedener Marken, sollen möglichst nicht gemischt werden. Motorenöle gleichen Typs und gleicher Marke, aber verschiedener Viskosität, können im Bedarfsfall während jahreszeitlicher Überschneidung ohne weiteres nachgefüllt werden.

Wird ständig in Gebieten mit starkem Staubanfall oder in Ländern mit arktischem Klima, also Dauertemperaturen ab etwa – 20° C gefahren, sollte man das Motoröl in kürzeren Abständen wechseln.

Wartungsarbeiten

Luftfiltereinsatz reinigen / erneuern

Der Papierfiltereinsatz im Luftfilter wird normalerweise nach 15000 km gereinigt und alle 30000 km erneuert. Bei starkem Staubanfall muß der Einsatz in kürzeren Abständen gereinigt oder erneuert werden.

Schnellverschlüsse am Luftfilterdeckel öffnen und Deckel abnehmen. Luftfiltereinsatz herausnehmen und Ansaugöffnung des Vergasers abdecken, damit kein Schmutz in den Vergaser gelangt. Anschließend Filtertopf gründlich auswischen (mit benzingetränktem Lappen).

Filtereinsatz zum Reinigen auf einer festen Unterlage ausklopfen. Gereinigten bzw. neuen Luftfiltereinsatz in den Filtertopf einlegen. Abdeckung der Vergaseröffnung herausnehmen, Filterdeckel aufsetzen und mit den fünf Klammern befestigen.

Verschluß für Motorraumdeckel ölen

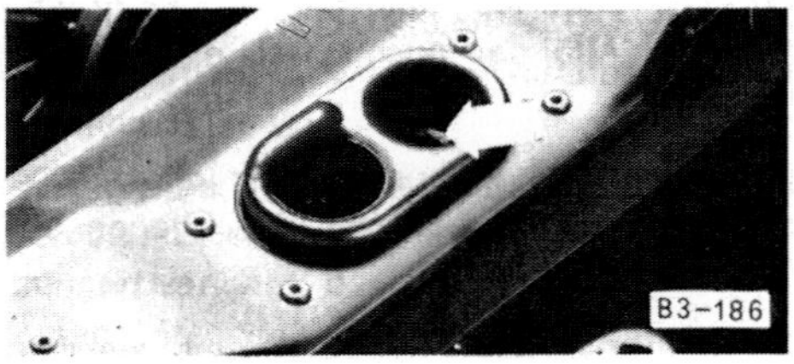

Verschluß alle 6 Monate leicht einölen.

Türscharniere, Deckel- und Türschlösser ölen

Die Türscharniere (A) mindestens alle drei Monate mit Motoröl (SAE 30) schmieren. Dazu die Verschlußstopfen mit Schraubenzieher von den Scharnieren abdrücken und die Hohlräume mit Öl füllen.

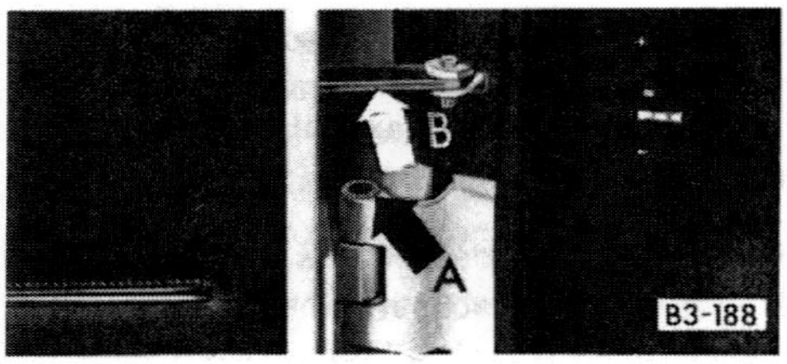

Türfeststeller (B) beidseitig mit einigen Tropfen Öl versehen.

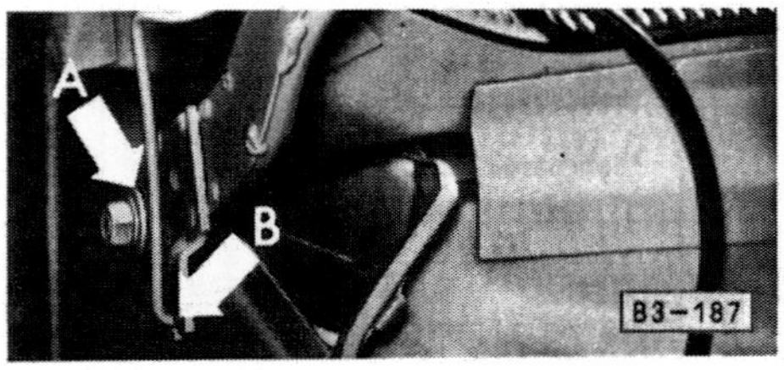

Bei der Limousine mit kleiner Heckklappe alle 6 Monate die Scharnierlagerungen (A) der Heckklappe leicht einölen und die oberen Einhängepunkte (B) der Aufhaltefedern einfetten.

Schließzylinder der Sicherheitsschlösser für Türen und Kofferraum bzw. Laderaum werden bei Bedarf mit Graphit geschmiert. Es genügt, den vorher in Graphit getauchten Schlüssel im Schloß mehrfach hin und her zu drehen.

Kompression prüfen

Die Kompressionsprüfung erlaubt Rückschlüsse über den Zustand des Motors. Und zwar läßt sich bei der Prüfung feststellen, ob die Ventile oder die Kolben (Kolbenringe) in Ordnung bzw. verschlissen sind. Außerdem zeigen die Prüfwerte an, ob der Motor austauschreif ist, bzw. komplett überholt werden muß. Für die Prüfung wird ein Kompressionsdruckprüfer benötigt, der recht preiswert (u. a. von Motometer, Leonberg) angeboten wird.

Der Druckunterschied zwischen den einzelnen Zylindern darf maximal 3,0 atü (bar) betragen. Falls ein oder mehrere Zylinder gegenüber den anderen einen Druckunterschied von mehr als 3,0 atü (bar) haben, ist dies ein Hinweis auf defekte Ventile, verschlissene Kolbenringe bzw. Zylinderlaufbahnen. Ist die Verschleißgrenze erreicht, muß der Motor überholt bzw. ausgetauscht werden.

Der Kompressionsdruck soll für neue 1,3-Liter-Motoren (Kennbuchstabe ZA, ZF, FF) zwischen 8–11 bar (atü) liegen. Die Verschleißgrenze liegt bei 6,5 bar (atü).

Bei den neuen 1,5- (ZB, ZC, YJ) und 1,6-Liter-Motoren (YN, YP, YT, XX, YS) soll der Kompressionsdruck zwischen 10–13 bar (atü) liegen. Die Verschleißgrenze ist bei 7,5 bar (atü) erreicht.

- Zur Prüfung des Kompressionsdruckes soll der Motor betriebswarm sein. Sämtliche Zündkerzen rausdrehen, Kompressionsdruckprüfer nach Bedienungsanleitung anschließen.
- Von zweitem Mann Gaspedal voll durchtreten lassen, Gaspedal während der ganzen Prüfung mit Fuß festhalten.
- Motor etwa 5 Sekunden starten. Prüfwert des Zylinders festhalten.
- Nacheinander sämtliche Zylinder prüfen, mit Sollwert vergleichen.

Pflegedienst

Jedes halbe Jahr, spätestens alle 7500 km, ist ein Pflegedienst vorgesehen, bei dem folgende Arbeiten durchgeführt werden müssen:

1. Motor: Öl wechseln
2. Türscharniere: Ölen
3. Kühlsystem: Kühlflüssigkeit und ggf. Frostschutzmittel auffüllen
4. Behälter für Bremsflüssigkeit: Flüssigkeitsstand prüfen
5. Bremsbeläge: Dicke prüfen
6. Batterie: Säurestand prüfen, ggf. destilliertes Wasser nachfüllen

Wartung

Die Wartung muß einmal im Jahr, spätestens bei km-Stand 15 000, 30 000, 45 000 usw. durchgeführt werden.

Motor und Kupplung

1. Motor: Öl wechseln, Hauptstromölfilter ersetzen
2. Zündverteiler: Unterbrecherkontakt überprüfen bzw. ersetzen
3. Schließwinkel und Zündzeitpunkt einstellen
4. Trockenluftfilter: Filtereinsatz reinigen
5. Keilriemen: Spannung und Zustand prüfen
6. Kompression: Prüfen
7. Zündkerzen: Erneuern
8. Kühl- und Heizsystem: Flüssigkeitsstand prüfen, Konzentration des Frostschutzmittels prüfen. Sichtprüfung auf Undichtigkeiten und äußere Verschmutzung des Kühlers
9. Vergaser: Leerlauf des Motors bei betriebswarmem Motor prüfen
10. Auspuffanlage: Auf Beschädigungen prüfen
11. Motor: Sichtprüfung auf Ölundichtigkeiten
12. Kupplung: Kupplungsspiel am Pedal prüfen, ggf. einstellen
13. Fahrzeuge mit automatischem Getriebe:
    a – Flüssigkeitsstand (ATF) in der Getriebeautomatic mit Peilstab prüfen, ggf. ergänzen
    b – Befestigungsschrauben der Ölwanne auf vorgeschriebenes Drehmoment anziehen

Getriebe, Achsantrieb, Lenkung

14. Gelenkschutzhüllen: Auf Undichtigkeiten und Beschädigungen prüfen
15. Schaltgetriebe: Sichtprüfung auf Undichtigkeiten

Vorderachse und Lenkung

16. Spurstangenköpfe: Spiel und Befestigung prüfen, Staubkappen prüfen
17. Achsgelenk: Staubkappen prüfen
18. Lenkung: Spiel prüfen, Faltenbälge auf Undichtigkeiten und Beschädigungen prüfen
19. Sturz und Gesamtspur prüfen

Aufbau

20. Haubenscharniere und Türfeststeller: Ölen
    Bewegliches Haubenschloßober- und -unterteil: Ölen bzw. fetten

Bremsen, Reifen, Räder

21. Bremsanlage: Leitungen, Schläuche und Anschlüsse auf Undichtigkeiten und Beschädigungen prüfen
22. Fußbremse: Leerweg des Bremspedals prüfen, Bremse einstellen
23. Handbremse: Leerweg des Handbremshebels prüfen, Bremse einstellen
24. Bremsbeläge vorn und hinten: Belagstärke prüfen
25. Bereifung: Auf Verschleiß und Beschädigungen prüfen (einschl. Reserverad)
26. Räder: Befestigungsschrauben auf vorgeschriebenes Drehmoment anziehen

Elektrische Anlage

27. Alle Stromverbraucher: Auf Funktion prüfen
28. Scheinwerfer: Prüfen, gegebenenfalls einstellen
29. Scheibenwaschanlage: Auf Funktion prüfen, Düsenstellung kontrollieren
30. Batterie: Spannung und Säurestand prüfen

Zusätzlich bei km-Stand 30 000, 60 000 usw.

1. Trockenluftfilter ersetzen (spätestens alle zwei Jahre)
2. Kraftstoff-Filter ersetzen
3. Unterdruckdose für Automatic auswechseln (Werkstattarbeit!)
4. Ventile: Einstellen, Dichtung für Zylinderkopfhaube ersetzen

Zusätzlich bei km-Stand 45 000, 90 000 usw.

1. Fahrzeuge mit automatischem Getriebe:
   a – ATF wechseln, Ölwanne reinigen (unter erschwerten Einsatzbedingungen ATF alle 30 000 km wechseln)
   b – Ölwannendichtung prüfen, ggf. ersetzen

Alle 2 Jahre

1. Bremssystem: Bremsflüssigkeit wechseln
2. Bremskraftregler: Druckprüfung

Stromlaufpläne

Der Umgang mit dem Stromlaufplan

Der Stromlaufplan vermittelt übersichtlich und anschaulich die Stromwege im Fahrzeug. Anhand der Legende und der verschiedenen Strompfade läßt sich sehr schnell der Weg des Stromes innerhalb eines Stromkreises nachvollziehen.

Beim Stromlaufplan symbolisiert das in den Stromlaufplan eingezeichnete graue Feld die Relaisplatte mit Sicherungshalter und damit die plusseitigen Anschlüsse. Der untere gelbe Rand steht für die Fahrzeugmasse, also für die Anschlüsse zum Minuspol der Batterie.

Herauspräpariert sind die einzelnen, speziellen Stromkreise mit den dazugehörigen Schaltelementen. Die Stromkreise liegen der Übersichtlichkeit wegen nebeneinander und sind unten, im gelben Streifen, fortlaufend numeriert.

In der Erläuterung (Legende) neben dem eigentlichen Stromlaufplan wird das entsprechende Schaltungsteil mit der dazugehörigen Nummer aufgesucht. Die gleiche Nummer findet man unten im gelben Streifen wieder.

Man kann selbstverständlich den Schaltplan auch umgekehrt benutzen, indem man zum Beispiel erst im Stromlaufplan ein Schaltbild aufsucht, dessen Bedeutung unklar ist. Dann findet man in der entsprechenden Legende anhand des betreffenden Buchstabens die Bezeichnung des Teils.

Die Zuteilung der Kennbuchstaben erfolgt dabei nach einem bestimmten Schema, und zwar haben die Fahrleuchten ein L, die Kontrolleuchten ein K, die Signalleuchten ein M. Die Schalter für Handbedienung sind mit E bezeichnet, mechanische Schalter dagegen mit F. Alle Motoren haben ein V, die Relais ein J.

Die Erläuterungen für die gebräuchlichsten Schaltzeichen sind auf Seite 204 zusammengetragen.

Alle Verbindungsleitungen sind, wie schon im Schaltplan, ein- oder mehrfarbig dargestellt. Es sind die gleichen Farben wie die Leitungen im Fahrzeugnetz. Die Farbzuteilung ist dabei fast immer dieselbe: Rot für Plus, Braun für Masse, usw. Die kleinen oben in die bunten Striche eingerückten Zahlen geben dabei den Leitungsquerschnitt in mm^2 an.

Bei Teilen, deren Gehäuse unmittelbaren Kontakt zur Masse haben, wo also keine besondere Masseverbindung besteht, wird dies im Stromlaufplan mit einer dünnen, schwarzen Linie angedeutet. In gleicher Weise ist auch die innere Schaltung der einzelnen Bauteile dargestellt.

Die übrigen Zahlen und Buchstaben haben folgende Bedeutung: Die Zahlen an den Anschlußstellen der Leitungen mit den Verbrauchern, Schaltern usw. decken sich mit der Kennzeichnung an diesen Teilen.

Die Zahlen in den gelbunterlegten Quadraten am Ende eines Strompfades weisen auf den Stromkreis hin, in dem der Strompfad weitergeführt wird.

Die Zahlen in den weißen Kreisen unten bezeichnen bestimmte Massepunkte, deren Lage in der Legende erklärt wird (z. B. 15 = Massepunkt, im Wasserkasten).

Stehen die Zahlen in den orangeroten Kreisen, handelt es sich um Leitungen des Diagnose-Netzes, die von den betreffenden Anschlußpunkten direkt zur Zentralsteckdose führen.

Stromlaufplan
Passat
Passat L, LS
Passat GL, GLS

Seit August 1979

Zusatzstromlaufpläne

Heckscheibenwischeranlage
Anhängerbetrieb
Nebelscheinwerfer/Nebelschlußleuchte
Schaltung Kühlmittellüfter

Wegen der hohen Kosten kann nicht jeder Schaltplan aus jedem Modelljahr berücksichtigt werden. Bei einer Neuauflage wird jeweils der aktuellste Schaltplan veröffentlicht, an dem sich auch Fahrzeugbesitzer älterer Modelle orientieren können.

Relais für Bremslichtschalter

Um eine Überlastung des Bremslichtschalters zu vermeiden, ist es sinnvoll, bei Einbau zusätzlicher Bremsleuchten ein Relais zwischenzuschalten.

Benennung			im Strompfad
A	–	Von Klemme 30 (Batterie bzw. Relaisplatte mit Sicherungshalter)	2
J 107	–	Relais für zusätzliche Bremsleuchten	1,2
M 9a	–	Lampe für zusätzliche Bremsleuchte links	2
M 10a	–	Lampe für zusätzliche Bremsleuchte rechts	3
S 40	–	Einzelsicherung (8 A) für zusätzliche Bremsleuchten	2
T	–	Anschluß an die vorhandene Leitung zu den Lampen für Bremslicht	1

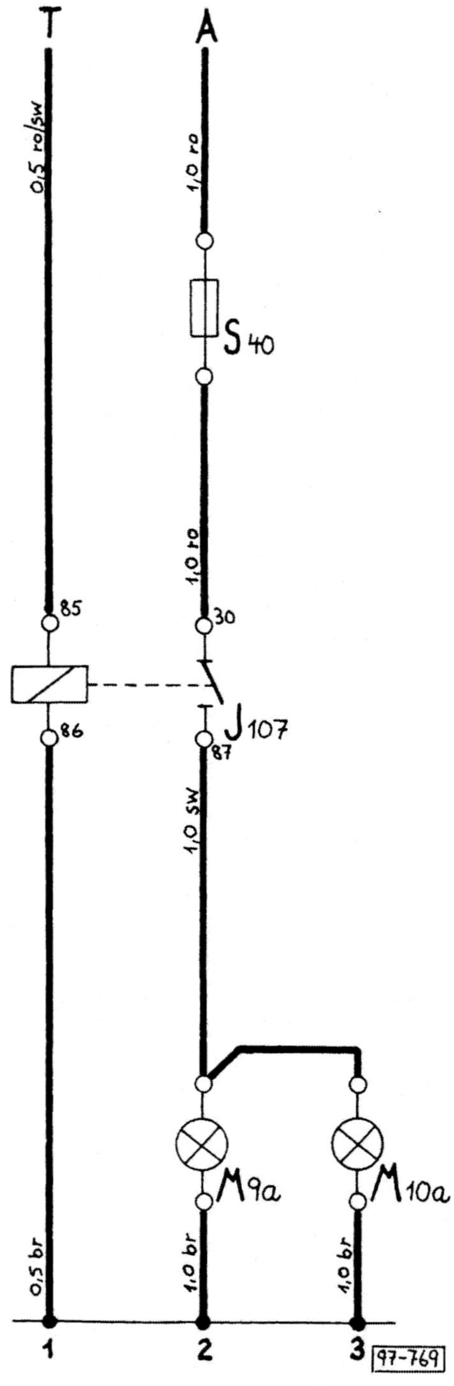

Anhängerbetrieb

(ab Modelljahr 1976)

Benennung		**im Strompfad**
E 3	- zum Warnlichtschalter	11, 16, 17, 21
F	- zum Bremslichtschalter	2
F 4	- zum Schalter für Rückfahrleuchten	4
J 20	- Blink-Warnlichtrelais für Anhängerbetrieb	16, 17, 19

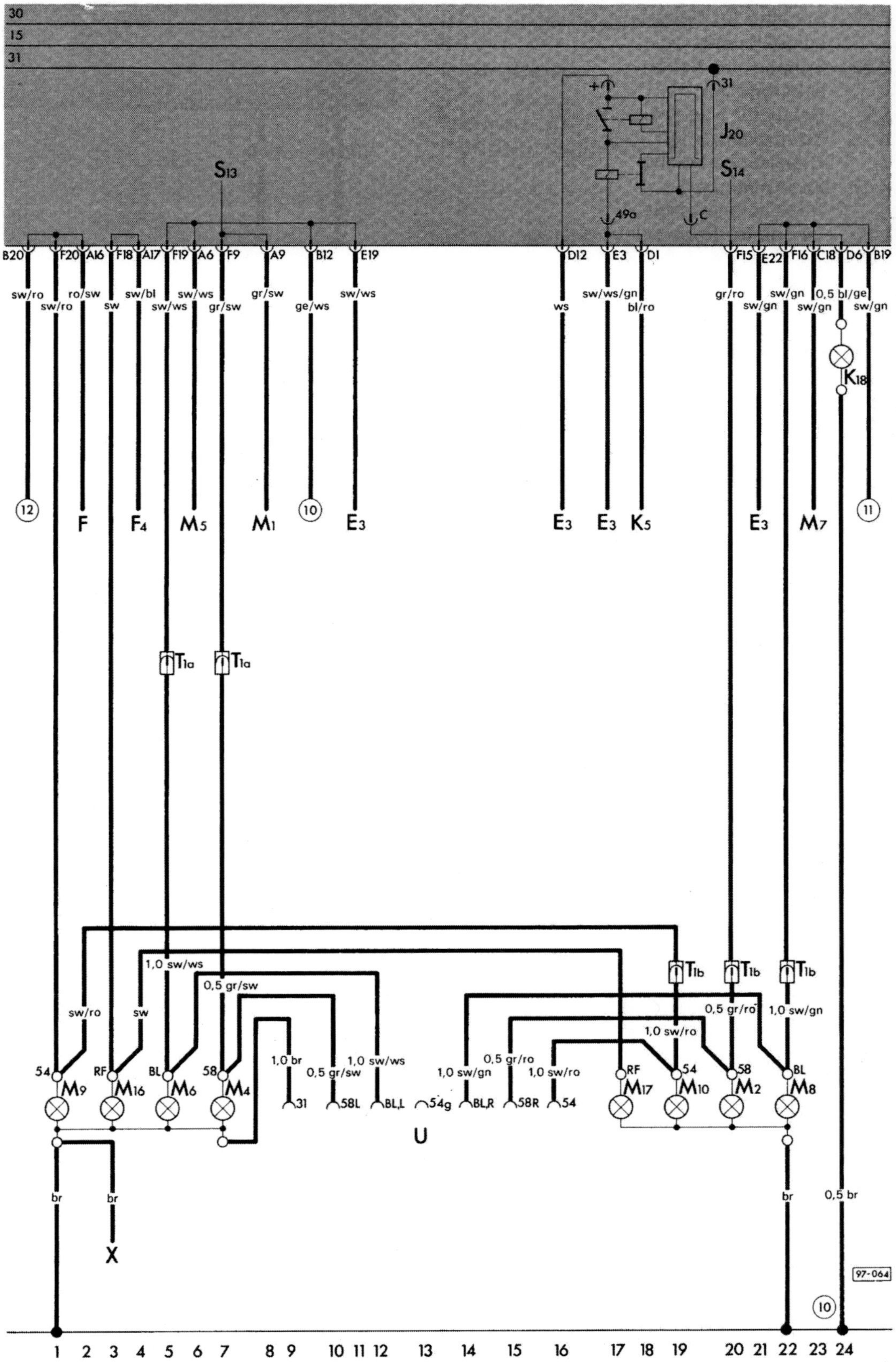

Nebelscheinwerfer/Nebelschlußleuchte

(ab Modelljahr 1976)

Benennung	**im Strompfad**
E 18 - Schalter für Nebelschlußleuchte	5–8
E 23 - Schalter für Nebelscheinwerfer	2–4
J 5 - Relais für Nebelscheinwerfer	1, 2
K 13 - Kontrollampe für Nebelschlußleuchte	8
K 17 - Kontrollampe für Nebelscheinwerfer	4
L 20 - Lampe für Nebelschlußleuchte	5
L 22 - Lampe für Nebelscheinwerfer links	1
L 23 - Lampe für Nebelscheinwerfer rechts	2
S 12 - Sicherung im Sicherungshalter	7
S 30 - Einzelsicherung für Nebelscheinwerfer	1
T 1 - Flachsteckerführung	
T 1a - Steckerverbindung hinter der Schalttafel	5
T 1b - Flachsteckerführung im Kofferraum	5
T 1c - Flachsteckerführung im Kofferraum	5

Leitungsfarben:

br	=	braun
ws	=	weiß
ge	=	gelb
sw	=	schwarz
ro	=	rot
gr	=	grau
gn	=	grün

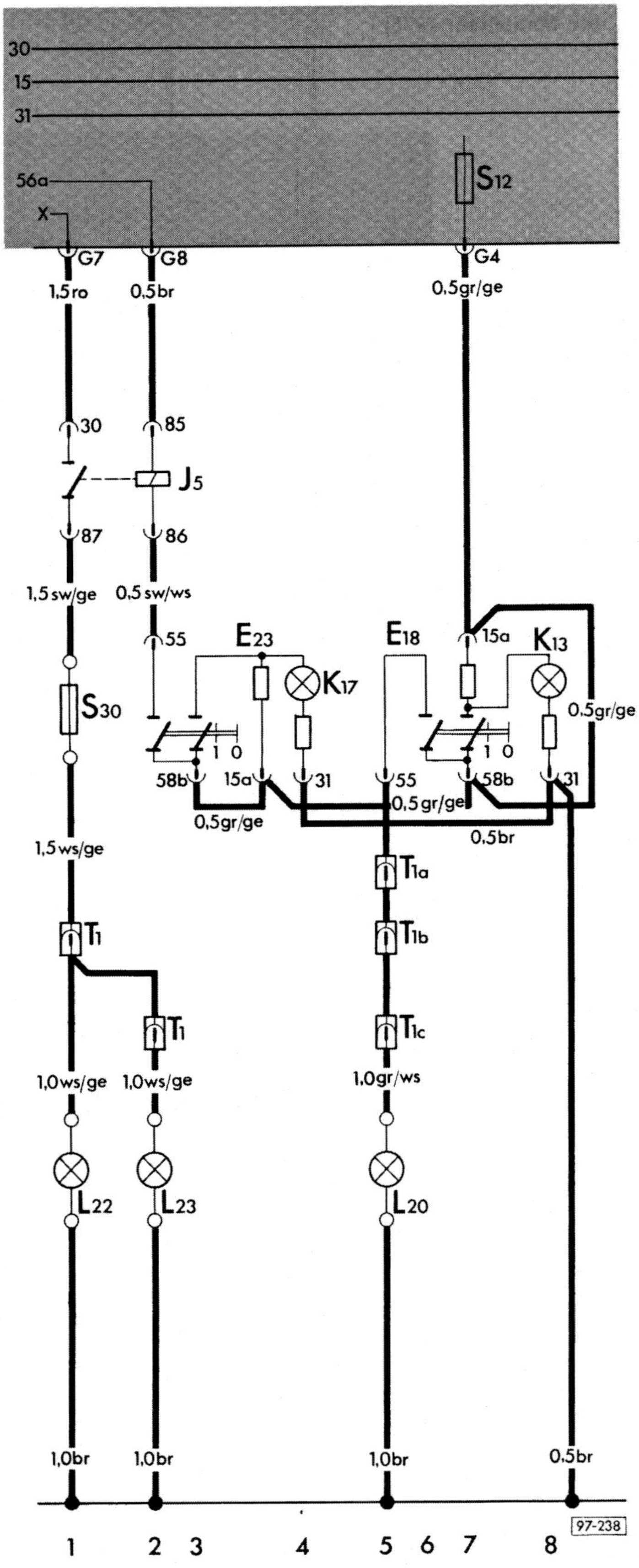

Schaltung Kühlmittellüfter
(nicht für Fahrzeuge mit Klimaanlage)

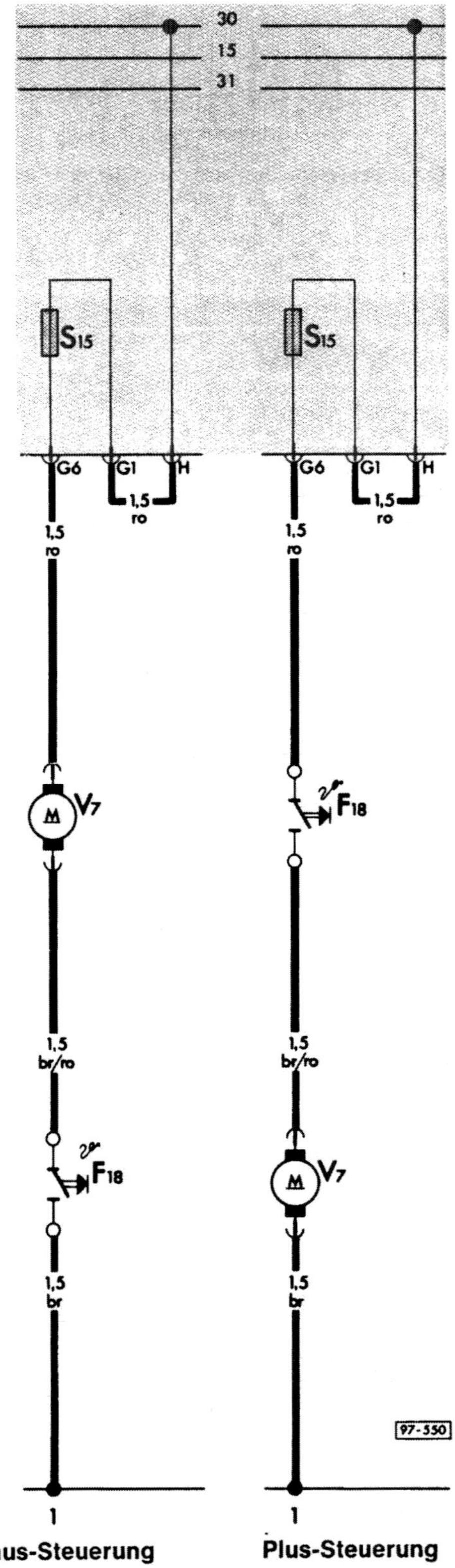

Minus-Steuerung
Thermoschalter für Lüfter für Kühlmittel in Masseleitung

Plus-Steuerung
Thermoschalter für Lüfter für Kühlmittel in Plusleitung

Benennung

F 18 – Thermoschalter für Lüfter für Kühlmittel
S 15 – Sicherung im Sicherungshalter
V 7 – Lüfter für Kühlmittel

Leitungsfarben

br = braun, ro = rot
Seit März 1978 ist die Schaltung von Minus- auf Plus-Steuerung umgestellt.

Schaltzeichen für Stromlaufpläne

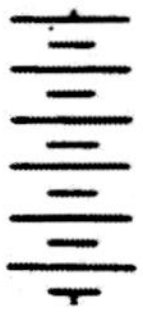
Batterie

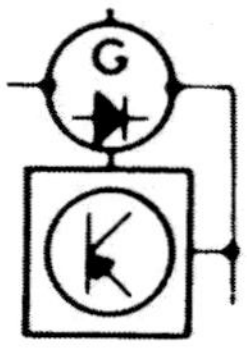
Drehstrom-
generator mit
Spannungsregler

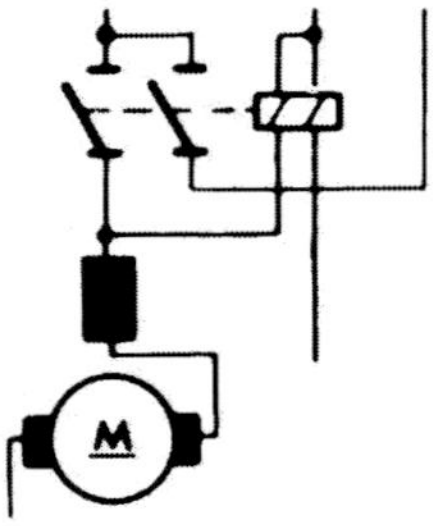
Anlasser

Zündspule

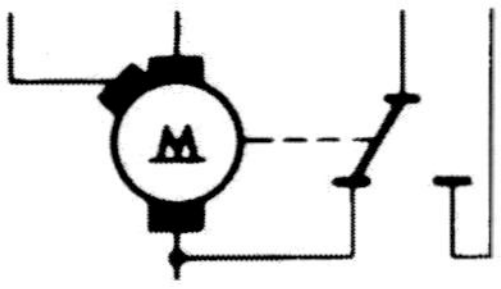
Wischermotor
-2stufig-

Elektromotor

Schalter
(Ein-, Aus-,
Hand betätigt)

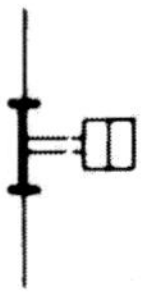
Schalter
(Druck betätigt)

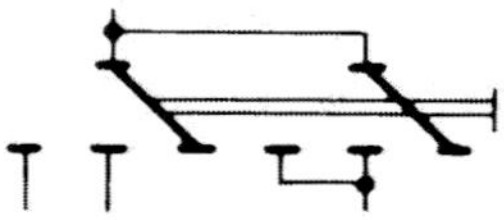
Schalter
(mehrpolig,
mechanisch
betätigt)

Schalter
(mechanisch
betätigt)

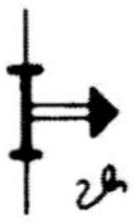
Schalter
(thermisch
betätigt)

Sicherung

Magnetventil

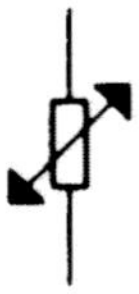
Geber für Kühl-
mitteltemperatur-
anzeiger

Geber für
Kraftstoffvorrats-
anzeiger

Anzeigeinstrument

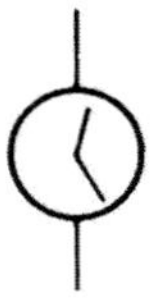
Zeituhr

Glühlampe

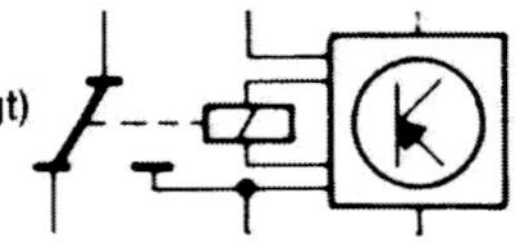
Relais
(elektronisch
gesteuert)

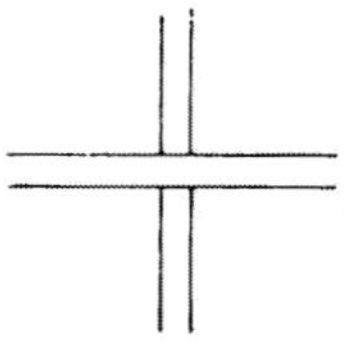
Leitungskreuzung

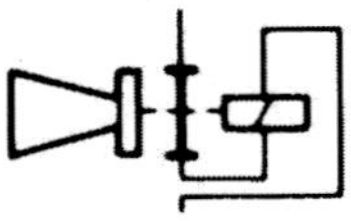
Signalhorn

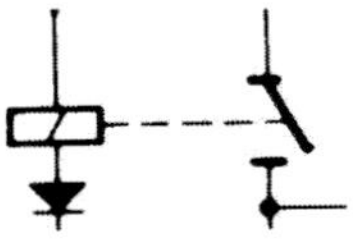
Relais
(mit Diode)

Zigarren-
anzünder

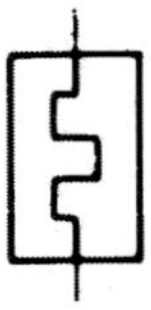
beheizbare
Heckscheibe

Innenleuchte

Überschlagstelle

Flachsteckerführung

Steckverbindung
(mehrfach)

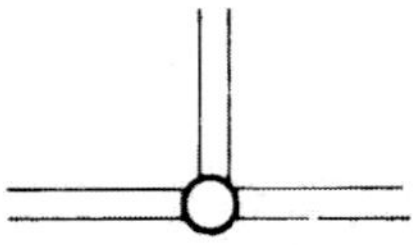
Leitungsverbindung
lösbar

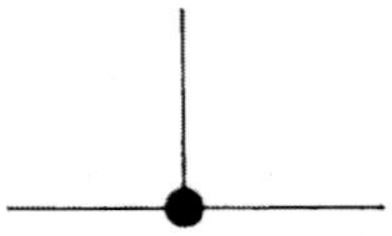
Leitungsverbindung

97-388

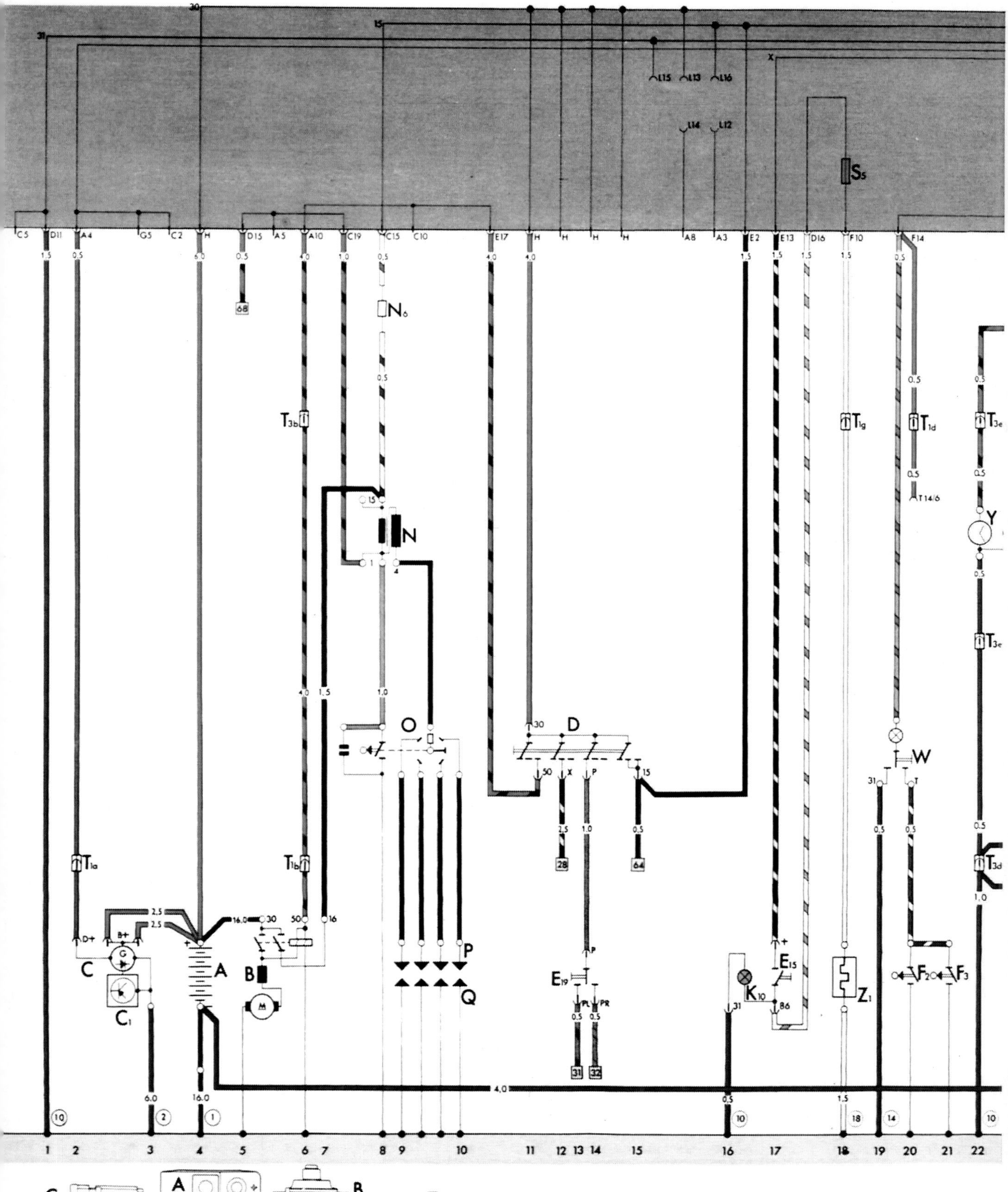

30
31
15
X
L15
L13
L16
L14
L12
S5
C5
D11
A4
G5
C2
H
D15
A5
A10
C19
C15
C10
E17
A8
A3
E2
E13
D16
F10
F14
68
N6
T3b
T1a
T1b
N
O
D
P
Q
28
64
31
32
E19
K10
E15
Z1
W
F2
F3
T1g
T1d
T14/6
T3e
T3d
Y
A
B
C
C1
D+
B+
50
16
86
1
2
3
4
5
6
7
8
9
10
11
12
13
14
15
16
17
18
19
20
21
22

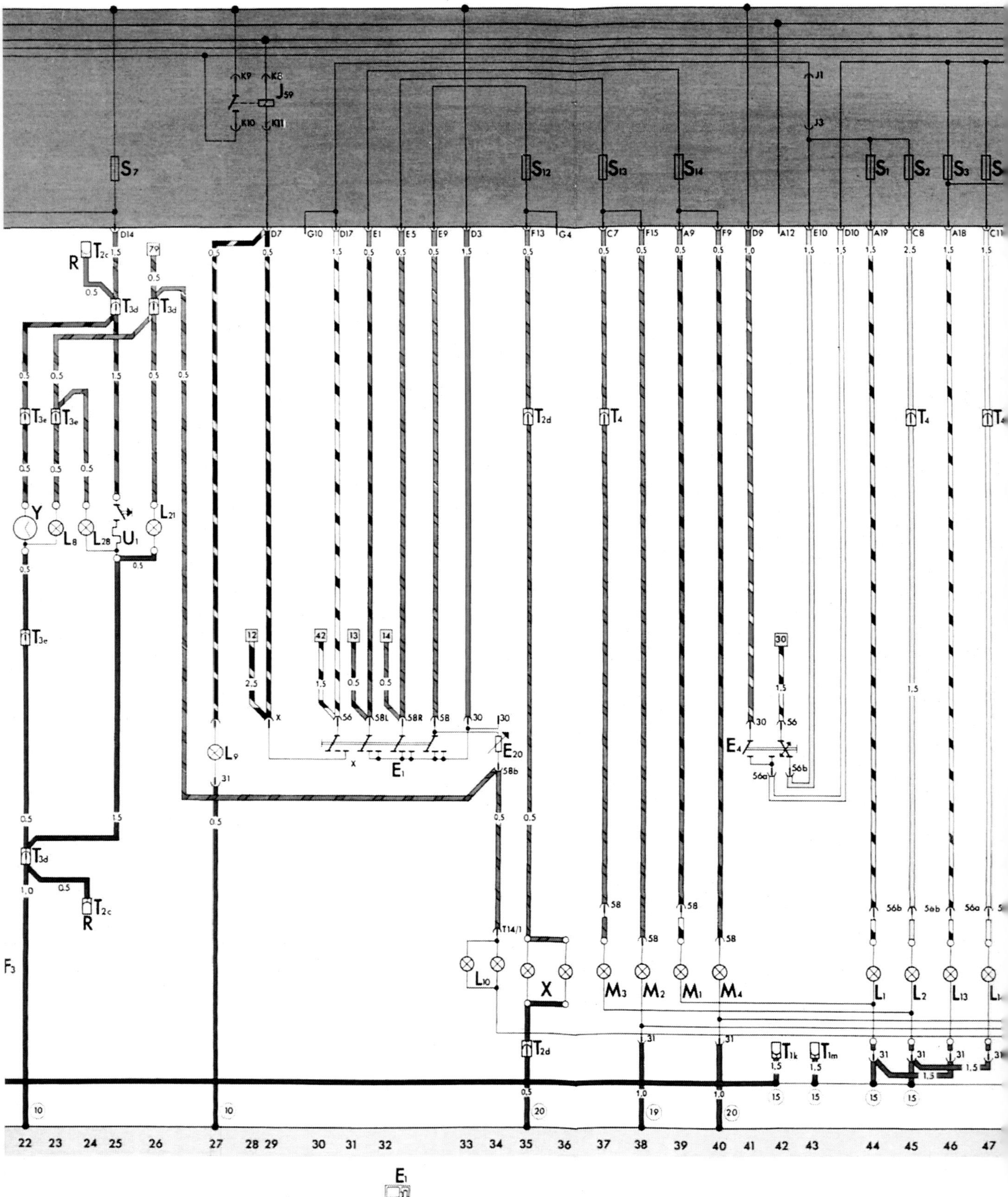

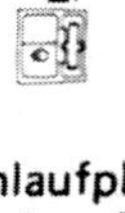

Das in den oberen Teil des Stromlaufplanes eingezeichnete **graue Feld** kennzeichnet die Relaisplatte mit Sicherungshalter. Die Buchstaben-Zahlenkombination an den Anschlüssen gibt die Belegung der Leitungen in den Mehrfach- bzw. Einzelsteckverbindungen an (z. B. C 5 – Mehrfachsteckverbindung C, Kontakt 5).

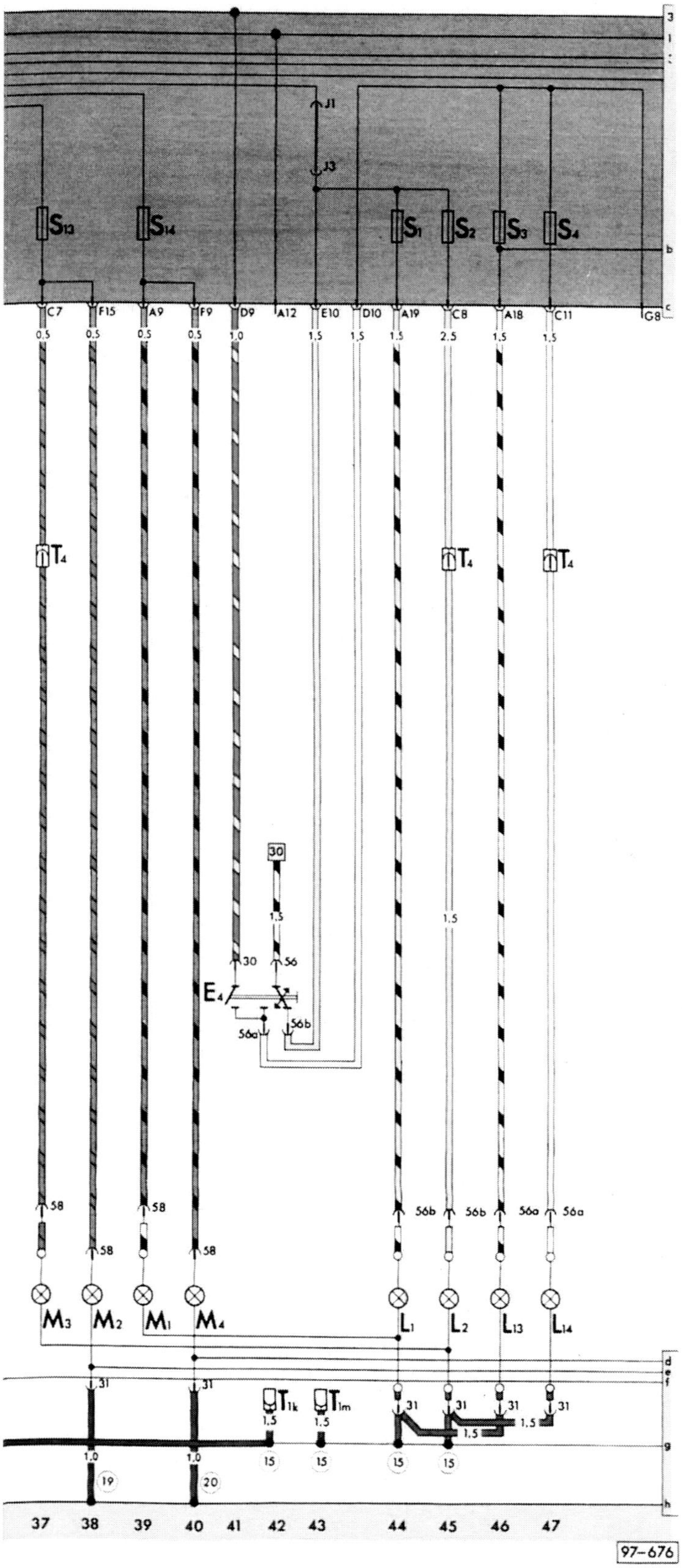

S13
S14
S1
S2
S3
S4
J1
J3
C7
F15
A9
F9
D9
A12
E10
D10
A19
C8
A18
C11
G8
T4
30
E4
56
56a
56b
58
M3
M2
M1
M4
L1
L2
L13
L14
31
T1k
T1m
37
38
39
40
41
42
43
44
45
46
47

97-676

Stromlaufplan Passat, Passat L, LS, Passat GL, GLS

Modelljahr 1980, Teil 1

Benennung			im Strompfad
A	–	Batterie	4
B	–	Anlasser	5–7
C	–	Drehstromgenerator	2, 3
C 1	–	Spannungsregler	2, 3
D	–	Zündanlaßschalter	11–15
E 1	–	Lichtschalter	29–34
E 4	–	Schalter für Handabblendung und Lichthupe	41, 42
E 15	–	Schalter für beheizbare Heckscheibe	16, 17
E 19	–	Schalter für Parklicht (im Blinkerschalter)	13, 14
E 20	–	Regler für Beleuchtung Instrumente und Schalttafeleinsatz (GL-Modelle)	34
F 2	–	Türkontaktschalter vorn links	20
F 3	–	Türkontaktschalter vorn rechts (GL-Modelle)	21
J 59	–	Entlastungsrelais für X-Kontakt	28, 29
K 10	–	Kontrollampe für beheizbare Heckscheibe	16
L 1	–	Lampe für Abblendlicht links (GL-Modelle)	44
L 2	–	Lampe für Abblendlicht rechts (GL-Modelle)	45
L 8	–	Lampe für Beleuchtung Zeituhr (Modelle mit 63 kW-Motor)	23
L 9	–	Lampe für Beleuchtung Lichtschalter	27
L 10	–	Lampe für Beleuchtung Schalttafeleinsatz	33, 34
L 13	–	Lampe für Fernlicht links (GL-Modelle)	46
L 14	–	Lampe für Fernlicht rechts (GL-Modelle)	47
L 21	–	Lampe für Beleuchtung Heizungshebel (L- und GL-Modelle)	26
L 28	–	Lampe für Beleuchtung Zigarrenanzünder (L- und GL-Modelle)	24
M 1	–	Lampe für Standlicht links	39
M 2	–	Lampe für Schlußlicht rechts	38
M 3	–	Lampe für Standlicht rechts	37
M 4	–	Lampe für Schlußlicht links	40
N	–	Zündspule	8, 9
N 6	–	Vorwiderstandsleitung	8
O	–	Zündverteiler	8–10
P	–	Zündkerzenstecker	9, 10
Q	–	Zündkerzen	9, 10
R	–	Anschluß für Radio	24
S 1–S 5, S 7, S 12–S 14		Sicherungen im Sicherungshalter	
T 1a	–	Steckverbindung einfach, im Motorraum vorn links	
T 1b	–	Steckverbindung einfach, im Motorraum	
T 1d	–	Steckverbindung einfach, neben Relaisplatte	
T 1g	–	Steckverbindung einfach, im Kofferraum links	
T 1k	–	Steckverbindung einfach, im Motorraum (Masseanschluß Nebelscheinwerfer links)	
T 1m	–	Steckverbindung einfach, im Motorraum (Masseanschluß Nebelscheinwerfer rechts)	
T 2c	–	Steckverbindung zweifach, hinter der Schalttafel (Anschluß für Radio)	
T 2d	–	Steckverbindung zweifach, im Kofferraum links	
T 3b	–	Steckverbindung dreifach, neben Relaisplatte	
T 3d	–	Steckverbindung dreifach, hinter Schalttafel	
T 3e	–	Steckverbindung dreifach, hinter Schalttafel (Modelle mit 63 kW-Motor)	
T 4	–	Steckverbindung vierfach, neben Relaisplatte	
T 14/	–	Steckverbindung vierzehnfach, am Schalttafeleinsatz	
U 1	–	Zigarrenanzünder	25
W	–	Innenleuchte	19, 20
X	–	Kennzeichenleuchte	35, 36
Y	–	Zeituhr (L- und GL-Modelle)**	22
Z 1	–	beheizbare Heckscheibe	18

①	–	Masseband von Batterie über Aufbau zum Getriebe
②	–	Masseband vom Drehstromgenerator zum Motor
⑩	–	Massepunkt, rechts neben Relaisplatte
⑭	–	Massepunkt, an der Innenleuchte
⑮	–	Massepunkt, im Isolierschlauch des Leitungsstranges vorn
⑱	–	Massepunkt, im Kofferraum rechts
⑲	–	Massepunkt, im Kofferraum hinten rechts
⑳	–	Massepunkt, im Kofferraum hinten links

** Modelle mit 63 kW-Motor, Zeituhr in der Konsole

Stromlaufplan Passat, Passat L, LS, Passat GL, GLS

Modelljahr 1980, Teil 2

Benennung			im Strompfad
E 2	–	Blinkerschalter	78
E 3	–	Warnlichtschalter	73–80
E 9	–	Schalter für Frischluftgebläse	87, 88
E 22	–	Scheibenwischerschalter für Intervallbetrieb	92–97
F	–	Bremslichtschalter	57
F 1	–	Öldruckschalter	62
F 4	–	Schalter für Rückfahrleuchten	48
F 18	–	Thermoschalter für Lüfter für Kühlmittel	86
F 26	–	Thermoschalter für Startautomatik*	54
F 35	–	Thermoschalter für Ansaugrohrvorwärmung*	55
G	–	Geber für Kraftstoffvorratsanzeiger	60
G 1	–	Kraftstoffvorratsanzeiger	69
G 2	–	Geber für Kühlmitteltemperaturanzeiger	61
G 3	–	Kühlmitteltemperaturanzeiger	70
G 5	–	Drehzahlmesser (Modelle mit 63 kW-Motor)	68
H	–	Signalhornbetätigung	50
H 1	–	Signalhorn	52
J 2	–	Warnblinkrelais	76–79
J 6	–	Spannungskonstanter	69
J 31	–	Relais für Wasch-Wisch-Intervallautomatik (GL-Modelle)	90–93
J 81	–	Relais für Ansaugrohrvorwärmung*	55, 56
K 1	–	Kontrollampe für Fernlicht	63
K 2	–	Kontrollampe für Drehstromgenerator	66
K 3	–	Kontrollampe für Öldruck	65
K 5	–	Kontrollampe für Blinkanlage	67
K 6	–	Kontrollampe für Warnblinkanlage	80
K 28	–	Kontrollampe für Kühlmitteltemperatur (zu heiß, rot)	72
L 22	–	Anschluß für Nebelscheinwerfer (bei nachträglichem Einbau nach Zusatzstromlaufplan verdrahten)	96
M 5	–	Lampe für Blinklicht vorn links	84
M 6	–	Lampe für Blinklicht hinten links	83
M 7	–	Lampe für Blinklicht vorn rechts	82
M 8	–	Lampe für Blinklicht hinten rechts	81
M 9	–	Lampe für Bremslicht links	59
M 10	–	Lampe für Bremslicht rechts	58
M 16	–	Lampe für Rückfahrleuchte links	49
M 17	–	Lampe für Rückfahrleuchte rechts	48
N 1	–	Vergaserstartautomatik*	54
N 3	–	Umluftabschaltventil	53
N 23	–	Vorwiderstand für Frischluftgebläse	88
N 51	–	Heizwiderstand für Ansaugrohrvorwärmung*	56
S 6, S 8–S 11, S 15	}	Sicherungen im Sicherungshalter	
T 1c	–	Steckverbindung einfach, im Motorraum rechts, nähe Scheinwerfer	
T 1e	–	Steckverbindung einfach, im Motorraum links	
T 1f	–	Steckverbindung einfach, hinter der Schalttafel	
T 1h	–	Steckverbindung einfach, neben Zündspule	
T 1i	–	Steckverbindung einfach, neben Zündspule	
T 1l	–	Steckverbindung einfach, neben Waschbehälter	
T 1n	–	Steckverbindung einfach, hinter Schalttafel	
T 1o	–	Steckverbindung einfach, im Motorraum rechts (befestigt am Kühlwasserschlauch)	
T 2b	–	Steckverbindung zweifach, hinter Schalttafel	
T 2e	–	Steckverbindung zweifach, hinter der Schalttafel	
T 3b	–	Steckverbindung dreifach, neben Relaisplatte	
T 4	–	Steckverbindung vierfach, neben Relaisplatte	
T 14/	–	Steckverbindung vierzehnfach, im Schalttafeleinsatz	
V	–	Scheibenwischermotor	89–91
V 2	–	Frischluftgebläse	87
V 5	–	Scheibenwaschpumpe	98
V 7	–	Lüfter für Kühlmittel	85
③	–	Massepunkt, im Motorraum	
⑩	–	Massepunkt, rechts neben Relaisplatte	
⑮	–	Massepunkt, im Isolierschlauch des Leitungsstranges vorn	
⑯	–	Masseleitung – Lenkgetriebe	
⑰	–	Massepunkt, im Kofferraum neben Geber	

* nur Modelle mit 55 kW-Motor und 63 kW-Motor

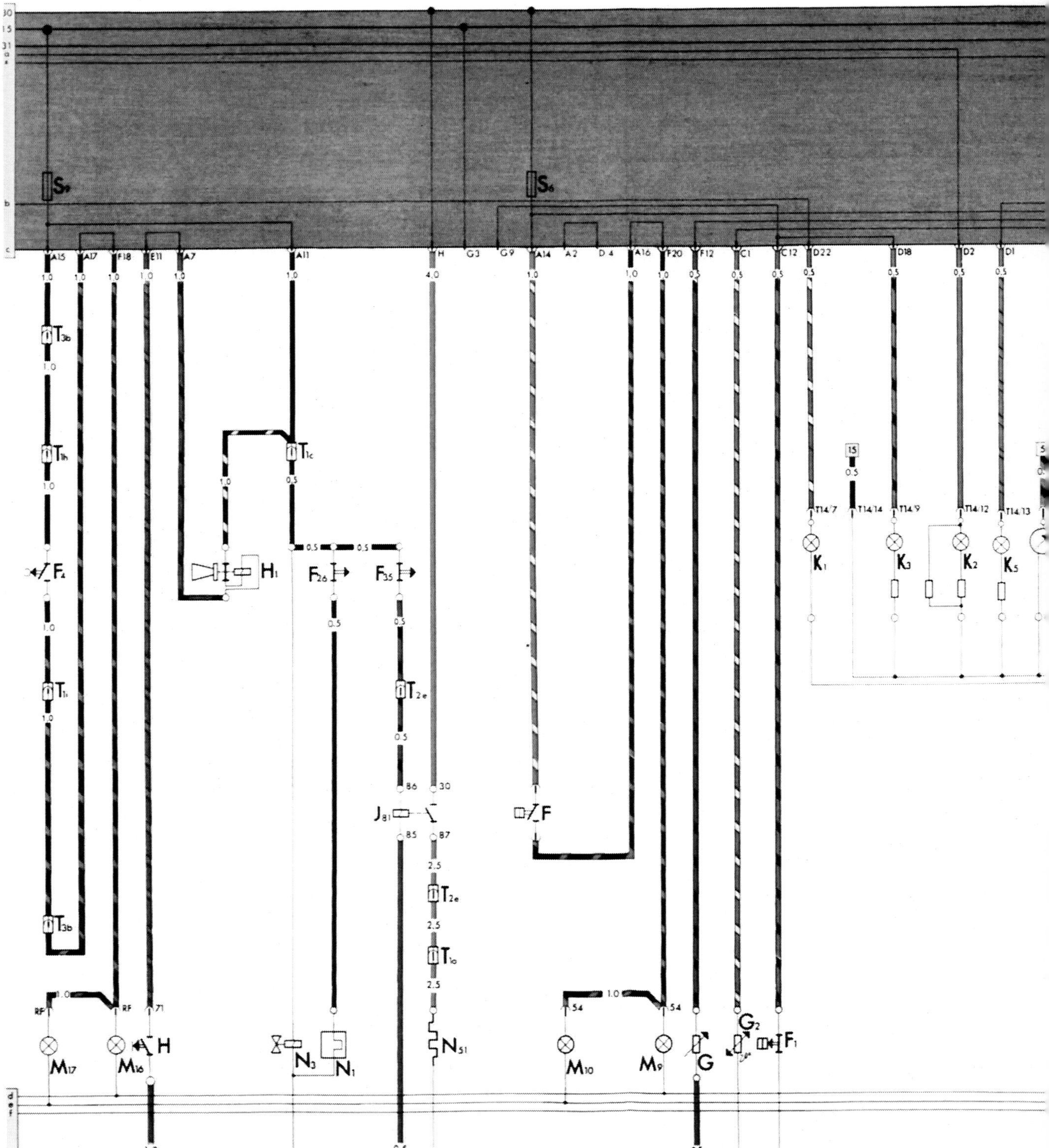

H1

Das in den oberen Teil des Stromlaufplanes eingezeichnete **graue Feld** kennzeichnet die Relaisplatte mit Sicherungshalter. Die Buchstaben-Zahlenkombination an den Anschlüssen gibt die Belegung der Leitungen in den Mehrfach- bzw. Einzelsteckverbindungen an (z. B. E 19 – Mehrfachsteckverbindung E, Kontakt 19).

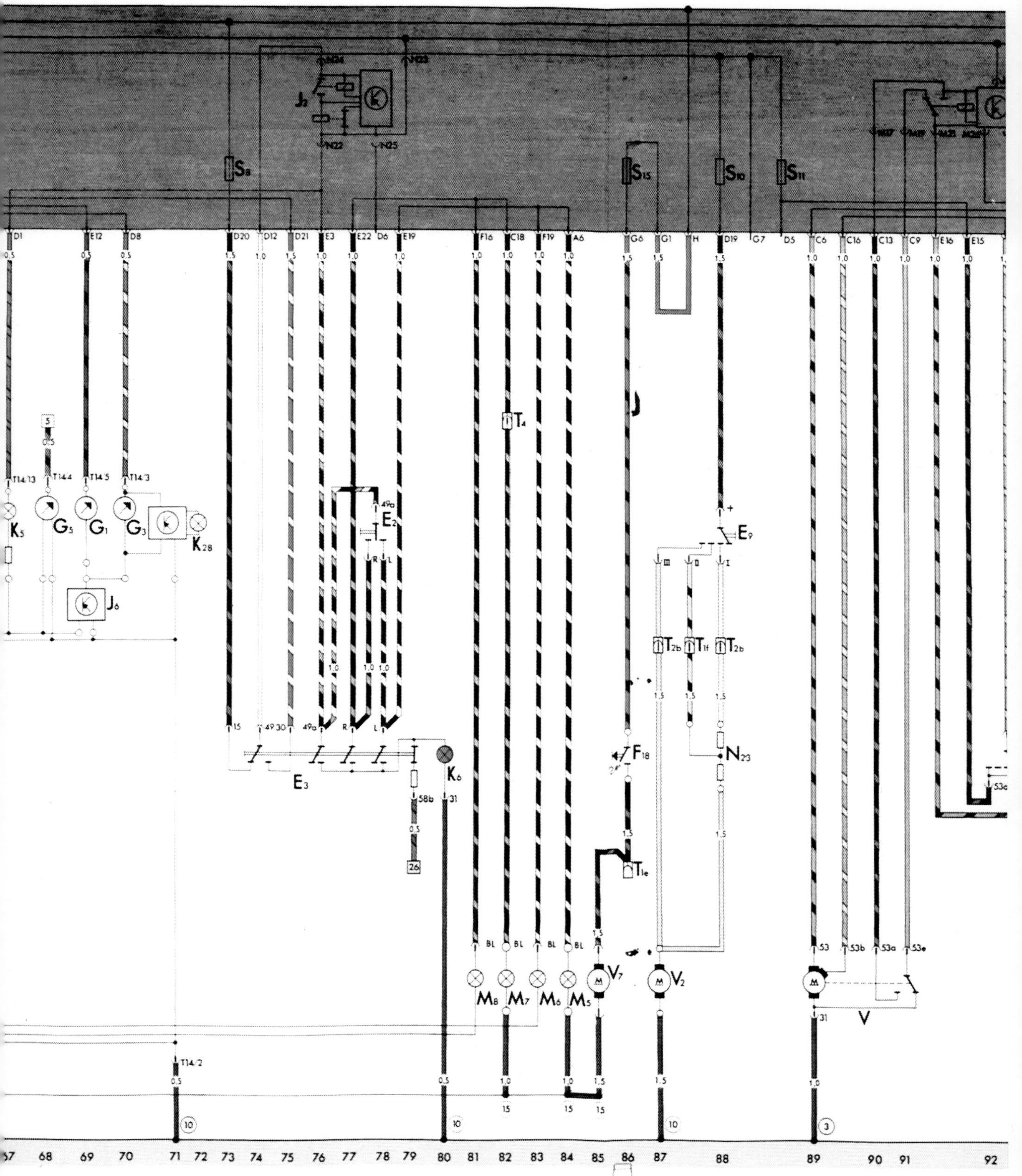

S8
J2
N24
N23
N22
N25
S15
S10
S11
D1
E12
D8
D20
D12
D21
E3
E22
D6
E19
F16
C18
F19
A6
G6
G1
H
D19
G7
D5
C6
C16
C13
C9
E16
E15
T4
T14/13
T14/4
T14/5
T14/3
K5
G5
G1
G3
K28
J6
E2
E9
T2b
T1f
T2b
E3
K6
58b
26
F18
N23
T1e
M8
M7
M6
M5
V7
V2
V
T14/2
53
53b
53a
53e
31
67
68
69
70
71
72
73
74
75
76
77
78
79
80
81
82
83
84
85
86
87
88
89
90
91
92

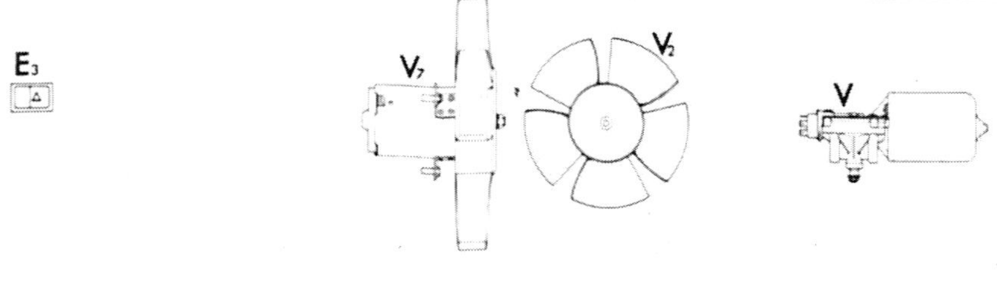

E3
V7
V2
V

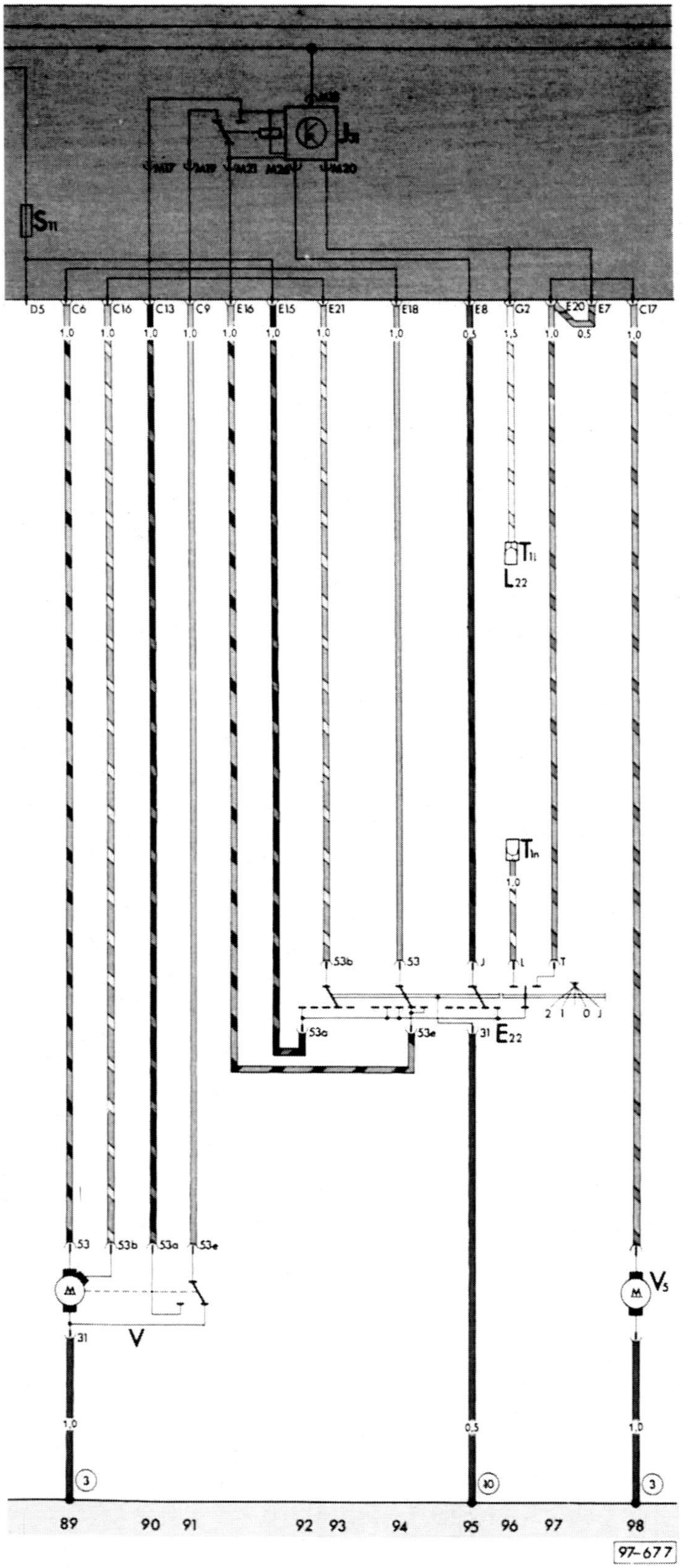

S11
J31
D5
C6
C16
C13
C9
E16
E15
E21
E18
E8
G2
E20
E7
C17
T11
L22
T1n
53b
53
53a
53e
31
E22
V
V5
89
90
91
92
93
94
95
96
97
98
97-677

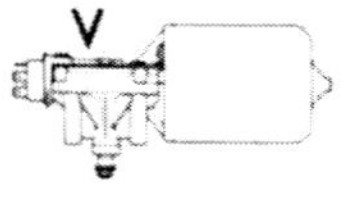

V

V5